新质生产力驱动下
高职教育装备制造专业(群)建设发展实践与探索

姜无疾　金志刚　刘小娟　主编
张继涛　主审

化学工业出版社

·北京·

内 容 简 介

《新质生产力驱动下高职教育装备制造专业（群）建设发展实践与探索》一书系统地介绍了中山职业技术学院电梯工程技术专业群、数控技术专业群十余年来在广东省一流高职院校重点专业——机电一体化技术专业建设，广东省一类品牌专业——电梯工程技术专业建设，广东省二类品牌专业——机电一体化技术专业、模具设计与制造专业建设，广东省高水平专业群——电梯工程技术专业群、数控技术专业群建设，国家教学资源库——电梯工程技术教学资源库建设，广东省高职教育教师教学创新团队——智能制造专业群教师教学创新团队建设，广东省示范性高等职业院校——电梯维护与管理专业及专业群、数控技术专业及专业群建设等多方面的实践经验和做法，从而为职业院校开展专业（群）建设提供借鉴作用。

本书可供职业院校教师、管理人员以及其他从事职业教育研究的人员参考阅读。

图书在版编目（CIP）数据

新质生产力驱动下高职教育装备制造专业（群）建设发展实践与探索 / 姜无疾, 金志刚, 刘小娟主编.
北京 ： 化学工业出版社, 2025.3. -- ISBN 978-7-122-47521-3

Ⅰ.TH16

中国国家版本馆 CIP 数据核字第 20253E6Y44 号

责任编辑：韩庆利　旷英姿　　　文字编辑：宋　旋
责任校对：田睿涵　　　　　　　装帧设计：刘丽华

出版发行：化学工业出版社
　　　　（北京市东城区青年湖南街 13 号　邮政编码 100011）
印　　装：北京天宇星印刷厂
787mm×1092mm　1/16　印张 $15\frac{3}{4}$　字数 374 千字
2025 年 6 月北京第 1 版第 1 次印刷

购书咨询：010-64518888　　　售后服务：010-64518899
网　　址：http://www.cip.com.cn
凡购买本书，如有缺损质量问题，本社销售中心负责调换。

定　价：88.00元　　　　　　　　　　　版权所有　违者必究

前言

在当今世界，随着科技的不断进步和产业的深度变革，新质生产力正以前所未有的速度推动着社会经济的发展。特别是在制造业、智能化等领域，新技术、新工艺的涌现对高技能人才的需求日益增长。在这一时代背景下，高职教育作为培养高技能人才的重要阵地，其专业（群）建设的实践与探索显得尤为重要。

中山职业技术学院多年来一直致力于电梯工程技术、数控技术等领域的专业（群）建设，不断探索适应新质生产力发展需求的教育模式。本书正是基于这一背景，系统地梳理了中山职业技术学院在上述领域所取得的丰硕成果与宝贵经验。

本书首先聚焦于中山职业技术学院电梯工程技术专业群和数控技术专业群的建设历程。这两个专业群作为广东省一流高职院校的重点专业群，历经十余年的磨砺，已经在课程体系建设、师资队伍建设、实训基地建设等方面取得了显著成绩。特别是电梯工程技术专业、机电一体化技术专业，凭借其卓越的教学质量和专业实力，分别被评为广东省一类、二类品牌专业。此外，本书还详细介绍了中山职业技术学院在广东省的高水平专业群建设。在教学资源建设方面，中山职业技术学院同样取得了不俗的成绩，电梯工程技术教学资源库的建立，为学生提供了丰富的在线学习资源，推动了教学方式的创新和优化。同时，智能制造专业群教师教学创新团队的建设，也为学校的教学改革和师资队伍建设注入了新的活力。

本书通过深入剖析中山职业技术学院在高职教育专业（群）建设方面的实践经验与做法，旨在为国内职业院校开展专业（群）建设提供有益的借鉴和参考。无论是教师、管理人员还是职业教育研究人员，都可以从中汲取养分、拓展思路、提升能力。相信在未来的发展中，中山职业技术学院将继续秉承"以人为本、质量立校"的办学理念，不断探索适应新质生产力发展需求的教育模式，为我国高技能人才的培养贡献更多的智慧和力量。

本书由中山职业技术学院姜无疾、金志刚、刘小娟担任主编，张书、殷勤、李志国、吴升富参编，全书由张继涛担任主审。

编　者

目录

第一章
广东省一流高职院校重点专业——机电一体化技术专业建设研究 // 1

- 一、建设背景 ·· 1
- 二、建设基础 ·· 2
- 三、建设思路和目标 ·· 5
- 四、建设内容与主要举措 ·· 8
- 五、经费预算和建设进度安排 ·· 17
- 六、预期成果 ·· 18
- 七、保障措施 ·· 19

第二章
广东省一类品牌专业——电梯工程技术专业建设研究 // 21

- 一、建设背景 ·· 21
- 二、建设基础 ·· 22
- 三、建设目标 ·· 28
- 四、建设内容与主要举措 ·· 30

第三章
广东省二类品牌专业——机电一体化技术专业建设研究 // 38

- 一、建设背景 ·· 38
- 二、建设基础 ·· 41
- 三、建设目标 ·· 48
- 四、建设内容与主要举措 ·· 52

第四章
广东省二类品牌专业——模具设计与制造专业建设研究 // 62

- 一、建设背景 ·· 62
- 二、建设基础 ·· 64

三、建设目标 ·· 69
　　四、建设内容与主要举措 ·· 75
　　五、保障措施与预期成果 ·· 86

第五章
广东省高职院校高水平专业群——电梯工程技术专业群建设研究 // 91

　　一、建设背景 ·· 91
　　二、建设基础 ·· 92
　　三、建设目标 ·· 98
　　四、建设任务 ··· 100
　　五、建设进度 ··· 112
　　六、经费预算 ··· 122
　　七、专业群建设管理 ·· 123
　　八、预期成果 ··· 124
　　九、保障措施 ··· 126

第六章
广东省高职院校高水平专业群——数控技术专业群建设研究 // 128

　　一、建设背景 ··· 128
　　二、组群逻辑 ··· 129
　　三、建设基础 ··· 133
　　四、建设目标 ··· 139
　　五、建设内容与实施举措 ·· 139
　　六、预期成果 ··· 142
　　七、建设进度 ··· 143
　　八、专业群经费预算 ·· 149

第七章
国家教学资源库建设——电梯工程技术教学资源库建设研究 // 152

　　一、项目建设背景、必要性与意义 ·· 152
　　二、建设优势与基础 ·· 156
　　三、建设目标与思路 ·· 173
　　四、建设规划 ··· 175
　　五、建设内容 ··· 177
　　六、资源库持续应用 ·· 191

七、保障措施……192

第八章
广东省高职教育教师教学创新团队
——智能制造专业群教师教学创新团队建设研究 // 194

一、教学团队简介……194
二、依托载体简介……194
三、认定条件符合情况……195

第九章
广东省示范性高等职业院校——电梯维护与管理专业及专业群建设研究 // 205

一、建设背景……205
二、建设基础……206
三、建设思路和目标……208
四、建设内容……208
五、经费预算及年度安排……220
六、预期成果……221

第十章
广东省示范性高等职业院校——数控技术专业及专业群建设研究 // 223

一、建设背景……223
二、建设基础……226
三、建设思路和目标……227
四、建设内容……228
五、经费预算及年度安排……243
六、预期成果……244

参考文献 // 246

第一章
广东省一流高职院校重点专业
——机电一体化技术专业建设研究

一、建设背景

（一）行业发展背景

1. 中山市社会经济发展面临新常态下的深度调整和转型攻坚，智能制造成为新一轮竞争的制高点

随着全球产业结构和经贸格局的深度调整，经济竞争愈发激烈，中山市正面临"再工业化"与承接产业转移的双重挑战。为应对这一新常态，中山市政府已出台《中山市国民经济和社会发展第十四个五年规划纲要》，旨在精准布局，积极融入全球产业新版图。规划强调，中山市将积极承接高端产业及资本转移，拓展国际市场，并全力推动制造业向高端化、智能化、绿色化和服务化方向转型升级。此举旨在加速中山市由工业强市向工业优质城市的蜕变，同时促进"中山制造"向"中山创造"的华丽转身。智能制造已被确立为中山市新一轮竞争的核心高地，引领城市迈向更加辉煌的未来。

2. 中山市打造世界级先进装备制造业基地为制造业带来重大机遇

《广东省国民经济和社会发展第十四个五年规划纲要》提出，中山市被定位为全球领先的现代装备制造业核心区域。截至2023年底，中山市规模以上装备制造业企业数量为4966家。中山市将构建东部滨海、南部滨江、北部沿河及中部环城的四大产业功能区，并聚焦六大装备制造集群。重点打造船舶与海洋工程装备、新能源装备、汽车制造、智能纺织装备、节能环保装备、模具及金属配件等产业集群，现代装备制造业规模将达到5000亿元。中国共产党中山市第十五届委员会第六次全会提出，力争到2035年实现GDP、规上工业增加值、固定资产投资等主要经济指标翻一番，并提出了多个制造业高质量发展目标：力争2025年工业投资突破1000亿元、力争2025年实现百亿产值工业企业超10家。

3. 新型专业镇转型升级，急需机电一体化的复合型智能制造技能人才

专业镇作为珠三角地区经济的重要组成部分，近年来开始面临经济疲软的困境。这一问题已经引起了广泛的关注，成为珠三角模式不得不正视的重要问题。为了应对这一挑战，广东省和中山市相继出台了相关政策文件，旨在推动专业镇的转型升级。其中，《广东省人民政府办公厅关于推动新一轮技术改造促进产业转型升级的意见》和《关于推进新型专业镇发展的若干意见》等文件，为专业镇的转型升级提供了明确的指导方向。这些政策文件强调，要以企业为主体、市场为导向、创新为动力，推动企业实行全方位的技术改造。通过技术改造，提升企业的生产效率和产品质量，增强市场竞争力，从而实现专业镇的转型升级。然而，专业镇的转型升级并非易事，需要一批高素质、复合型的智能制造技能人才来支撑。这些人才需要掌握自动化生产制造技术和工业机器人技术，具备机电一体化的综合能力，能够应对复杂的生产环境和多样化的生产需求。

（二）人才需求背景

1. 中山市制造业发展迅速，创新型技术技能人才缺口巨大

当前，中山市技能人才已超 65 万，但对于制造业高质量人才需求而言，缺口还很大。对此，中山市继续深入实施"粤菜师傅""南粤家政""广东技工"三项工程，培养更多高素质技能人才。在"机器换人"的产业升级趋势下，不断推进"技能型"就业，让"普工"升级为"技工"、"高级技工"，实现产业人才技能提升和产业升级发展相适配。

2. 新型专业镇对智能制造人才需求尤为突出

中山市现有 18 个省级专业镇，是省内三个基本实现"专业镇化"的地级市之一，目前已有四个专业镇创新能力居全省第一梯队，对智能制造人才的需求尤为突出。

3. 随着社会的进步和产业的发展，对人才的规格和层次提出了新的需求

对中山市的制造类企业人才需求进行调研后，得出企业对机电一体化人才的需求如图 1-1 所示。调研结果显示，高职机电一体化技术人才需求数量最多，占到了需求总数的 45.86%。对其他层次人才的需求的比例依次为中职及以下学历 37.65%，本科学历 11.22%，研究生及以上学历 5.27%。其中对中职及以下人才的需求呈现逐年下降的趋势，对高职及以上层次人才的需求呈逐年上升的趋势，尤其是对高职层次的人才需求增速最大。这与近年中山市的产业布局和企业的转型升级有较大关系。

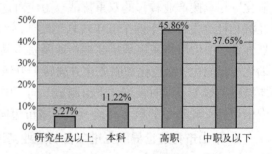

图 1-1 机电一体化技术人才学历需求层次

在机电类人才的岗位能力需求方面，通过一系列的调查和研究发现：企业对于人才的要求并不仅仅局限于专业知识和技能。企业最为看重的首先是员工的工作态度以及吃苦耐劳的精神，其次是员工的专业知识和技能。同时，企业还非常看重员工的综合素质能力，这包括沟通能力、团队协作能力、解决问题的能力等。此外，企业也对于员工的创新精神和发展潜力给予了很高的评价，他们认为，只有具备创新精神和潜力的员工，才能为企业带来新的想法和解决方案，推动企业不断向前发展。

二、建设基础

机电一体化技术专业是正在建设的广东省品牌专业。截至目前，已累计投入 763.5 万元用于专业实训室建设，拥有校内实训室 12 个，校外实训基地 8 个，省级精品课程 1 门，广东省"特支计划"教学名师 1 名，"千百十工程"人才 2 名，国家、省级成果一批。根据麦可思人才质量分析报告数据反馈，近三年平均就业率为 99%，处于全国同类型专业领先水平。

近年来，机电专业取得的主要成果如下：
- 第一批广东省高等职业教育品牌专业；
- 广东省高等职业教育实训基地；
- 省级精品课程"数控加工工艺与设备"；
- 省教学成果奖二等奖 1 项；
- 广东省科学技术进步三等奖 1 项；
- 全国职业院校技能大赛（国赛）二等奖 2 项；
- 全国职业院校技能大赛（省选拔赛）一等奖 1 项，二等奖 5 项、三等奖 5 项；
- 省教学质量工程教改课题 1 项；
- 省大学生校外实训基地建设项目 1 项；
- 省级特支计划教学名师 1 人；
- 全国技术能手 1 人，省级技术能手 1 人。

（一）优势与特色

1. 专业办学理念先进

本专业与奥美森智能装备股份有限公司、广东硕泰智能装备有限公司、中国明阳风电集团有限公司、华帝股份有限公司、广州超远机电科技有限公司等多家企业开展"以综合项目为引领"的创新人才培养模式改革，通过校企深度合作，吸收企业生产体系的先进理念，并将其融入人才培养的全过程，培养具有创新意识、综合素质过硬的高端技能型专门人才。

2. 师资力量雄厚

专业已初步建成一支知识丰富、年龄结构合理的高素质、高水平师资队伍。拥有专任教师 16 人，全部为"双师型"教师，其中省级教学名师 1 名，"千百十工程"人才 2 名，正高级职称 2 名，副高级职称 8 名，中级职称 6 名；其中，博士 3 名，硕士 6 名，全国技术能手和省技术能手各 1 名，实训教师 5 名，企业一线兼职教师 16 名。

3. 教学设施先进

本专业具有功能完备、技术先进的教学实训条件。现拥有各类教学设备价值 763.5 万元，教学实训场所建筑面积 3045m^2，设有 CAD/CAM，机电设备安装、调试、维护、诊断，PLC 编程，单片机编程，传感器检测，电机控制，网络通信，触摸屏，液压气动，机器人调试及应用，机器人视觉等实训设施。

4. 办学成果丰硕

本专业教师团队先后完成省市各级科研课题 51 项，教改课题 22 项，获批专利 8 项，获广东省科学技术进步奖三等奖 1 项，发表国内外论文 132 篇，出版教材 18 本，获各种奖项 108 项,其中指导学生参加省级、国家级技能竞赛共获奖 19 项,如表 1-1 所示。

表 1-1 学生参加省级以上技能竞赛获奖情况(部分)

获奖时间	大赛名称	获奖项目	级别	获奖等级	主办单位
2013 年 6 月	2013 年全国职业院校技能大赛全国赛	机器人技术应用	国家级	二等奖	全国职业院校技能大赛组织委员会
2013 年 11 月	2013 年全国职业院校现代制造及自动化技术大赛	工业机器人与机器人视觉系统编程调试	国家级	二等奖	全国机械职业教育教学指导委员会
2013 年 11 月	2013 年全国大学生电子设计竞赛	高职组"直流稳压电源及漏电保护装置"	国家级	二等奖	高等教育司
2014 年 6 月	2014 年全国职业院校技能大赛	机械设备装调与控制技术	国家级	二等奖	全国职业院校技能大赛组织委员会
2014 年 5 月	"2014 年全国职业院校技能大赛"高职组广东选拔赛	机械设备装调与控制技术	省级	一等奖、二等奖	广东省教育厅
2013 年 4 月	第六届广东大学生机械创新设计大赛	气动高空擦玻璃机器人	省级	二等奖	广东省教育厅
2013 年 6 月	2013 年全国职业院校技能大赛广东选拔赛	工业机械手与智能视觉系统应用	省级	二等奖	广东省教育厅
2015 年 5 月	2015 全国职业技能大赛(广东赛区)	现代电气控制系统安装与调试	省级	二等奖	广东省教育厅
2015 年 5 月	第十三届"挑战杯"广东大学生课外学术科技作品竞赛	游艺游戏机器人	省级	二等奖	团省委、省教育厅、省科技厅、省科协、省学联
2013 年 6 月	2013 年全国职业院校技能大赛广东选拔赛	机器人技术应用	省级	二等奖、三等奖	广东省教育厅
2015 年 7 月	2015 全国职业技能大赛(广东赛区)	三维建模数字化设计与制造	省级	二等奖、三等奖	广东省教育厅
2013 年 4 月	第六届广东大学生机械创新设计大赛	声控无叶风扇	省级	三等奖	广东省教育厅
2013 年 4 月	第六届广东大学生机械创新设计大赛	多功能电动喷洒机	省级	三等奖	广东省教育厅
2014 年 5 月	"2014 年全国职业院校技能大赛"高职组广东选拔赛	三维建模数字化设计与制造	省级	三等奖 2 项	广东省教育厅
2016 年 5 月	2015 全国职业技能大赛(广东赛区)	三维建模数字化设计与制造	省级	三等奖	广东省教育厅

（二）问题与思考

1. 国内外同类标杆专业分析

以国家级示范性高等职业院校无锡职业技术学院机电一体化专业建设为标杆，同时参照国际一流职业教育水平的德国柏林应用技术大学机电专业进行比较分析，寻找本专业的不足和改进方向，如表1-2所示。

表1-2 国内外同类标杆专业比较

比较项目	德国柏林应用技术大学机电专业	无锡职业技术学院机电一体化专业	本校机电一体化专业
优质教学资源	包括机电系统组成、综合技能和技能拓展三个方面的14个"学习领域"的课程资源	国家/省级精品课程5门	省级精品课程1门，校级平台课程2门，校级网络课程5门
教学设备投入	实验设备由企业捐赠	2700万元	763.5万元
校内实训基地	实验室是与企业共建的	10间	12间
校外实训基地	在校外企业实习1~2个学期	10家	8家
校企合作	1~2家超大型企业	10家	15家
就业率	—	2013届98% 2014届98% 2015届99%	2013届99% 2014届100% 2015届99%

通过与国内、国外一流专业的对比分析可以看出，我们在实训室数量、合作企业数量、毕业生就业率方面占有优势，在优质教学资源、教学设备投入、校外实训基地方面略有不足。

2. 专业建设需解决的关键问题

① 现有的人才培养模式和课程体系需要进一步改革和完善，以适应区域内现代企业对高技能人才的需求。

② 在课程教学内容和教材的选用与编写上，还需进一步与企业密切合作，加大工学结合的力度，更好地适应区域经济发展的需要。

③ 实训设备水平有待提升。现有的实训设备中，尚缺乏充分体现以工作过程为导向的机器人教学基地。

三、建设思路和目标

（一）建设思路

以现代职业教育理念为引领，坚持根植中山市地方产业，依托校内外实训基地和中山市智能制造协同创新平台，创新"项目引领、工学结合"人才培养模式。深化教育教学改革，提升师资队伍素质，建设机器人教学工厂，完善校内外实训基地，全面提升专业办学水平，提高社会服务能力。围绕机电一体化专业建设，带动工业机器人技术专业建设，加快培养先进制造行业急需的机电产品设计、自动化生产线装调和工业机器人应用的发展型、创新型、复合型技术技能人才。

（二）建设目标

依托中山市智能制造协同创新平台，与企业深度融合，实践和优化"项目引领、工学结合"的人才培养模式，构建系统化的机电一体化课程体系；通过培养、引进和聘请等途径，打造一支"教学能力、实践能力、技术服务能力"较强的专兼结合的教师队伍。将专业建设成国内一流的机电一体化人才培养基地、工业机器人培训基地，为智能制造行业提供人才支撑。具体目标如下：

• 完善"项目引领，工学结合"的人才培养模式，形成一套完整的人才培养方案，并建立与之相适应的教学管理、质量保障、考核评价体系；

• 构建以选课为基础，逐层深入的系统化课程体系，提升课程品质；将"液压与气动技术"等4门核心课程建设成优质专业核心课程，其中校级精品课程3门，开发相关教材及课件等教学资源，建成具有区域特色的共享型机电一体化专业教学资源库；

• 培养专业带头人1名，聘请行业高水平兼职专业带头人1名；培养和引进"双师"素质骨干教师8名，优化兼职教师库，确保专兼职教师比例达1∶1以上；

• 建设西门子先进自动化技术实训室，改造和扩建运动控制实训室，改善液压与气动技术实训室、机电产品设计实训室，建设机器人教学工厂，深度融合广东硕泰智能装备有限公司等30家行业骨干企业，密切联系特色中小企业，打造实习、就业"双基地"，确保学生半年以上顶岗实习率达到100%；

• 将学生职业素质教育贯穿于工学结合人才培养全过程，强化"德才兼备、德于才先"的素质教育理念，进一步完善指导教师工作制度，完善素质教育保障措施；

• 完成校企合作科研课题6项，开发新产品2项；为企业员工提供学历提升、技术培训200人次以上；建设技能大师工作室一间，实现社会服务10次；申请发明专利3项，争取授权1项，申请实用新型专利5项，争取授权3项。

（三）主要指标和标志性成果

建设期内，本专业达到的主要指标和标志性成果如表1-3和表1-4所示。

表1-3 机电一体化专业建设主要指标

分项任务	具体指标	目标	参考值
综合指标	毕业生初次就业率	≥99%	≥95%
	第一志愿投档分数线	超过当年3A分数线20分	超过当年3A分数线20分
	新生报到率	≥92%	≥92%

续表

分项任务	具体指标	目标	参考值
综合指标	新生第一志愿投档录取率	100%	100%
教育教学改革	毕业生的教学满意度	≥94%	≥90%
	应届毕业生中，自主创业学生所占比例	≥2%	
	应届毕业生获取高级以上证书的获取率	≥30%	≥30%
	应届毕业生初次就业平均起薪线	≥所在专业大类全省高职院校上一届毕业生平均月收入×120%	≥所在专业大类全省高职院校上一届毕业生平均月收入×120%
	毕业生对母校的满意度	≥96%	≥95%
	毕业生工作与专业相关度	≥80%	≥80%
	毕业生工作与职业期待的吻合度	≥65%	≥60%
	毕业生对基本工作能力总体满意度	≥91%	≥90%
	毕业生对核心知识的总体满意度	≥95%	≥90%
	毕业生的就业现状满意度	≥85%	≥80%
教师发展	专业专任教师生师比	≤20	≤20
	专业专任教师高级职称比例	≥70%	≥30%
	"双师素质"专业专任教师比例	90%	≥90%
	青年教师中具备研究生学历或硕士、博士学位的比例	≥60%	≥60%
	专任教师人均年企业实践时间	≥30 天	≥21.88 天
教学条件	专业生均实训设备总值	≥2.5 万元/生	理工科≥13868 元/生
	年校内实践基地使用时间	≥600 学时/生	理工科≥510 学时/生
社会服务	专业生均学年为社会、行业企业技术服务收入	≥300 元/生	工科≥282 元/生
对外交流与合作	全日制在校生中，去境外交流学生所占比例	≥1%	—
	赴境外参加培训的专业专任教师所占比例	≥30%	
	全日制在校生中，去其他学校交流的学生所占比例	≥30%	—

表 1-4 机电一体化技术重点专业建设标志性成果

序号	标志性成果	建设级别
1	IEET 专业认证	国际级
2	高职院校技能大赛获奖	国家级
3	信息化大赛、微课比赛或教学比赛	国家级
4	发明专利	国家级

续表

序号	标志性成果	建设级别
5	规划教材或精品教材	国家级
6	教学成果奖	省级
7	高层次技能型兼职教师项目	省级
8	高职教育教学改革与实践项目	省级
9	机械创新设计大赛获奖	省级
10	挑战杯创新创业竞赛获奖	省级
11	高职教育实训基地	省级
12	大学生校外实践基地	省级
13	高职院校与本科高校协同育人试点	省级
14	大学生创新创业训练计划项目	省级
15	专业建设论文	省级

四、建设内容与主要举措

（一）教育教学改革

1. 人才培养机制

（1）依托校内外基地，完善"项目引领、工学结合"人才培养模式（图1-2）

通过校企合作的专业指导委员会充分论证与指导，明确专业定位和人才培养目标，进一步完善"项目引领、工学结合"的人才培养模式。依托校内基地，含实训室、工作室、机器人教学工厂，展开项目引领的校内教学；依托校外基地，含校企合作实习基地、大学生校外实践基地和中山市智能制造协同创新平台，完成各类生产性实训，包括顶岗实习和部分毕业设计项目，实现工学结合。培育出能胜任机电产品设计、工业机器人应用及自动化装调工作的发展型、创新型、复合型技术技能人才。

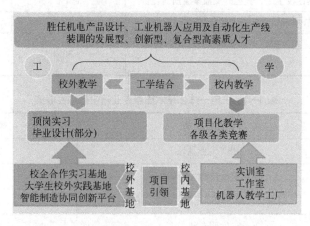

图1-2 项目引领、工学结合的人才培养模式

（2）构建适应学分制的"项目引领、工学结合"的课程体系

基于以选课制为基础的学分制改革要求，依据机电一体化职业能力标准和职业岗位能力分析，围绕专业人才培养目标，整合专业核心课程，建设工学结合、逐层深入的学分制课程体系，如图1-3所示。人文素质的培育，贯穿了整个教学过程。在低年级完成项目建设所需的基础学习，含基础理论和基础实训，主要依托校内实训基地。在学业中期，主要依托校内实训基地、工业机器人教学工厂，开展项目技能学习。在高年级学习阶段，依托工作室、机器人教学工厂、校企合作基地、大学生校外实践基地、智能制造协同创新平台，进行毕业综合实训、顶岗实习和专业技能竞赛。

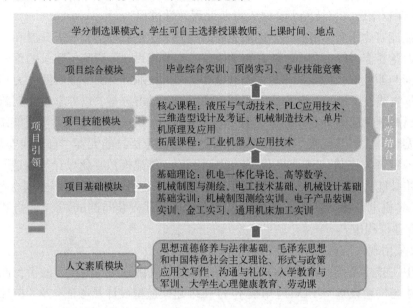

图1-3 以选课为基础，项目引领、工学结合、逐层深入的课程体系

（3）探索实施以选课制为基础的学分制改革

依据学校学分制改革方案，将以机电工程学院为单位，实行按大类招生，新生入校不分专业。新生第一学年按照专业（群）大类打通培养，奠定学生厚实的知识基础。第一学年末，修满规定学分的学生，按学习成绩和志愿自主选择专业。后期机电专业将实施多元化培养，导师指导学生选修专业方向模块课程，选择任课教师、上课时间，自主安排学习进程，形成个性化知识体系。

（4）积极探索2+2高职本科协同育人

进一步做好与韩山师范学院的高职本科衔接招生、转段协调等工作，进一步细化专业标准和课程标准，统筹规划中高职一体化的课程开发和教学资源建设，共同开发"液压与气动技术""PLC应用技术""三维造型设计及考证""工业机器人应用技术"等课程，共建机电一体化技术专业教学资源。

2. 探索适应现代教学技术的教学改革

（1）实施项目引领下的"教学做一体化"教学模式，推行校内教师和校外技术专家共同讲授一门课试点

围绕机电一体化技术专业的职业核心技能，以企业真实产品项目进课堂，提高和固化

学生的工作过程的技能训练。如"液压与气动技术"中，将项目"挖掘机的液压系统"分解成设计、绘图、元件选型、组装、调试等若干模块，引领学生逐个、逐层学习。这种"项目引领"的人才培养方式在专业的各门核心课程及实训中都有体现，极大地训练了学生的综合知识与技能的结合能力。

同时，聘请更多的业内知名专家和企业的能工巧匠共同上一门课。将专业顶岗实习计划纳入企业生产计划中，共同制定出一套体现与产业深度结合的专业人才培养方案，贯穿于学生职业引导、项目设计、顶岗实习、毕业设计与制作的教学环节，创新机电专业人才培养途径。

（2）课赛结合，将技能大赛融入专业课程教学过程

以技能竞赛为平台，培养学生创新意识、提升学生创新能力。积极开展和组织各级技能竞赛，把竞赛作为校企合作、教育教学改革、专业建设、师资队伍建设的重要载体和学生训练技能与职业成长的重要平台。通过竞赛，提高教师自身的专业实践能力和实践教学水平，改革实践教学模式，激发学生的创造性思维和学习兴趣，培养学生的创新意识和创新能力，提高学生运用所学知识解决实际问题的能力。机电专业重视学生技能培养，积极践行"以赛促教，以赛促改"的课赛结合方针，以国家级技能大赛"自动线安装与调试""机械设备装调与控制""工业机器人技术应用""三维建模数字化设计与制造"技能大赛为引导，将技能大赛的职业标准、新知识、新技能与安全操作规范等职业理念融入《PLC应用技术》《机电设备安装调试及维修》《自动化生产线安装与调试》《工业机器人应用技术》4门专业课程中。

（3）采用现代信息技术，推行网络课程建设

将"电工技术基础"建成MOOC课程，推进"机械制图与测绘"的平台课程建设。成立"液压与气动技术""PLC应用技术""三维建模造型设计及考证"及"单片机原理及应用"4门核心课程教学团队，每个教学团队由1名副高级以上教师带队，每个团队由2~4名教师组成，定期进行教研活动，探讨同一门课程的教学方法，促进核心课程建设。

在建设期内继续完善网络课程，建设4门以上专业核心课的网络课程，出版2门以上课程教材。

3. 大力推进创新创业教育

将创新创业教育融入人才培养的全过程，构建立体化的创新创业教育体系，将"大学生创业基础"作为公共必修课，纳入人才培养方案，并按照分阶段、模块化的方式面向全体学生开设，使全体学生都能接受创新创业教育；将创新创业教育理念渗透于思想政治理论等人文素质教育课和专业课的教学之中，在专业教学中融入创新创业知识。开设创新创业教育选修课，并根据学生的兴趣和专业特点制定个性化创业课程教学包；对于有较强的创业意愿或参加过创业计划大赛的学生，集中开展创业专门化培训，提高他们的创业技能水平。

邀请企业成功人士、知名校友来校举办创业大讲堂，营造浓厚的创新创业教育氛围，弘扬创业精神，增强学生的创业意识和创业能力。建设期内，通过剖析课程体系、重构课程内容等，将创新创业教育内容纳入专业人才培养方案，融入人才培养全过程，逐步提高专业学生的创业质量和创业率，形成完善的创新创业教育体系。力争获得省级大学生创新

创业训练计划项目 2 项。

每年至少开展 1 次创新设计大赛，每年至少参加 1 项省级技能竞赛或"挑战杯"广东大学生课外学术科技作品竞赛并争取获奖，争取承办"机械设备装调与控制""工业机器人技术应用"省级技能竞赛。支持毕业生创业，力争毕业生创业率达到 5%以上。

4. 建设促进学生成长与发展的平台

（1）促进学生素质和技能的全面发展

专业建设中，将学生的素质培养贯穿整个教育过程，培养学生的伦理道德、社会公德和职业精神，提高学生的实践能力、创造能力、创业能力，塑造学生健全的人格和长远发展的潜力。

（2）开展多种形式的教学活动，激发学生的发展潜力

① 现场教学，培养学生的工作意识。除了常规形式的教学以外，还利用学校的"校中厂""机器人教学工厂"等场所进行现场教学，使学生置身实际的生产环境中，开阔视野，锻炼能力，培育学生自主创业的思想，提升就业能力。

② 技能竞赛，培养学生的竞争意识。以"自动线安装与调试""机械设备装调与控制""工业机器人技术应用""三维建模数字化设计与制造"职业技能大赛为引导，以获得大赛奖项为目标，将专业知识、工作规范融入课堂，培养学生的实际动手能力和竞争意识。

③ 职业规划，引导学生优质就业。开展职业生涯规划、就业讲座等形式，帮助学生完成好大学阶段的任务，并为下一个阶段的发展做好预先的规划和准备，逐步实现人生目标。

通过建设，力争毕业生工作与专业相关度≥80%；毕业生工作与职业期待吻合度≥65%；毕业生对基本工作能力总体满意度≥91%；毕业生对核心知识的总体满足度≥95%。

5. 建立内外监控、循环提高的质量保证体系

① 按照教育部和省教育厅关于建立职业院校教学工作诊断与改进制度的有关要求，在学校的全面部署下，切实发挥专业在质量保障中的主体作用，重点针对本专业人才培养的核心环节课堂授课、毕业综合实训开展教学诊断与改进工作，不断完善专业内部质量保障制度体系和运行机制。

② 通过深化校企合作，校企双方共同制定科学规范的《机电一体化专业教学标准和课程标准》，完善基于本专业教学工作目标管理的检查、评比办法，根据本专业教学工作项目引领、工学结合的特点和实际设计评价指标体系，丰富指标内涵，确立改进方式，在校、院两级教学督导的检查、诊断和指导下，调动本专业教师的积极性、主动性和创造性，进一步规范教学常规管理。

③ 继续加强与第三方机构合作，推进毕业生就业半年后和就业三年后两个阶段的就业质量调查，并将调查数据作为修订专业人才培养方案的依据之一。

④ 依托学校教学质量反馈平台，建立具有专业特色的内外监控、循环提高、信息畅通的教学质量信息反馈机制，如图 1-4 所示。完善由校级教学指导委员会、院级教学指导委员会、专业教学指导委员会三层机构组成的监督体系。监督部门收集校内外反馈信息，提出评价与建议，并将信息传递给教学主体。疏通由督导评价、同行评价、领导评价组成的校内信息反馈渠道。及时将教学主体的日常教学、学生能力素质的培养、专项工作（含

人才培养方案、考务工作等）中表现出来的问题反馈给监督部门。收集校外质量评价信息，理顺由用人企业访谈、麦可思第三方评价、毕业校友调查及社会口碑构成的校外质量信息反馈机制。将我校学生毕业后所表现出来的人才培养成效与不足及时反馈给监督部门。教学主体采集由监督部门给出的评价与建议，对日常教学、学生能力素质的培养和各项专项工作等进行及时改进，做到教学质量的持续提高。

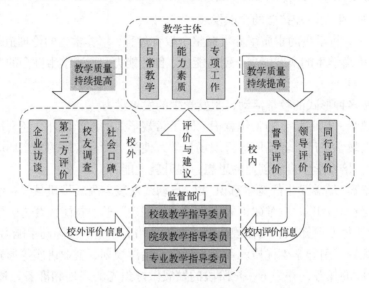

图 1-4　内外监控、循环提高的质量保证体系

（二）教师发展

1. 制定和完善专业建设的激励和约束机制

依据《中山职业技术学院教职员工绩效奖励校级分配办法》《中山职业技术学院机电工程学院二级分配方案》，进一步科学合理地制定教师从事专业建设的考核方案，将专业建设任务责任落实到人，并将建设效果纳入专业内部考核依据，作为年终评优评先的重要依据。内容包括教学水平、专业建设、课程改革、企业实践、担任学生导师等。积极建立物质激励、竞争激励和荣誉激励机制，引导教师开展"项目化教学"改革，积极参与企业的产品开发。加快推进教研室组织改革和管理创新。以专业建设为主线，构建包含人才培养模式建立、课程体系构建、教师发展、教学质量管理、毕业生跟踪调查等管理环节的专业人才培养质量动态自我管理机制。把专业建设任务与个人发展目标结合起来，突出教师的主体地位，鼓励教学创新及科研创新。

2. 专业带头人培养与发展

① 校内专业带头人培养。支持专业带头人及时跟踪产业发展趋势和行业动态，准确把握专业建设与教学改革方向，保持专业建设的领先水平，提升专业水平、扩大行业影响力，完成机电一体化技术专业所在行业产业现状、发展趋势及对高职人才需求分析的报告。建设期内，支持专业带头人每年到企业挂职锻炼 2 个月以上，完成科研课题 1 项，支持专业带头人在社会团体中担任重要职务。每年主持专业人才培养方案的制定，完成课程体系的构建，指导 2 名以上青年教师成长，培养青年教师成为具有副高级以上职称的骨干教

师，主持新课程开发，开设创新创业类课程。在国家级核心刊物发表学术论文 1 篇以上。

② 校外专业带头人培养。培养校外兼职专业带头人 1 人，为带头人参加专业建设提供便利条件。培养和推荐带头人在教学组织、团体或专业刊物中担任重要职务，支持参加国际国内学术交流活动，支持申报市级以上科研课题 1 项，支持完成高层次技能型兼职教师项目 1 项。

3. 教学团队（骨干教师、兼职教师）

建设期内，力争获得教学质量奖 5 人次以上。信息化教学能力和创新创业教育能力显著提高，积极参加省级以上的信息化大赛、微课比赛等并争取获奖 1 项以上。新培养 8 名以上骨干教师，加强团队实践能力，每年安排所有专任教师进行 1 个月以上企业锻炼。进一步提高专任教师双师素质比例，专任教师双师素质保持 100%，专业专任教师生师比≤20%，专业专任教师高级职称比例≥70%。骨干教师科研水平明显提升，完成横纵向课题 6 项。

加强兼职教师培训和管理，每年召开一次由行业专家、兼职教师、校内专职教师组成的人才培养方案论证会议，每学期召开一次兼职教师教研活动，兼职教师参与校内说课。建立校企技术研讨和经验交流的合作机制，

支持兼职教师提高教学能力、牵头教学研究项目、组织实施教学改革，完成 1 项高层次技能型兼职教师项目。推行校企顶岗实习与毕业设计的双导师制，新聘行业企业的专业人才和能工巧匠 18 名担任兼职教师，实践技能课程 40%由具有相应高技能水平的兼职教师讲授。

（三）教学条件

1. 加强优质教学资源的开发、使用与共享

（1）搭建数字化教学资源平台

基于"互联网+"教育理念，本专业将建设机电一体化数字化资源平台，加大在线教育资源的开发和建设力度，完善资源平台功能，利用教学资源平台，开展专业教学、社会培训、学习指导、中小企业技术服务等活动，实现课程资源的共享化，教学文件的规范化，教师备课的网络化，学生、学员学习自主化、终身化，专业资讯实时更新，师生互动交流频繁。

（2）打造优质专业核心课程，建设精品在线开放课程

与广东硕泰智能装备有限公司等合作企业共同开展课程建设，将职业资格考证、行业标准、企业工作规范、企业生产案例等融入课程开发的全过程，有效设计实训、实践环节。借助数字化教学资源平台，全面实现课程资源的网络化、共享化，全面提高教学质量。重点建设 4 门核心课程，其中 3 门课程达到校级精品资源共享课程标准，1 门课程达到省级精品资源共享课程标准，如表 1-5 所示。

（3）教师与企业密切合作

收集企业的案例，以项目为载体组织教学内容，大量引用行业企业实际工作案例开展专业教学。新开发校企合作的校本教材 5 部，出版国家规划教材 2 部以上，如表 1-6 所示。校企合作开发教材、国家规划教材及最近 2 年出版的新教材使用率均在 80%以上。

表1-5 专业精品在线开放课程

序号	课程名称	建设标准	完成时间	合作企业	责任人
1	PLC应用技术	省级	2018	广东硕泰智能装备有限公司	杨振宇、李中帅、桂存兵
2	机器人应用技术	院级	2017	奥美森智能装备股份有限公司	洪志刚、廖伟强
3	三维造型设计及考证	院级	2019	中山市昊天电器有限公司	张晓红、朱晓川、谢英星
4	液压与气动技术	院级	2020	中山市奥斯精工机械科技有限公司	姜无疾、邓达

表1-6 专业教材建设任务

序号	教材名称	责任人	教材类型	完成时间	合作企业
1	液压与气动技术	姜无疾	校本	2017	中山市奥斯精工机械科技有限公司
2	电工电子技术	廖伟强	校本	2017	中山市昊天电器有限公司
3	机电一体化概论	何佳兵	校本	2017	奥美森智能装备股份有限公司
4	机器人技术	洪志刚	正式出版	2018	广东硕泰智能装备有限公司
5	ProE	张晓红	正式出版	2018	中山市天元真空设备技术有限公司

2. 依托工业中心，完善校内实践教学基地

在已有的校内外实践教学基地的建设基础上，进一步完善实践教学体系，满足"项目引领、工学结合"人才培养要求。所有实训室入驻崇实园，新增实训室面积300m²，新购置实训室设备650万元。进一步完善实训室硬件设施和功能。把实训室建成"教学、培训、生产、科研基地"。推进实训室开放制度，开放"综合设计制作实训室""机器人应用实训室""机电产品设计实训室"。校内实训基地建设计划如表1-7所示。

表1-7 校内实训基地建设计划

序号	名称	建成功能	主要硬件设备	计划投入/万元
1	工业4.0智能制造生产线	机器人应用、数控加工、物料传送、信息传递	工业机器人，输送小车，五轴机床	—
2	改扩建液压与气动实训室	液压与气动技术实训	液压实训平台，气动技术实训平台	260
3	新建西门子先进自动化技术实训室	西门子PLC、触屏技术实训	西门子PLC综合实训平台	230
4	新建机器人基础实训室	ABB工业机器人基础实训	ABB工业机器人及其外围设备	—

续表

序号	名称	建成功能	主要硬件设备	计划投入/万元
5	补充与完善运动控制实训室	运动控制实训与培训	交流、步进与伺服电机及其控制部件	60
6	补充与完善机电产品设计实训室	3D扫描、3D打印技术实训与培训	3D打印机，扫描仪	30
7	引进广东硕泰智能装备有限公司进校园建设"校中厂"	智能制造技术的生产与培训	柔性生产线	—
8	西门子考证考点建设	UG原厂认证	UG正版软件及电脑机房	40
9	模塑成型体验中心	模塑成型体验	各类模具	30

3. 建设教师工作室

新建3间教师工作室，将工作室建成学习的教室、竞赛的基地和创新的摇篮。所有工作室都向学生开放，以吸引优秀学生参与工作室中的日常管理、项目开发、技能竞赛。在教师的指导下，学生可以在实训室或工作室进行创新创业方面的设计和制作，制作的作品作为教具、竞赛作品，创业产品。创新作品，由指导教师帮助申请国家专利；优秀的创新创业项目，推荐到学校大学生创业园或大学生创业孵化基地，进一步孵化，孵化成熟后推向市场。教师工作室建设计划如表1-8所示。

表1-8 工作室建设计划

序号	名称	建成功能	地点	负责人	计划投入/万元
1	智能检测与运动控制工作室	智能检测，运动控制实验	工业中心15S4	洪志刚	10
2	现代机电设备维修与改造	机电设备维修与改造	工业中心15S5	李初春	10
3	机械设计与快速成型工作室	机械设计、逆向工程和快速成型	工业中心15S3	张晓红	10
		合计			30

4. 建设稳定的校外实践教学基地和大学生校外实践基地

根据现有校外实训基地管理制度，校外实习指导教师管理制度，进一步完善校企合作共建专业运行机制，建立良好的校企合作平台。深度参与中山市智能制造协同创新平台建设，新增校外实训基地5家以上，并将其中1家建设成省级大学生校外实践基地。校企共同制定校外学生顶岗实习方案，共同组织实施。通过学校健全的合作机制，建立密切、持久的校外实习实训合作关系。校外实训基地建设计划如表1-9所示。

表1-9 校外实训基地建设计划

序号	实训基地名称	主要功能	建成时间			
			2020年	2021年	2022年	2023年
1	广东硕泰智能装备有限公司	智能制造实训，顶岗实习	新建	完善	完善	完善
2	中山市奥斯精工机械科技有限公司	创新设计培养，顶岗实习	新建	完善	完善	完善
3	中山市昊天电器有限公司	顶岗实习	—	新建	完善	完善
4	中山天元真空设备技术有限公司	机电产品设计综合实训，顶岗实习	—	新建	完善	完善
5	中山市亚泰机械实业有限公司	生产管理实训，顶岗实习	—	—	新建	完善

（四）依托中山市智能制造协同创新平台，提升社会服务能力

建立和完善专业教师紧密联系企业、为社会服务的激励制度。积极参与中山市智能制造协同创新中心的工作，主动面向行业企业开展技术服务、成果转化。建设一支以专业教师为骨干的科研团队，完成校企合作科研课题《基于3D打印技术的食品成型工艺及设备研究》等6项，开发新产品2项；为企业员工提供学历提升、技术培训200人次以上；建设技能大师工作室一间，实现社会服务10次；申请发明专利3项，争取授权2项，申请实用新型专利5项，争取授权3项。

（五）积极开展对外交流与合作

1. 国际视野人才培养

加强与职业教育发达国家和地区的交流与合作，引入德国互动式培训课程"金属机械加工"，加强与昆山科技大学和万能科技大学的学生交流机制，争取与昆山科技大学相同专业或相近专业建立姊妹专业关系，与该校深入开展教师交流、学分互认等合作关系，共同探讨合作育人机制。力争每年参加境外交流学生达1%以上；每年平均有2位教师到境外参加交流学习。

2. 国内合作交流

学校与广州番禺职业技术学院、顺德职业技术学院成立三校联盟，三校机电一体化专业间具有良好的沟通途径，并且，学校毗邻国家骨干职业技术院校——中山火炬职业技术学院，因此具有有利的学习地利。通过专业建设，每年不少于30%的学生，到国家骨干院校交流学习；每年不少于10人次的教师，参加国内的进修或培训；1位以上教师作为国内访问学者赴其他高校进修。

五、经费预算和建设进度安排

（一）经费预算

本项目建设经费来源及预算如表 1-10 所示。

表 1-10 机电一体化专业及相关专业群建设经费来源及预算

建设内容		申请省财政专项投入		举办方投入		其他投入	
		金额/万元	比例/%	金额/万元	比例/%	金额/万元	比例/%
1	教育教学改革	/	/	60	15.0	/	/
2	师资队伍建设	/	/	60	15.0	/	/
3	教学条件	600	100	192	48.0	/	/
4	社会服务	/	/	48	12.0	/	/
5	对外交流与合作	/	/	40	10.0	/	/
合计：1000 万元		600	60.00	400	40.00	/	/

（二）年度安排

本项目建设经费年度安排如表 1-11 所示。

表 1-11 机电一体化专业及相关专业群建设经费年度安排

单位：万元

建设内容		申请省财政资金					举办方资金					其他资金					合计
		2020	2021	2022	2023	小计	2020	2021	2022	2023	小计	2020	2021	2022	2023	小计	
1	教育教学改革	/	/	/	/	/	20	20	20	10	70	/	/	/	/	/	70
2	师资队伍建设	/	/	/	/	/	20	40	10	/	70	/	/	/	/	/	70
3	教学条件	200	200	100	100	600	80	100	20	/	200	/	/	/	/	/	800
4	社会服务	/	/	/	/	/	20	10	10	/	40	/	/	/	/	/	40
5	对外交流与合作	/	/	/	/	/	/	10	10	/	20	/	/	/	/	/	20
合计		200	200	100	100	600	140	180	70	10	400	/	/	/	/	/	1000

（三）建设进度

本项目建设进度安排如表 1-12 所示。

表1-12　机电一体化专业建设进度

建设内容	主要任务	2020年度	2021年度	2022年度	2023年度	备注
教育教学改革	探索实施"项目引领、工学结合"人才培养模式	√	√			
	构建课程体系	√	√			
	推进创新创业教育	√	√	√		
	助推学生职业成长与发展				√	
	建立内外监控、循环提高的质量保证体系	√	√			
教师发展	制定和完善专业建设的激励和约束机制	√				
	专业带头人的培养与发展	√	√			
	建立专兼结合的优秀教学团队	√	√			
教学条件	加强优质教学资源的开发、使用与共享			√	√	
	完善校内实践教学基地	√				
	建设稳定的校外实践教学基地和大学生校外实践基地		√			
社会服务能力建设	增强服务中山智能制造企业的能力	√	√		√	
对外交流与合作	培育国际视野人才	√	√	√		
	加强国内合作交流	√	√	√	√	

六、预期成果

1. 人才培养模式更加完善

机电一体化技术专业的人才培养模式是一个动态、闭环、可控性的培养过程。以满足企业岗位、职业能力需求，以学会做人、学会做事为人才培养目标，根据多途径建立的信息反馈渠道，准确把握产业结构调整、行业企业的动态需求信息；通过校企合作的专业指导委员会充分论证与指导，明确专业定位和人才培养目标；经过人才培养计划的严格控制，依托校内外专兼职教师、良好的校内外实训条件、合理的课程体系；按照行业企业标准，通过任务驱动、项目化教学、职业资格鉴定等途径培养出适应企业需求的毕业生。这种动态、闭环、可控的人才培养模式将校企合作融入人才培养的每一个环节，使人才培养能够动态适应企业需求。

2. 机电一体化技术专业课程体系更加完善

由于机电一体化技术专业具有知识综合性、技能复合性强的特点，要求学生既要掌握机电结合的综合理论，又要掌握综合技能。所以在教学培养进度与课程体系建设上，本专业依托校企合作资源，联合企业，采用在知识和技能上循序渐进、由简单到复杂、由理论到实践反复交替深化的课程体系。

经过三年建设，出版 2 本以上国家级教材，建设和完善 2 门专业平台课程，校企合作编写 5 本以上校本教材，建设精品在线课程或网络课程 4 门。

3. 培养一支适应学分制、高职本科衔接、复合型人才培养改革的优秀师资队伍

通过师资队伍建设工程，内培外引、创新机制，使更多教师能够胜任教学科研、技术开发和技术服务，使更多的教师能够在全国各类技能比赛中取得突出成绩，造就一支专兼结合、以"双导师"为主导结构的教学团队。

4. 完善校内实训室，建成广东省高职教育实训基地

新投资经费 800 万元以上，建设和完善工业机器人仿真实训室、工业机器人应用实训室、工业机器人基础实训室，为中山乃至珠三角地区培养工业机器人应用型人才。进一步完善专业的广东省高职教育实训基地，完善液压与气动实训室、传感器实训室、运动控制实训室等。锻炼 2 名以上优秀实训教师。

5. 建成工业机器人教学工厂，全面提升社会服务能力

紧紧围绕中山市"一镇一品"新型专业镇和相关产业园区转型升级的需求，依托校内实训基地，建成机器人教学工厂，为企业提供优质的培训服务、研究服务甚至生产服务。每年为社会培养智能制造急需的自动化生产线、工业机器人应用和机电产品设计等创新型技术技能人才 100 人以上。同时，每年为两家以上企业提供员工的技术培训，培训人数达 30 人次以上。建设同期，为企业解决技术难题 10 项以上。

七、保障措施

1. 加强组织保障

在学校高水平专业建设领导小组和工作小组的指导下，建立以专业主任姜无疾为组长的机电一体技术专业高水平专业建设工作小组，加快基层教研室的改革，实行专业主任负责制，建立上下联动的专业建设组织体系和工作机制，总体部署专业建设各项工作，牵头制定年度重点建设任务，协调推进各项工作。

2. 加大资金投入力度

将高水平专业建设作为本学院的重大工程进行实施，并将其作为专业建设的重点工作纳入学院的总体规划和年度工作计划。在学校的专项资金支持下，院系二级分配资金重点向本专业倾斜，同时争取更多来自国家、地方政府和行业企业的政策、资金扶持。

3. 加快教师队伍建设

按照学校人事制度改革部署，建立本院教师激励机制，统筹安排教师进行专业建设、科学研究和人才培养等各方面工作，激活基层教研室活力，实施专业带头人、骨干教师和专任教师分类提升计划，以一流教学团队支撑高水平专业建设。

4. 加快完善专业诊断与改进机制

在学校诊改工作体系下，建立本专业与专业课程、教师、学生层面的质量保证和改进机制，加强学校与本专业管理系统间的质量依存关系，建立健全数据监控和项目管理相结合的制度，明确项目责任人。在高水平专业建设中强化对专业数据状态平台的利用，将专业建设的关键指标和运行数据通过实时比对，进行综合考核评比。

5. 加强国内外交流合作

建立工作定期交流和互动机制。重点加强与国家示范院校和骨干院校中标杆专业之间的工作交流，形成良性的交流机制。积极创造条件，加强同先进国家的战略合作，提高对国际化专业教学标准、先进管理经验等方面的消化吸收能力，不断提高专业建设国际化水平。

第二章
广东省一类品牌专业
——电梯工程技术专业建设研究

一、建设背景

（一）行业产业现状及发展趋势分析

1. 中国电梯产量全球第一，发展速度迅猛

中国电梯生产量平均每年递增率近 20%，目前中国大陆的电梯整机生产量和在用电梯数量都已跃居世界第一，全国注册电梯整梯企业达 700 余家，电梯产量超过全球的一半，已经成为了电梯领域的世界工厂和制造中心，形成了电梯产品研发、制造、营销、工程安装、监督检测、维修保养、零部件供应等的全产业链。2022 年，电梯、自动扶梯和升降机累计产量 155.7 万台，同比增长 3.9%。截至 2023 年底，全国电梯保有量 1062.98 万台，同比增长 10.22%。中国电梯市场的未来发展趋势显示，随着城镇化进程加快、老旧小区改造以及基础设施建设的加强，电梯需求将持续增长。同时，智能技术和物联网的应用将进一步提升电梯的安全性和智能化水平。

2. 中山市南区是国家级电梯产业基地，产业优势明显

中山市电梯产业起步早，发展快，层次高。1986 年，中山市电梯厂有限公司在南区成立。1995 年，世界五百强企业之一、第三大电梯生产企业——蒂森克虏伯电梯有限公司落户南区。1998 年，世界五百强企业——日本三菱在南区成立广东菱电电梯有限公司。至 2023 年，中山电梯产业产量和市场占比不断提升，其中南区规模以上电梯企业总产值占全区总产值的 85%。南区 25 家规上装备制造企业中，电梯产业企业 9 家；其中整梯制造企业 3 家，实现工业产值 90.6 亿元，占装备制造工业产值比重的 84%。目前，中山市正在打造新时代中山现代产业集群"十大舰队"，涵盖电梯产业的高端装备制造业是其中一大舰队。中山市还出台了《推动电梯产业高质量发展实施方案》，加快推动电梯产业的高质量发展。

3. 电梯行业人才需求分析

随着社会的发展，居住、工作和生活环境对电梯的需求也随之越来越大。电梯作为高层建筑不可缺少的交通运输工具，已经在居民住宅小区、写字楼和商场等地得到广泛的应用。2000 年以后，我国房地产行业迎来了快速发展期，房地产行业的发展直接拉动电梯行业进入高速成长期。根据中国电梯协会的统计数据，2023 年，我国电梯产量为 155.7 万台。当前，随着房地产行业进入产业发展的调整期，我国电梯行业发展也随之从高速成长期进入稳步发展期。在未来的行业发展中，我国城镇化、老龄化等因素成为推动电梯市场需求稳步上升的有利因素。

电梯行业售后维护人才岗位需求状况分析：当前，国内开办电梯专业的高职院校有100所左右，每年招生总人数不少于10000人。以电梯维修保养行业为例，按正常保养工作量测算，一个维保人员每月最多能负责20台电梯保养（不含维修），仅全国的在用电梯就需要17.6万名专业人员，但国内目前有资质的维保人员不足6万人。由于专业人员的缺乏，甚至出现了1个维保人员每月负责60台电梯的超负荷案例。

（二）同类专业建设情况分析

电梯工程技术是电梯技术在高职高专（大专）层次的唯一专业。2007年，广东工程职业技术学院成为第一所开办该专业的高职院校。近几年，全国各地开始有高职院校开办该专业。截至2023年，全国有近100所院校开办该专业，其中广东省有4所，大部分集中在广州周边（广州、中山）。目前，各省市的院校都在积极开办电梯专业，但也存在以下几个突出的问题。

1. 电梯专业师资短缺，师资培养体系不完善

电梯领域包含了机械、电气控制、建筑等学科领域，在2013年前，本科层次以上的学历教育没有电梯专业，因此从事电梯专业教学的都是从相近的机械工程、电梯自动化、机电一体化专业转过来的老师，需不断学习补充新的知识，才能适应电梯专业的发展。而大部分高职院校仍未建立起电梯专业师资培训的硬件和软件条件。有实力和有影响力的电梯师资培训基地也非常缺乏，培训也缺乏系统性。

2. 课程体系不够科学化，人才培养质量有待提高

目前各个高职院校往往依据各自已有的机械类、电气类的基础优势开办该专业。课程体系也是在现有优势专业课程体系的基础上更换几门电梯专业课程而组成的，课程间衔接不够，拼接痕迹明显。人才培养方案与企业需求还有一定差距。

3. 实训室建设缺乏长远规划，存在盲目建设的问题，设备技术水平一般

目前市场上对于能够满足电梯专业教学需要的实训设备非常缺乏。很多高职院校匆忙开办该专业，没有经过充分论证便匆匆购买了一些缺乏实用性的实训设备，往往造成所建实训条件不能满足教学需要。

4. 专业人才培养质量监控与保证体系有待完善

目前，各高职院校还是采用传统的人才培养质量评价体系，应该创新专业人才培养质量监控与保证机制，以便能快速地反馈教学质量、课程建设质量和专业建设质量，并建立健全专业自我诊断与改进机制，从而提高人才培养质量，更好地适应电梯产业发展的需要。

二、建设基础

（一）本专业在全国和省内的综合实力排名情况

目前，本专业在电梯行业和省内外高职院校中形成了广泛的影响力，综合实力初步达到了省内领先、国内一流，成为电梯行业职工培训的龙头和高技术技能人才的培养基地。

1. 本专业具有多项国家级身份，综合实力国内一流

① 本专业是立足南区国家火炬计划中山电梯特色产业基地，与中国电梯协会、国家电梯质量检验检测中心合作，在全国高职院校中首开的电梯类专业；

② 行业高层参与办学，成立了以中国电梯协会理事长为主任和以《中国电梯》杂志社主编为副主任的专业教学指导委员会，专业高度对接行业，高起点高规格办学；

③ 本专业拥有国内第一个由中央财政支持的电梯专业实训基地；

④ 本专业是国家电梯行业职业资格标准和培训教材编写的副组长单位；

⑤ 本专业建成有全国电梯行业首批"特有工种职业技能鉴定站"；

⑥ 本专业承办了国内首届"电梯技能人才培养论坛"；

⑦ 本专业在历届广东省职业院校电梯类技能大赛中均获一等奖，我校也是广东省内唯一一所同时获得国家职业技能（电梯类）竞赛二、三等奖的高职院校。

2. 本专业是广东省重点、示范专业，综合实力省内领先

① 2012年，本专业被确立为广东省首批重点建设专业；

② 2013年，中山职业技术学院被广东省教育厅、财政厅确定为第三批省示范性高职院校立项建设单位，本专业在四个示范性重点建设专业中排名第一；

③ 2014年，本专业顺利通过了广东省教育厅对我校示范性建设工作所开展的中期检查，并得到了省专家们的一致好评；

④ 2014年，本专业成为广东省大学生校外实践教学基地立项建设单位；

⑤ 2015年，本专业成为广东省级优秀教学团队立项建设单位；

⑥ 2015年，本专业成为广东省电梯专业教学标准研制立项单位。

3. 本专业在电梯行业具有广泛影响力，办学实力成为业内龙头

① 与广东南区电梯产业发展有限公司等中山区域电梯企业合作，建成了中山电梯产业基地电梯零部件检测服务中心。该中心为电梯企业提供零部件优化设计、安全部件型式试验等检测技术服务，与企业合作形成各类技术专利10余项；与包括世界500强德国蒂升电梯公司在内的长三角和珠三角地区等多家电梯企业建立了成人学历教育、员工入职培训、新技术培训等多项合作；

② 通过资源共享和输出，为宁夏职业技术学院和湖南邵阳职业技术学院、贵阳职业技术学院、福建省三明市职业中专学校、中山市启航技工学校、韶关市交通技工学校等兄弟中高职院校开办电梯专业进行师资培训，提供实训教学设备。

（二）本专业建设的主要经验、突出特色、主要成果

1. 建立了"电梯行业人才培养政、校、行、企协作联盟平台"

① 与中山市政府及南区办事处建立了良好的合作机制，充分发挥其在人才培养工作中的"红娘"角色作用；

② 与中国建筑科学院机械化研究分院、中山北京理工大学研究院建立了良好的合作机制，充分发挥其在产学研工作中的技术优势；

③ 与中国电梯协会、中山市电梯行业协会建立了良好的合作机制，充分发挥其在电梯行业中的影响力；

④ 与电梯生产制造和电梯安装维保两类企业建立了良好的合作机制，实现资源共享、专业共建、人才共育。

2. 建立了"电梯学院产、教、学、研创新服务平台"

① "一所"：在电梯学院建立中山市自动化研究所，并使之获得安全生产标准化三级评审资质，面向工贸企业开展安全生产标准化评审活动；

② "二厂"：以国家火炬计划中山电梯特色产业基地为依托，在南区电梯学院校内实训基地，新建2个"校中厂"——电梯轿厢综合实训车间、中山市伟力通电子技术有限公司电梯控制柜组装车间；

③ "三室"：面向高级职称教师的"教授工作室"、面向青年教师的"创新工作室"、面向电梯学院学生的"电梯社活动室"；

④ "四中心"：建立了"中山电梯产业基地电梯零部件检测服务中心""中山市电梯工程技术研究开发中心""三菱电梯新技术学习中心""中山市青少年电梯安全科普教育中心"。

3. 成立了理事会制的"电梯学院"，办学体制机制全国领先

由学校主导，由中国建筑科学院机械化研究分院和中国电梯协会指导，由中山市南区办事处提供场地并配套相应的生活设施，引进广东菱电电梯有限公司等中山区域主流电梯企业参与，政、校、行、企联合创办了理事会制的产业学院——中山职业技术学院南区电梯学院，实现了多方参与、共同建设、协同育人的办学体制机制创新，通过订单式人才培养初步探索了现代学徒制人才培养模式改革。本案例入选了教育部2013年人才培养质量年报。

4. 成立"中山电梯工程研究院"，率先探索混合所有制

中山市南区政府、中山职业技术学院南区电梯学院、中国建筑科学院建筑机械化研究分院、广东省不止投资实业有限公司共同讨论并通过了《关于产学研合作建设中山电梯工程研究院的实施方案》，通过股份合作方式，开展电梯零部件检测、技术推广、科学研究、产品开发和面向行业的新技术培训等活动。

5. 探索了现代学徒制人才培养，创新了人才培养模式

在省示范院校建设过程中，本专业按照现代学徒制的要求，建立了人才培养的"多学段""多循环"运行机制，如图2-1所示，推动了工学结合人才培养模式的改革创新。

实施"项目式"教学：在《电梯安装工程》《电梯结构与原理》《电梯零部件设计》《PLC编程与变频技术》《电梯控制技术》等专业核心课程中实施项目化教学改革，实现"学中做、做中学"。实施"场景式"教学：在"教、学、示合一"创新教室，对于《电梯结构与原理》《电梯保养与维修》《电梯标准与检测》《电梯选型与配置》等专业课程，教师既可以通过黑板、投影进行讲解，又可以随时通过电梯整梯实物、模型、电梯零部件进行现场讲解，学生也可以在教师的指导下，亲自动手进行操作、安装、试验。实施"仿真式"教学：学生在电梯模拟实操室，运用"电梯三维数字化模拟教学平台"创设电梯安装和检测情境，进行电梯工作原理、模拟安装、模拟检测等环节的互动学习，而且学习结果能够实现可控可测、自我考核评价。

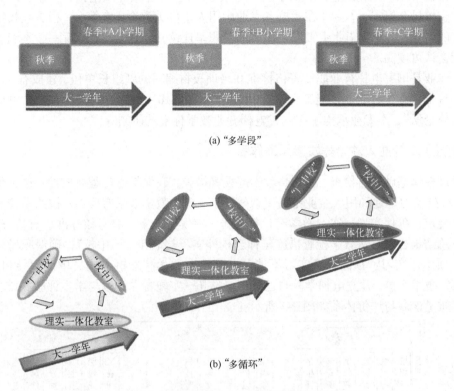

图 2-1 "多学段""多循环"运行机制

6. 取得了一批国家级、省级成果

自 2012 年以来，电梯工程技术专业在专业建设、人才培养等方面取得了 8 个省级成果——广东省首批重点建设专业、广东省第三批示范性重点建设专业、广东省大学生校外实践教学基地立项建设单位、广东省级优秀教学团队立项建设单位、广东省第三批专业教学标准研制立项单位。本专业教师获得全国机电类教师业务竞赛一等奖三项，信息化教学大赛国赛三等奖一项，省赛一等奖一项。同时，10 余项教研教改项目获得了省级立项。

（三）本专业的人才培养质量

在 2012 年、2013 年、2015 年广东省高职院校电梯类专业"智能电梯装调与维护"竞赛中，本专业学生取得了两个一等奖、三个二等奖、三个三等奖的好成绩；在 2012 年、2013 年、2015 年全国高职院校电梯类专业"智能电梯装调与维护"竞赛中，取得了两个三等奖、一个二等奖；在 2011 年第五届全国大学生机械创新设计大赛"扳手腕模拟机比赛"中获得广东省二等奖。

麦可思公司对毕业生的调查分析报告显示，电梯工程技术专业的毕业生的专业竞争力在我校 33 个专业中名列前茅，本专业毕业就业对口率连续三年全校第一，毕业生对母校的满意度达 100%，对母校的推荐度达 95%，连续三年就业率达 100%。

（四）本专业的社会认可度

我校在 2013 年省教育厅公布的《高职院校毕业生人才培养质量报告》中，用人单位最满意院校排名第二，本专业在我校各专业中用人单位满意度排名第一。根据我校招生就业中心的调查，本专业毕业生工作一年后的升职率连续几年在全校排名第一。本专业的毕业生社会认可度高。

本专业是国家电梯行业职业资格标准和培训教材编写的副组长单位，建成有"全国电梯行业首批特有工种职业技能鉴定站"，承办了中国电梯协会主办的国内首届"电梯技能人才培养论坛"，本专业承担了广东省电梯专业教学标准的研制。

（五）本专业人才培养质量保证体系

通过教学基础资料检查、听课、教学巡视等措施，确保教学过程有监控；通过师生座谈会、校外实习基地和用人企业走访座谈等环节，确保教学效果有反馈；按照学校实践教学管理规定，确保实训、实习教学有计划安排、有实施方案、有考核标准、有检查记录、有分析总结报告，且将教学检查措施延伸至校外实习基地和"厂中校"，确保职场认知实习、专项生产实习、顶岗综合实习不遗漏；聘请电梯学院理事会成员单位领导和行业、企业高级技术人员，建立电梯学院自己的督导队伍，实施督导评教与学生评教相结合。人才培养质量诊断与评价体系如图 2-2 所示。

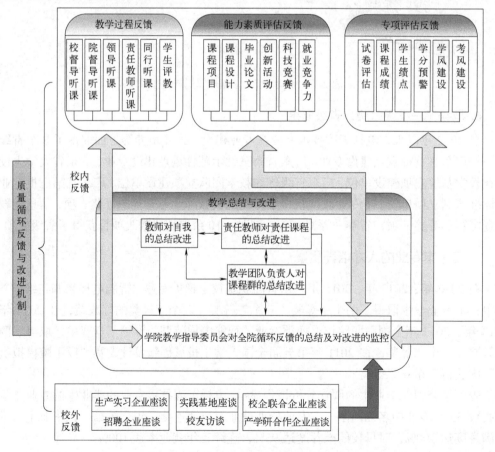

图 2-2　人才培养质量诊断与评价体系

以麦可思公司调查为基础，由电梯学院理事会牵头，构建由研究机构、电梯行业协会、主流电梯企业、部分学生及其家长等第三方共同参与的"多元化"人才培养质量评价体系，围绕课程设置的有效性、知识能力素质的适应性、专业与就业岗位的一致性等内容，对本专业毕业生进行五年不断线的跟踪调查，建立质量年报制度，构建毕业生就业信息数据库，形成年度评价报告，从而系统掌握人才培养的成效与不足，为后续人才培养模式改革、人才培养方案完善等提供多渠道、全方位依据，促进人才培养良性循环。

（六）支撑本专业现有人才培养的条件（师资队伍、实训实习条件、教学资源等教学条件和教学改革成果）等

1. 专任教师主要来自企业一线，教学团队实践与创新能力突出

2020 年，本专业有专任教师 19 人，兼职教师 20 人。在专任教师中，来自电梯企业一线 11 人，教授 4 名，副教授 9 人，中级职称 6 人，拥有博士学位 2 人，硕士学位 6 人。14 人获得"工贸行业企业安全生产标准化评审员"资格。近三年，共发表高水平论文 50 余篇，主持的院级、市级、省级的教研、科研项目课题达 30 项，主持的社会培训、技术服务收入超过 200 万元。3 名教师获得全国职业院校"智能电梯装调与安全维护教师技能大赛"一等奖；张书老师获得了广东省高职院校微课教学比赛一等奖、国家高职院校微课教学比赛三等奖和学校微课比赛一等奖；校企合作研发了电梯轿门安装平台、层门安装平台、导轨安装平台、机房吊装平台、安装类\轿厢安装平台等系列实训设备，获得的各类专利达 20 余项。

2. 专业实训条件全国领先，自主研发实训设备填补行业空白

① 本专业是中央财政支持的实训基地建设单位。目前，本专业在中山市政府南区办事处国家电梯特色产业基地科技园区中所提供的 5 万多平方米的场地内，建成了占地面积 3470m²、设备总价值 1038.52 万元的实训基地和可以满足"电梯基础""电梯安装""电梯结构""电梯电气控制""电梯整梯、扶梯与自动人行道""电梯故障排除"等一体化教学要求的实训室；校企合作开发了电梯轿门安装平台、层门安装平台、导轨安装平台、机房吊装平台、轿厢安装平台等系列实训设备，填补行业空白并获得多项自主知识产权。

② 企业投入 300 多万元，建成了"电梯轿厢综合实训车间"和"中山市伟力通电子技术有限公司电梯控制柜组装车间" 两个"校中厂"。

③ 建成了 1 个"中山电梯产业基地电梯零部件检测服务中心"和 1 个"电梯新技术学习中心"，设备投入 250 多万元。

④ 建成了 1 个"智能电梯装调与维护"省级竞赛场地，承办了 2013—2015 年全国高职院校"智能电梯装调与维护"广东省赛。

⑤ 与蒂升电梯（中山）有限公司、三洋电梯（珠海）有限公司、中山市广日电梯工程公司、广东菱电电梯有限公司等 15 家大中型电梯企业合作，建成了稳定的校外实习、就业基地。

⑥ 与广东菱电电梯有限公司合作建成"广东省大学生校外实践教学基地"。

3. 校企合作开发教学资源，广泛运用于行业和学校

① 与广东京通资讯科技有限公司合作，建成了国内第一个电梯三维数字化模拟教学

平台，该平台被多所中高职院校采用，并被广东省质监局指定为广东省电梯从业人员上岗资质培训和考核专用平台。

② 启动了《电梯零部件设计》《电梯安装》《电梯构造与原理》《电梯维护与维修》《电梯控制技术》《PLC 编程与变频技术》等 8 门数字化专业课程和 80 个微课项目的开发。

③ 校企合作开发了全部的专业课程教材，其中已公开出版发行了《电梯安装工程》《电梯专业英语》《电梯构造与原理》《电梯零部件设计》4 门项目化特色教材。

三、建设目标

（一）国内外同类专业建设的标杆，以及本专业与其的差距

我院电梯工程技术专业是国内高职院校中较早开办的电梯类专业，在开创初期，教材、实训设备、教学体系等在国内几近空白。本专业立足南区国家火炬计划中山电梯特色产业基地，与中国电梯行业协会和国家电梯质量检验检测中心的依托单位——中国建筑科学院机械化研究分院建立了紧密的合作联系，建立了以该院院长、中国电梯协会理事长为主任和以《中国电梯》杂志社主编为副主任的中山职业技术学院电梯工程技术专业教学指导委员会；通过政校行企的紧密合作，先后开发建设了填补国内行业空白的系列教学实训设备、专业课程教材和实训指导书、电梯三维数字化仿真教学平台等完善的教学资源。同时着力提升专业师资队伍的建设，从企业引进了四位有丰富经验的高级工程师和三名工程师充实教师队伍，形成了本专业较强的实践能力和创新能力。通过近十年的建设实践，本专业在国内电梯教育培训领域已经成为领先的示范影响品牌：成为电梯安装工和电梯维修工国家职业资格标准编制的副组长单位，广东省电梯专业教学标准的编制立项单位，国内第一个中央财政支持的电梯工程技术专业实训基地建设单位，广东省首批高职重点建设专业，广东省优秀教学团队建设立项单位。先后帮助宁夏职业技术学院、贵阳职业技术学院、湖南邵阳职业技术学院、福建省三明市职业中专学校、中山市启航技工学校等十余所中高职院校开办了电梯专业。在历届教育部举办的职业技能竞赛中均代表广东省参赛并获奖，是迄今为止广东省在电梯国赛项目中唯一的获奖学校，形成了能对外进行电梯类专业建设整体方案编制和实施的交钥匙工程能力。我院电梯专业的建设水平和人才培养的质量与规模，在国内电梯教育培训领域较为领先，但是跟国内高水平机电类专业的专业教学资源库建设、国家级标志性成果等方面存在一定差距；跟国外专业教学标准、专业教学诊断和调整、国际化师资等方面存在一定差距，这也是未来专业发展的方向。

（二）专业建设的关键问题和建设重点领域

相比国内优秀机电类专业的建设水平和国外大型电梯品牌企业的教学经验，在今后的专业建设中，主要解决以下几个关键问题。

1. 需进一步处理好校企合作中的利益关系

在办学体制机制创新方面，重点探索"政校行企"合作长效机制，特别是解决校企合作中的利益关系处理问题，形成有助于各方能长期重视校企合作、投入校企合作且操作可行的方法体系。

2. 师资队伍建设取得省级以上成果

根据本专业主要骨干人员来自企业生产一线的特点，进一步夯实师资队伍的教学能力和行业影响力；加强新的教学方法和教学手段培训，提炼省级和国家级教学成果，提升青年教师的实践水平。

3. 加强国际交流与合作

进一步加强行业影响力和国外三菱、蒂升等著名品牌电梯企业内部人才培训机构的交流合作，学习德国和日本的技能人才培养方法和经验，再结合国内的实际情况，探索能提升整个国内电梯教育培训水平的方法和途径。

（三）专业具体建设目标

1. 教育教学改革

① 不断完善人才培养机制。
② 积极推进教育教学改革。
③ 大力开展创新创业教育。
④ 努力促进学生成长与发展。
⑤ 建立人才培养质量自我诊断与改进机制。

2. 教师发展

① 建立、完善促进教师发展的激励和约束机制。
② 着力加强专业带头人培养。
③ 建设一支数量充足、结构合理、专兼结合、德技双馨的专业教学团队。

3. 教学条件

① 大力开发优质教学资源。
② 加强校内实践教学基地建设。
③ 加强校外实践教学基地建设。

4. 社会服务

① 构建"电梯学院产、教、学、研创新服务平台"。
② 组建"南区电梯工程研究院有限公司"。
③ 申报"应用技术协同创新中心"或省级"新型研发机构"。

5. 对外交流与合作

① 加强具有国际视野的人才培养。
② 加强国内合作交流。

（四）预计产出的标志性成果

1. 教育教学改革

① 建成省级"协同育人中心"。
② 获得"高职教育教学改革与实践项目"的课题立项，完成已经立项的省级"高职教育教学改革与实践项目"的研究工作；完成已经立项的省级"高职教育专业教学标准研

制"项目的各项工作，获得省级"教学成果奖"等。

③ 获得省级"大学生创新创业训练计划项目"立项。

④ 获得国家、省级"高职院校技能大赛奖项"。

⑤ 建立专业自我诊断与改进机制。

2. 教师发展

① 获得省级"高层次技能型兼职教师项目"立项。

② 力争将专业带头人培养成为"省级教学名师"。

③ 完成已经立项的省级"优秀教学团队"项目建设任务，成为省级优秀教学团队；专任教师参加国家级"信息化大赛""微课比赛"并获得奖项。

3. 教学条件

① 力争获得国家级"职业教育专业教学资源库"建设项目的立项，获得省级"精品在线开放课程"建设项目的立项和建设。

② 获得省级"实训基地"建设项目的立项，获得省级"职业能力培养虚拟仿真中心"建设项目的立项。

③ 完成已经立项的省级"大学生校外实践教学基地"的建设。

4. 社会服务

① 组建股份制形式的"中山南区电梯工程研究院有限公司"，获得省级"应用技术协同创新中心"项目立项。

② 获得多项"国家发明专利、实用新型专利"。

③ 获得校级以上"科技成果奖"。

5. 对外交流与合作

① 与一所亚洲地区职业院校达成"电梯专业交换生合作培养项目"。

② 成为"蒂升电梯全球培训机构的一个服务点"。

③ 与国内国家示范（骨干）高职院校建立良好的合作关系，互派学生，实现"学生跨区域的培养合作"。

④ 力争主办一次全国性"电梯行业人才培养论坛"。

四、建设内容与主要举措

（一）建设内容

1. 教育教学改革

（1）不断完善人才培养机制

① 建立健全选课制、导师制、学分计量制、学分绩点制、补考重修制、主辅修制、学分互认制等，实施学分制和弹性学制；

② 创新校企协同育人机制，大力搭建高职教育协同创新中心、协同育人中心等。

（2）积极推进教学改革

① 推进以发展型、创新型、复合型技术技能人才培养为核心的教育教学改革；

② 探索 30 人以下的小班教学和导师制形式的分层分类教学；
③ 研制基于现代学徒制的电梯工程技术专业教学标准和课程标准；
④ 开展卓越技术技能人才培养；
⑤ 校内专任教师与校外行业企业高技能水平兼职教授共同讲授一门课程；
⑥ 运行"项目化""传真式""场景式"教学，推进教学方法和手段的改革，强化"以学生为中心"的理念；
⑦ 应用现代信息技术改造传统教学，探索翻转课堂和混合式课堂教学，促进泛在、移动、个性化学习方式的形成；
⑧ 开展现代学徒制试点和自主招生培养改革试点；
⑨ 发表高水平教学研究论文，积极参加省和国家级教学成果奖的申报并力争获奖，充分发挥其引领示范作用。

（3）大力开展创新创业教育
① 实现专业教育与创新创业教育的有机融合；
② 引导学生积极参与创新实验、课题研究、论文发表、专利获取、自主创业等活动，探索将活动成果与学分互相折算、与课程互相认定；
③ 鼓励学生积极参与创新发明活动，取得较好的成效。

（4）努力促进学生成长与发展
① 在专业核心课程"项目化"教学改革中引入技能竞赛机制，鼓励全体学生参与本专业组织的技能竞赛活动和各级各类创新创业竞赛、全国和省高职院校技能大赛并获得奖项；
② 本专业学生全部取得国家职业资格证书。

（5）建立人才培养质量自我诊断与改进机制
开展在校生学习成果评价和毕业生跟踪调查，建立专业自我诊断与改进机制。

2. 教师发展

（1）建立、完善促进教师发展的激励和约束机制
① 将专业建设、课程改革、担任学生导师、企业实践锻炼、应用技术研发与社会服务等纳入教师教育教学工作量；
② 支持专业教师开展课堂教学改革、提高课堂教学质量；
③ 加强兼职教师培训和管理，支持兼职教师提高教学能力、牵头教学研究项目、组织实施教学改革；
④ 加强专业教研室的管理，积极开展有效教研活动，充分发挥专业教研室在教学改革、教师发展中的作用。

（2）加强专业带头人培养
① 支持专业带头人及时跟踪电梯产业发展趋势和电梯行业动态，准确把握专业建设与教学改革方向，保持专业建设的领先水平，提升专业水平、扩大电梯行业影响力；
② 在《中国电梯》杂志社担任一定的职务。

（3）建设一支数量充足、结构合理、专兼结合、德技双馨的专业教学团队
① 培养 1~2 名在电梯行业内具有较大影响力的教学名师；

② 每年选送骨干教师参加省级以上教师培训；
③ 支持骨干教师积极参加国家、省信息化教学和微课大赛，并取得较高等级奖项；
④ 逐步形成实践技能课程主要由具有相应高技能水平的兼职教师讲授的机制。

3. 教学条件

（1）大力开发优质教学资源

① 建立电梯工程技术专业数字化教学与信息化管理平台并投入使用；
② 力争成功申报国家级专业教学资源库，并开发一门省级精品在线开放课程和一大批微课程等开放、共享的优质数字化资源；
③ 力争新增一门国家级和省级规划教材、重点教材或精品教材；
④ 开发一套电梯三维数字化模拟教学平台。

（2）加强校内实践教学基地建设

① 分别与珠海市信永机电设备有限公司、广东非凡教育设备有限公司合作，共建"校中厂"——电梯轿厢综合实训车间和电梯实训教学设备制造工厂；
② 分别与中山市诺安机电工程有限公司、佛山住友富士电梯有限公司、中山市名雅电梯装饰有限公司、中山市一爽电梯有限公司合作，共建"厂中校"；
③ 利用学校工业中心，进一步加强实训室建设，确保电梯专业实训中心的设备和技术水平保持与同期企业生产使用设备水平相一致。

（3）加强校外实践教学基地建设

与广东菱电电梯有限公司合作，共建"中山职业技术学院—广东菱电电梯有限公司电梯工程技术专业大学生实践教学基地"。

4. 社会服务

① 构建专业教师参与社会服务活动的管理体系，完善管理规章制度；
② 以"电梯行业人才培养政、校、行、企协作联盟平台"为依托，构建"电梯学院产、教、学、研创新服务平台"；
③ 以"电梯行业人才培养政、校、行、企协作联盟平台"为依托，组建"南区电梯工程研究院有限公司"，对外开展电梯零部件检测服务等活动，申报"应用技术协同创新中心"或省级"新型研发机构"。

5. 对外交流与合作

（1）加强具有国际视野的人才培养

① 服务国家"一带一路"倡议，积极参加中国政府与东盟国家之间的教学合作交流，在东南亚国家开展电梯教学资源输出及留学生交流合作项目，继续与马来西亚洽谈，在马来西亚建立东南亚电梯行业人才培训基地。
② 加强与日本三菱电梯、德国蒂升电梯全球培训中心的培训交流，学习引用国际先进、成熟适用的职业标准和电梯技能人才培养方法，提高中国电梯人才培养的国际化程度。

（2）加强国内合作交流

① 充分发挥中国电梯协会和中山市电梯行业协会优势，进一步落实与港澳地区电梯技能人才培养合作，与香港职业训练局、澳门电梯从业员公会签署合作协议，建立紧密型

合作关系。

② 与国内国家示范（骨干）高职院校建立良好的合作关系，互派学生，实现"学生跨区域的培养合作"；

③ 力争主办一次全国性"电梯行业人才培养论坛"。

（二）建设举措

① 通过不断完善人才培养机制，大力开展创新创业教育，努力促进学生成长与发展，建立人才培养质量自我诊断与改进机制，从而推进教育教学改革。

② 通过建立、完善促进教师发展的激励和约束机制，着力加强专业带头人培养，最终建设一支数量充足、结构合理、专兼结合、德技双馨的专业教学团队。

③ 通过大力开发优质教学资源，加强校内外实践教学基地建设，从而改善教学条件。

④ 通过构建"电梯学院产、教、学、研创新服务平台"，组建"南区电梯工程研究院有限公司"，申报"应用技术协同创新中心"或省级"新型研发机构"，从而推动社会服务工作。

⑤ 加强具有国际视野的人才培养，加强国内合作交流。

（三）进度安排

专业建设进度安排如表 2-1 所示。

表2-1 专业建设进度安排

年度	任务	分项任务	标志性成果
第1年	教育教学改革	人才培养机制	电梯维护与管理重点专业教学标准结题验收
		教学改革	完成广东省高等职业教育专业教学标准研制项目的结题验收，形成《基于现代学徒制的电梯工程技术专业教学标准》
			《具有电梯行业特色的现代学徒制人才培养模式改革研究》获得广东省高等职业教育教学改革项目的立项
		创新创业教育	建立由教师、学生组成的创新研发团队
		学生成长与发展	学生参加省级技能竞赛并获奖
		质量保证	获批高职教育教学改革项目1项
	教师发展	激励和约束机制	细化电梯学院规章管理制度
		专业带头人	进一步扩大专业带头人在行业内的影响力
		教学团队	继续建设省级教学团队
	教学条件	优质教学资源	继续建设已立项的精品资源共享课程
		校内实践教学	完成整梯安装、调试实训室规划、设备招标
		校外实践教学基地	完成广东省质量工程项目大学生校外实践教学基地——"中山职业技术学院—广东菱电电梯有限公司电梯维护与管理专业大学生实践教学基地"建设任务
	社会服务	社会服务	开展1期电梯专业技能提升师资培训班
	对外交流与合作	国际视野人才	组织教师参加国际电梯展览会，拓宽视野
		国内合作交流	利用"三校联盟"开展学生互派交流

续表

年度	任务	分项任务	标志性成果
第 2 年	教育教学改革	人才培养机制	"协同育人中心"项目获得省级立项
		教学改革	完成省高等职业教育教学改革项目《"政校企行"合作体制机制建设引领下的"4 多"人才培养模式改革与创新研究——以电梯维护与管理专业为例》的结题验收工作
		教学改革	完成省高等职业教育教学改革项目《政校企行协同育人创新服务平台建设研究——以中山职业技术学院电梯学院"双平台"建设为例》的结题验收工作
		创新创业教育	以创新研发团队为单位申报科研项目
		学生成长与发展	参加国家级高职院校技能大赛并获奖
		质量保证	获批高职教育教学改革项目 1 项
	教师发展	激励和约束机制	完善教师科研下企业实践管理、考核办法
		专业带头人	进一步扩大专业带头人在行业内的影响力
		教学团队	完成省级"优秀教学团队"项目建设任务,成为省级优秀教学团队
	教学条件	优质教学资源	"职业教育专业教学资源库"建设项目获得省级立项
		校内实践教学	完成整梯安装、调试实训室并投入使用
		校外实践教学	继续完善校外实践教学基地建设
	社会服务	社会服务	获得校级以上科技成果奖
	对外交流与合作	国际视野人才	继续推动在东南亚地区建立电梯行业人才培养
		国内合作交流	与 1 所国家示范(骨干)高职院校建立互派交流生协议
第 3 年	教育教学改革	人才培养机制	进一步完善人才培养方案、课程标准
		教学改革	获得省级教学成果奖
		创新创业教育	"大学生创新创业训练计划项目"获得省级立项
		学生成长与发展	学生参加省级技能竞赛或行业技能竞赛并获奖
		质量保证	获批高职教育教学改革项目 1 项
	教师发展	激励和约束机制	"高层次技能型兼职教师项目"获得省级立项
		专业带头人	进一步扩大专业带头人在行业内的影响力
		教学团队	在国家级信息化大赛、微课比赛中获奖
	教学条件	优质教学资源	出版 1 部规划教材或精品教材
		校内实践教学基地	"实训基地"建设项目获得省级立项
		校外实践教学基地	新增 1 家校外实践教学基地
	社会服务	社会服务	"应用技术协同创新中心"或"新型研发机构"项目获得省级立项
	对外交流与合作	国际视野人才培养	继续推动在东南亚地区建立电梯行业人才培训基地
		国内合作交流	与 1 所国家示范(骨干)高职院校互派交流

续表

年度	任务	分项任务	标志性成果
第4年	教育教学改革	人才培养机制	继续完善现代学徒制人才培养体系
		教学改革	获批高职教育教学改革项目1项
		创新创业教育	以创新研发团队为单位申报科研项目
		学生成长与发展	学生参加技能竞赛并获奖
		质量保证	建立专业自我诊断与改进机制
	教师发展	激励和约束机制	继续加强兼职教师培训,提高兼职教师教学能力
		专业带头人	专业带头人获得省级"教学名师"称号
		教学团队	在各类教学比赛中获奖
	教学条件	优质教学资源	"职业教育专业教学资源库"建设项目获得国家级立项
		校内实践教学	"职业能力培养虚拟仿真中心"项目获得省级立项
		校外实践教学	继续完善校外实践教学基地建设
	社会服务	社会服务	获得国家发明专利、实用新型专利
	对外交流与合作	国际视野人才培养	与1个亚洲地区职业院校达成电梯专业交换生合作培养项目,力争成为蒂升电梯全球培训机构的一个服务点
		国内合作交流	与国内国家示范(骨干)高职院校建立良好的合作关系,互派学生,实现"学生跨区域的培养合作"
			力争主办一次全国性"电梯行业人才培养论坛"

(四)经费预算

专业建设经费预算如表2-2所示。

表2-2 专业建设经费预算

单位:万元

项目名称		资金来源							总计
		省财政品牌专业建设专项资金	主管部门共建经费	其他省财政资金	其他中央财政补助资金	其他学校自筹资金	其他渠道资金	合计	
1.教育教学改革	第1年		10					10	100
	第2年	10	20					30	
	第3年	10	20					30	
	第4年	10	20					30	
2.教师发展	第1年		10					10	70
	第2年	10	10					20	
	第3年	10	10					20	
	第4年	10	10					20	
3.教学条件	第1年	200	60					260	890

续表

项目名称		资金来源							总计
		省财政品牌专业建设专项资金	主管部门共建经费	其他省财政资金	其他中央财政补助资金	其他学校自筹资金	其他渠道资金	合计	
3.教学条件	第2年	160	50					210	
	第3年	160	50					210	
	第4年	160	50					210	
4.社会服务	第1年		10					10	70
	第2年	10	10					20	
	第3年	10	10					20	
	第4年	10	10					20	
5.对外交流与合作	第1年		10					10	70
	第2年	10	10					20	
	第3年	10	10					20	
	第4年	10	10					20	

（五）保障措施

1. 实行项目化管理，加强过程控制

采用项目化管理提高建设质量，实施项目进度管理、成本管理、质量管理和沟通管理，制定了品牌专业建设项目管理办法，明确各项目责任人，建立项目建设领导小组、项目建设工作组例会制度，及时研究解决项目建设工作中遇到的困难和问题，建立项目负责人管理制度。

2. 实行目标绩效考核，做到"按劳取酬"

建立项目目标责任制，并签订目标责任书。制定量化绩效考核办法和细则，实行目标管理。在规范程序、明确建设项目监测指标的前提下，实现责、权、利统一，对项目建设的进程、资金的投入和使用等进行动态监控。设立项目建设专项奖励基金，做到奖罚分明，对按时完成项目并取得良好效益的，予以专门的奖励。

3. 完善监督机制，保证建设质量

品牌专业建设项目将主动接受项目运行监控部门的监督，同时加强自我监督，成立由纪检、监察和审计部门组成的项目监督小组，使项目进度严格按照建设方案执行，并主动接受来自社会各界的监督，以减少工作失误，避免国家财产资金受到损失，确保品牌专业建设项目高质量地完成。

4. 建立项目资金管理制度

建立项目建设资金保障制度，制定《电梯工程技术专业项目经费管理实施细则》。按照财务管理规定，项目资金严格按照建设方案经费预算执行，按照完成建设方案的工作量拨付资金，做到经费专款专用。

（六）预期成果

1. 综合实力

① 经过四年的建设，与全国高职院校的同类专业相比，本专业将具有较大的领先优势，即具有一流的师资队伍、一流的教学条件、一流的教学管理、一流的教学科研水平、一流的社会服务能力；

② 在东南亚国家和地区的同类专业领域中，具有较好的国际影响力和较强的国际竞争力；

③ 在第三方机构的调查中，本专业排名将显著前移，部分建设指标将名列前茅。

2. 人才培养质量

① 经过四年的建设，本专业人才培养质量将显著提高，毕业生就业质量明显提升，毕业生初次就业率达到 95%以上或与立项建设前相比显著提高，应届毕业生初次就业平均起薪线高；

② 基本工作能力和核心知识满足度高，工作与专业相关度高，职业期待吻合度高，就业现状满意度高。

3. 社会认可度

① 经过四年的建设，与立项建设前相比，生源质量将稳步提升，即在普通高考统考招生录取中，本专业新生第一志愿投档录取率、第一志愿投档线、新生报到率将显著提高；

② 本专业毕业生对母校的满意度和推荐度较高。

（七）辐射带动

以电梯工程技术专业为龙头，通过技术、成果、经验、方法等资源的共享，带动中山职业技术学院电梯工程技术、焊接及自动化技术等专业共同发展，全面提升相关专业的办学条件与办学实力。同时，将品牌专业建设的技术、成果、经验、方法辐射到其他开办有电梯类专业的高职院校，促进电梯类专业共同发展。

第三章

广东省二类品牌专业

——机电一体化技术专业建设研究

一、建设背景

（一）专业面向的行业产业现状及发展趋势分析

1. 全球制造业格局面临重大调整，智能制造成为各方抢占的新一轮竞争制高点

新一代信息技术与制造业深度融合，正在引发影响深远的产业变革，形成新的生产方式、产业形态、商业模式和经济增长点。基于信息物理系统的智能装备、智能工厂等智能制造正在引领制造方式变革，全球产业竞争格局正在发生重大调整，我国在新一轮发展中面临巨大挑战。国际金融危机发生后，发达国家纷纷实施"再工业化"战略，重塑制造业竞争新优势，加速推进新一轮全球贸易投资新格局。一些发展中国家也在加快谋划和布局，积极参与全球产业再分工，承接产业及资本转移，拓展国际市场空间。我国制造业面临发达国家和其他发展中国家"双向挤压"的严峻挑战，必须放眼全球，加紧战略部署，着眼建设制造强国，固本培元，化挑战为机遇，抢占制造业新一轮竞争制高点。

2. 建设制造强国任务艰巨而紧迫，急需机电一体化的复合型智能制造技能人才

经过几十年的快速发展，我国制造业规模跃居世界第一位，建立起门类齐全、独立完整的制造体系，已具备了建设工业强国的基础和条件，成为支撑我国经济社会发展的重要基石和促进世界经济发展的重要力量。但我国仍处于工业化进程中，与先进国家相比还有差距。在制造行业，单一知识面的人员已经满足不了新形势下制造业对技术技能人才的需求，急需掌握自动化生产制造技术和工业机器人技术的机电一体化的复合型智能制造技能人才。

3. 《中国制造 2025》加速企业的转型升级，"智能制造"成为了制造企业发展的新动力

《中国制造 2025》是中国版的"工业 4.0"规划。规划提出了中国制造强国建设三个十年的"三步走"战略，是第一个十年的行动纲领。作为中国的制造企业，必须紧跟时代的步伐，抢抓机遇，充分利用宏观政策、微观发展形成的"倒逼"机制，在调整中提升，推动自己转型升级。智能制造以自动化生产线和工业机器人为主要核心点，以其高度的自动化、智能化，重复度高，可长时间连续生产等优点，大大地改变以往的制造模式，实现了完全意义上的机器换人，成为了企业尤其是制造企业发展的新动力。

4. 政府对"智能制造"的认可和支持为自动化生产线和工业机器人的发展提供了优渥的环境

目前，从国家的宏观政策到各地方出台的文件均大力支持"智能制造"的发展。如国家制定了《中国制造2025》的行动纲要，广东省于2015年7月印发了《广东省智能制造发展规划（2015—2025年）》，中山市政府在市政府常务会议上通过《关于加快推进信息化和工业化深度融合的意见》，该意见指出，中山市将围绕大力推进重点企业、行业、产业集群等领域的信息技术应用，全面推动信息化与工业化深度融合发展，不断提升中山市智能制造水平。这些政策使得近年各地踊跃出了不少的自动化生产线设计和集成商，国外国内的工业机器人也纷纷在中国大张旗鼓地宣传和销售，市场异常火爆，为自动化生产线和工业机器人的发展提供了优渥的环境。

（二）同类专业建设现状分析

1. 专业开办时间长，开设学校多，但是特色不明显

机电一体化技术专业从二十世纪七八十年代就已经出现了，是一个历史悠久的传统专业。高等院校开办机电一体化技术专业数量多，但一些学校机电一体化技术专业，要么偏重机械，要么偏重电子，两者的结合不太好，形成不了特色。

2. "厚基础、宽口径"的人才培养，缺乏针对性

这是目前大多数机电一体化专业所采用的建设模式。学生在掌握本专业的专业知识和各主要工种的基本操作技能的基础上，熟练掌握多工种的操作技能，使得学生具有厚实的基础理论知识体系和宽阔的专业方向口径。但是实际操作往往难以两全，在一定的教学课时下，厚基础，口径就必须窄；宽口径，基础就必然薄；两者存在一定的矛盾。培养出来的学生往往针对性不强，即什么都懂但是什么都不专，直接导致的后果是什么都做不好，学生到了企业基本上需要从头开始。

3. 专业开设和区域产业融合度不够

一个地区的制造产业，必须与地区所发展的行业和产业相结合，需要服务于企业和行业。这个地区需要什么东西，或者某个地区的某个产业特别发达，那么在开设机电一体化技术专业时就应该考虑如何与区域和产业相融合。如广东轻工职业技术学院的机电一体化专业立足广东地区轻工业发达的特点，面向啤酒饮料、食品包装、日用化工等行业，专门培养从事机电一体化灌装自动生产线及相关包装机械的制造安装与调试、运行维护与管理、技术引进与创新工作能力的面向生产、服务和管理等技术岗位的高等技术应用型人才。但是目前能像这样进行专业建设和发展的为数不多，往往没有与当地发达的产业背景相结合，不仅专业设置与人才培养没有使得当地企业和产业受益，而且学生的就业情况也不太好。

4. 人才培养和社会需求差距明显

目前高职机电一体化技术专业，要么是开始在以机械为主的机械类系部，培养出来的学生在机械设计、加工组装方面基础较好，但是在自动控制、智能生产方面能力欠缺；要么是在以电类为主的系部，培养出来的学生往往在自动控制、柔性制造方面的基础较好，但是在结构设计、材料加工和工艺等方面的能力相对欠缺。这样培养出来的学生均不能满足社会的需求。另外一方面,很多院校,特别是相对落后地区的院校对新形势的认识不足,社会上都已经开始使用各种新型的自动化设备和工业机器人了,但是这些院校没能及时调整,还是按照老的一套进行教学,其培养出来的学生和社会需求存在明显差距。

5. 职业迁徙力和可持续发展能力弱

机电一体化技术伴随制造技术和自动控制技术的发展而发展。制造技术和自动控制技术更迭迅速,日新月异,不断有新的制造设备、新的工业机器人和新的控制方法出现,从历年各种装备制造展会和行业交流可以看得出,几乎每过一段时间,制造技术和自动控制技术就会发生一次较大的变化。现有的职业教育理念下基于特定岗位和工作过程的职业培养往往赶不上行业和产业的迅速变化,学生表现为职业迁徙力不足,职业胜任力结构转换较慢,可持续发展能力不强。

(三)专业特色建设点确定的依据

1. 培养智能制造急需的自动化生产线及工业机器人应用创新型技术技能人才,助推中山"一镇一品"新型专业镇和产业园区转型升级

首先,这是国际大环境和国家发展战略的需求,我们紧紧围绕着《中国制造2025》所提出的发展"智能制造"的方向,与地区产业相结合,专注培养自动化生产线及工业机器人应用创新性技术技能人才,不走"厚基础、宽口径"的道路。

我国装备制造业规模已超过2万亿美元,位居世界第一,要实现和执行智能制造必然离不开自动化生产线。随着我国各产业现代化进程的稳步推进、自动化技术的快速发展与广泛应用及用户对节约劳动成本、提升竞争力的迫切需求,自动线已被越来越广泛地应用在工业、农业、军事、医疗和服务等领域,尤其是汽车、航空航天和铁路等制造业。而且随着科技的发展,将来的自动化生产线将变得越来越智能化,将运用多种新技术。

工业机器人是现代机械装备制造业的一个核心单元之一,实现和执行智能制造的自动化生产线必然离不开工业机器人,它是自动化生产线上很关键的一个环节。国际机器人联盟(IFR)资料显示,中国已经成为工业机器人年安装量最大的国家,急需这方面的技能人才。

其次,中山市经济发展集群效应明显。"一镇一品"是珠三角地区经济的一大特色,即每一个镇区都有一个品牌产业,被称为"专业镇经济",而中山市正是其中的典型代表。中山市是广东省专业镇分布密度最大的地级市,全市18个镇中有15个省级专业镇,27个国家级产业基地中有19个设在省级专业镇。专业镇生产总值占全市的60%,成为中山市经济增长的主导力量。中山市许多专业镇的产品在国内市场都具有相当的影响力。据统计,小榄镇五金、古镇镇灯饰、大涌镇红木家具、港口镇游艺设备的国内市场占有率分别达到40%、60%、60%和70%。目前,中山市拥有16个省级科技创新专业镇、35个国家级产业基地,专业镇生产总值占全市的比重达72%、贡献税收达65%。专业镇经济成为支撑中山经济发展的最大特色和优势。

中山市专业镇在快速发展的同时,产业层次不高、技术水平不高、创新能力不强等问题也相继出现,其相关的制造业企业也存在产业结构不合理、企业规模小和产品利润空间越来越小的问题。2013年,中共广东省委、广东省人民政府就曾出台《关于依靠科技创新推进专业镇转型升级的决定》来解决此类问题。

因此，机电一体化技术专业的建设将紧紧围绕着中山"一镇一品"新型专业镇和相关产业园区转型升级，培养智能制造急需的自动化生产线及工业机器人应用创新型技术技能人才。

2. 建设"依托中山市品牌企业，立足校内产学研园，以综合项目引领"的人才培养模式

根据现有的基础和中山市的品牌企业，建设"依托中山品牌企业，立足校内产学研园，以综合项目引领"的人才培养模式。其依据主要如下。

① 中山有不少品牌企业，依托奥美森智能装备股份有限公司、中山大洋电机股份有限公司、明阳智慧能源集团股份公司等企业，逐渐与他们开展校企合作，使教学和人才培养与其相关产业深度融合，以品牌企业的要求和标准培养实用人才，充分发挥职业院校和企业单位各自的优势，实现资源互补、共同培养，并将所培养的毕业生输送给中山市的各个新型专业镇和产业园区，将品牌专业高标准、好做法和新工艺等辐射到各个新型专业镇和产业园区，助推其实现转型升级。

② 产学研园引进生产企业到学院建设"校中厂"；在企业开设课堂，进行"教、学、做"一体化教学，建设"厂中校"实训基地；学院与企业共建产业技术平台，合作开展技术研发；与企业合作进行订单培养；学院与企业共建实训基地；学院与企业共同开发课程、编写教材，参与行业标准修订；企业接收顶岗实习学生和毕业生就业，企业会为相关专业捐赠设备；学院为企业提供技术服务、进行员工培训。本专业将立足于此，形成校企合作的多元投入、人才共育、人员互聘、技术服务协作、基地共建机制，实现互利共赢。

③ 智能化的制造并不像以往传统的生产线，而是会综合运用到机械设计技术，人体工学技术，新型传感技术，模块化、嵌入式控制系统设计技术，先进控制与优化技术，系统协同技术，故障诊断与健康维护技术，高可靠实时通信网络技术，功能安全技术，特种工艺与精密制造技术，识别技术等新科技，因此在教学过程中为了让学生能够很好地掌握这些知识并能够综合应用，必须有实用性强的综合项目作为引领，开展综合化的项目式教学，这样学生才能跟得上时代的步伐，毕业生才能满足智能制造的要求。

与品牌企业联合拟定各种具有很强实用性的综合项目，在政府和学校相关部门的支持下，教师与企业进行产学研合作，学生以综合毕业设计和顶岗实习的形式参与其中，并以这些综合项目为引领开展各类相关的教学和课程建设，激发学生的学习热情，促进学生综合技能水平的提升。项目的作品或产品一方面应用于企业，另外一方面用于参加如广东省机械创新设计大赛、广东省大学生挑战杯科技竞赛等比赛，可以起到引领教学、推进竞赛、服务企业等多重效果。

二、建设基础

（一）师资队伍

机电一体化技术专业已初步建设成一支适应职业教育要求的高素质、高水平的师资队伍，如表 3-1 所示。机电一体化专业教师中，专任教师 13 人，其中高级职称 8 名，中级职称 5 名；博士 3 名，硕士 5 名；高级技师 3 名，有 7 名教师有企业工作经历和丰富经验，其中 2 位教师在企业中曾担任总工程师职务。专职实训教师 5 名，其中高级技师 2 名，技师 3 名。来自行业、企业一线的高水平兼职教师多名，双师素质结构比例达 93%，如表 3-2 所示。专业带头人和骨干教师 3 人次赴新加坡、德国等国家和中国香港地区进行专业培训；7 人次专业教师到企业一线进行实践锻炼；18 人次教师取得职业资格证书；完成校企合作开发课题 10 项，下厂技术服务 64 人次；完成社会培训 913 人次，技能鉴定 76 人次。

表 3-1 机电一体化技术专业专任教师组成基本情况

序号	姓名	职称	双师	学位	技能	企业工作经历	备注
1	何佳兵	教授级高工	是	学士		有	专业带头人
2	姜无疾	副教授	是	硕士	高级技师	有	专业主任
3	洪志刚	副教授	是	学士		有	指导学生技能竞赛获省级二等奖
4	张晓红	高级工程师	是	硕士		有	
5	李初春	高级工程师	是	学士	高级技师	有	总工程师
6	刘学鹏	副教授	是	博士		有	指导学生技能竞赛获省级二等奖
7	桂存兵	副教授	是	博士		有	
8	谢英星	副教授	是	博士	高级技师	有	指导学生技能竞赛获省级三等奖
9	廖伟强	工程师	是	硕士		有	指导学生技能竞赛获国家二等奖
10	李中帅	讲师	是	硕士		有	
11	邓达	讲师	是	硕士		有	多年外企经验
12	杨振宇	讲师	是	硕士		有	指导学生技能竞赛获省级二等奖
13	朱晓川	工程师	是	本科		有	指导学生技能竞赛获省级三等奖
14	郑崇林	助理讲师	否	本科	高级技师	有	
15	吴宗	助理讲师	否	大专	高级技师	有	指导学生技能竞赛获省级二等奖
16	彭立志	助理讲师	否	本科	技师	无	
17	凌黎明	助理讲师	否	本科	技师	无	
18	牛志芳	助理讲师	否	本科	技师	无	

表 3-2 机电一体化技术专业兼职教师基本情况

序号	姓名	工作职务	工作单位
1	郑道水	部长	奥美森智能装备股份有限公司
2	肖世文	部长	奥美森智能装备股份有限公司
3	龙晓斌	董事长	奥美森智能装备股份有限公司
4	杨长立	技术部部长	中山大洋电机股份有限公司

续表

序号	姓名	工作职务	工作单位
5	黄志强	车间主任	中山大洋电机股份有限公司
6	陈大川	部长	中山大洋电机股份有限公司
7	朱必成	部长	明阳智慧能源集团股份公司
8	陈坤	人力资源主任	明阳智慧能源集团股份公司
9	徐少明	项目工程师	中国明阳风电集团有限公司
10	李立源	项目工程师	华帝股份有限公司
11	陈登高	项目工程师	华帝股份有限公司

（二）实习实训与教学资源条件

中山职业技术学院作为中山市政府主办的第一所高校，各项支出全部列入财政预算，在各方面都有足够的支持和保障。本专业是学院第一批特色专业，得到了市财政的重点投入，日常教学经费能得到充分保证，极大地满足了专业建设的需要。同时，学院通过校企合作、特色产业基地合作等多种方式，筹集实训基地建设资金。筹建中的"中山现代制造技术创新平台"已经得到了中山市南区政府及装备制造业内多家企业的积极响应。

至今，学院累计投入数百万元用于机电一体化专业实训室建设，实训室设备情况如表3-3所示。现已拥有综合实训室6个，校外实训基地5个，如表3-4所示。本专业实训平台的建立满足了学生的实训要求，同时，专业教师也带领学生为合作企业提供了高端产品的研发与制造技术服务。

本实训基地除常规教学之外，还完成了校企合作开发课题5项，技术服务34人次；完成了社会培训613人次，技能鉴定764人次。

表3-3 机电一体化技术专业实训室设备情况

序号	名称	仪器设备总值/万元	主要实训项目	是否面向其他专业/数量
1	工业机器人实训室	60	承担工业机器人相关的综合实训与人才培养	是/3
2	机电设备安装调试与维护实训室	98.5	承担机电一体化设备的安装调试与维护的综合实训与人才培养	是/3
3	机电一体化系统实训室	111	承担柔性生产线相关的综合实训与人才培养	
4	机械电子综合实训室	150	承担传感器及应用和嵌入式系统设计相关的综合实训与人才培养	是/2
5	机械结构拆装实训二室	39	承担机电一体化机械结构拆装的综合实训与人才培养	20
6	液压与气动综合实训室	125	承担液压与气动相关的综合实训与人才培养	32

续表

序号	名称	仪器设备总值/万元	主要实训项目	是否面向其他专业/数量
7	机电基础实训室	39	承担电工电子基础相关的综合实训与人才培养	是/2
8	机械产品设计实训室	2.5	承担机械产品设计相关的综合实训与人才培养	
9	钳工实训室	19.9	钳工的基本技能实训	是/3
10	制图测绘实训室	12	机械制图与手工测绘	是/3
11	铣削加工实训室	48	铣削加工综合技能实训	是/3
12	车削加工实训室	58.6	车工的基本操作技能实训	是/3

表 3-4 机电一体化技术专业现有校外实训基地

序号	名称/合作企业	主要实训内容
1	奥美森智能装备股份有限公司	制造自动化、数字化、智能化装备设计、安装、调试与维护方面的顶岗实习
2	广东三才医药集团有限公司	制药类自动化生产线的安装、调试与维护方面的顶岗实习
3	中山大洋电机股份有限公司	电机类产品自动化生产线的安装、调试与维护方面顶岗实习
4	明阳智慧能源集团股份公司	风电类产品自动化生产与智能制造相关的顶岗实习
5	华帝股份有限公司	燃气用具、厨房用具、家用电器等方面产品自动化生产与智能制造相关的顶岗实习

（三）运用企业标准衡量教学效果，建立协同育人的实践教学机制

通过一系列改革与创新，企业深度参与专业的实践教学，教学内容覆盖企业项目、产品、工艺等，原有的实践教学评价体系已不适应新的要求。随着实践教学中企业元素的逐步提高，本专业进行了同步改革，将学生参与校企合作项目开发、专业技能竞赛、创新创业项目等纳入学分认定范围；主动引入行业人才需求的标准，在教学改革上与职业资格证书制度接轨，注重学生职业能力与素质的评价。同时，积极开展第三方职业教育人才培养质量评价试点工作，引入独立于学校的社会组织和机构参与职业教育评估，对人才培养质量进行评估和跟踪调查，采取多种评价方式，并注重对评价结果的分析与反馈，全面创新高素质应用型技能人才的评价体系。

（四）致力于"以综合项目引领"的创新人才培养模式改革

本专业从成立之初就一直践行"以综合项目引领"的创新人才培养模式改革，先后与中山市天元真空设备技术有限公司、广东三才医药集团有限公司、艾默生等企业联合拟定各种综合项目，学生以综合毕业设计的形式参与其中，以综合项目引领开展各类相关的教学。而且学生所完成的项目的作品已经得到企业的认可，部分作品先后参加广东省机械创新设计大赛，广东省大学生挑战杯科技竞赛等，均获得很好的名次，如图 3-1 所示。

（五）课程与教材建设

专业核心课程建设采用"模块化"的建设思路，以一个项目作为一个教学模块，一门专业核心课程对应一个或多个教学模块，如表 3-5 所示。这样，一方面，在合作制定课程标准、编写教材时将企业专家从繁杂的教学套路、规程中解放出来，专注于课程项目、工作过程的设计；另一方面，在课程融合和进化的过程中，模块化的教学内容组织方式更能适应机电一体化专业相关学科知识的发展和产业的升级，使得专业的发展更具韧性。

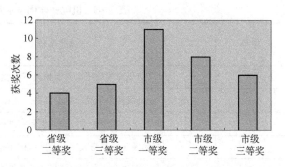

图 3-1　机电一体化技术专业近年综合项目获奖情况

表 3-5　机电一体化专业教师近年所编写教材

序号	教材名称	完成时间	编写人	备注
1	机电一体化导论	2008.9	何佳兵	
2	工程制图	2010.4	何佳兵	
3	机械设计基础项目式教程	2013.11	张晓红	
4	机电产品结构设计	2011.12	何佳兵	
5	维修电工考证培训	2011.12	刘学鹏	
6	电工电子综合实训	2010.12	刘学鹏	
7	机电产品营销	2011.12	何佳兵	
8	机械 CAD/CAM（Pro/E）	2009.11	张晓红	
9	单片机应用系统设计	2011.4	洪志刚	
10	电机及控制技术	2015.7	洪志刚	
11	PLC 应用技术	2013.10	杨振宇	
12	电工电子基础	2012.12	廖伟强	

（六）教研教改的基础与成果

为提高教师教学改革研究水平，提高机电一体化技术专业的教学质量，充分发挥立项课题对提高教学质量、深化教学改革的促进作用，本专业非常重视教研教改项目和精品课程建设在专业发展中的作用，形成了以教学研究促进教学改革、以教学改革促进教学质量提升的良性循环。机电一体化技术专业承担了多项教研教改课题，如表 3-6 所示。

（七）制定激励制度

通过出台《校企合作专干管理制度》《专职教师脱岗从事科研项目管理办法》《中山职业技术学院教师参与社会实践管理办法》及《关于进一步加强兼职教师管理工作的通知》等规章制度和人事制度、系部二级分配等改革，形成了鼓励学院教师到企业挂职锻炼和驻厂工作，吸引行业企业工程师、技师来校挂职任教的"双转双换"师资队伍建设机制，增

表 3-6　机电一体化技术专业教研教改课题

序号	课题名称	主持人	课题状态
1	《液压与气动技术》课程改革的创新与实践	姜无疾	结题
2	家电产业升级背景下高职机电产品工业设计课程改革研究	谢英星	结题
3	机电专业毕业设计创新实践研究	谢英星	结题
4	行动导向教学与数控专业课程体系重构的研究	何佳兵	结题
5	电机及控制技术项目式教学改革研究	洪志刚	在研
6	单片机原理与应用微课课程改革研究与实践	廖伟强	在研

强了学院与行业、企业的人才互换和交流。

以校外实训基地为抓手，借助专业教师配置合理的优势和基地设备优势等条件，为企业提供项目研发、设备开发、技术咨询等服务，取得较为明显的成效。机电一体化技术专业先后为多家企业解决了产品升级和技术改造的难题，共同申报了多项省市级课题近 30 项，先后获批专利近 20 项。

（八）管理制度建设

1. 教学管理机构健全、职责明确，管理队伍结构合理

我校实行院、系二级教学管理，配备足够的专职教学管理人员；先后建立健全了"教学运作管理、教学建设与改革管理、实践教学管理、教研科研管理"四大类制度或文件并严格执行。机电工程学院作为二级教学单位，对本系的教学进行具体管理，设有分管教学的主任，配备教学秘书，机电工程学院下设数控技术与维修、汽车技术与应用、模具设计与制造、焊接与检测等多个教研室，教研室配备教研室主任，负责具体教学管理工作，人员配备科学合理。

2. 各教学环节建立了质量标准和工作规范，管理制度健全

学校各教学环节均建立了质量标准和工作规范，教学基本文件齐备，管理制度健全。按照高职高专教学管理规定，先后建立健全了"教学运作管理、教学建设与改革管理、实践教学管理、教研科研管理"四大类制度或文件，并汇编成册、严格执行。电子信息工程系按教学规定，定期进行教研活动，教务处定期进行指导和检查，各教学文件齐全、规范，并接受教学管理部门定期检查；教学秩序管理严格，发现问题及时按章处理，教学秩序稳定；制定了完善的考试管理规章制度，考前对全校学生进行考风考纪教育，对监考人员进行培训；对各个考试环节严格管理；各科考试均有详细的试卷分析；成绩采用计算机管理；下设二级教学督导，加强教学质量管控，把好教学质量关，教学质量评分与二级分配挂钩。

3. 教学档案资料齐全、分类科学

机电工程学院、教研室重视教学文件的建设，每学期 2 次对教学文件、教学资料进行抽查、整理归档，有专人负责管理并收集齐全。学校、系部对教学档案不定期进行检查，从而规范教学档案的管理。

（九）人才培养质量

本专业加强学生的职业道德教育，注重学生的心理素质、服务意识、诚信意识的培养，使学生们在学习过程中既提高了实践能力和专业技能水平，又养成了良好的敬业精神和严谨求实的工作作风。

该专业的学生获得职业技能等级证书的比率达 100%，有的学生还获得了两个甚至更多个技能等级证书，包括维修电工、CAD 证书等。同时，学生也通过了高等学校英语应用能力考试和计算机等级考试，获得了相应的等级证书。

建院以来，机电一体化技术专业高考第一志愿报考率一直保持在 90% 以上，新生录取报到率始终名列学院前茅。尤其是机电一体化技术专业的工业机器人方向，毕业生供不应求，得到了家长、企业和社会的一致认可。

机电一体化技术专业学生参加近年全国职业院校职业技能大赛累获佳绩，如图 3-2 所示。

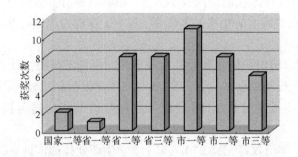

图 3-2　机电一体化技术专业近年参加技能竞赛及获奖情况

（十）图书资料——藏书 100 多万册，教学资源有保障

学院图书馆为各专业学生的学习提供了良好的环境和丰富充足的资源，其中，专业的相关书籍达到 100 多万册，电子图书达到近 60 万册，各类期刊数百种，能充分满足专业教学需要，及学生学习和技能拓展的需要。校园网平台与 CHINANET 和 CERNET 实现两网双挂互联。校内所有建筑群都实现了光纤连接，计算机、电视、电话网络已覆盖了学院办公区、教室、学生宿舍等所有工作区。面向学生、教师的共享型专业教学资源库如图 3-3 所示。

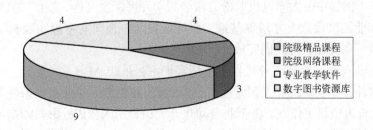

图 3-3　专业教学资源库

三、建设目标

（一）建设目标与建设思路

1. 建设目标

（1）总体建设目标

创新机电一体化专业人才培养模式，创新专业课程体系，打造专兼结合的"双师型"优秀教学团队，完善校内外实训基地，提升专业社会服务能力，带动和引领机电一体化技术专业的发展。

① 综合实力。专业建设再登新台阶，课程和教材建设再建新标准，实训基地建设再成新规模，师资团队建设再上新层次，校企合作再进新深度，使专业的人才培养质量和人才培养规模再上新水平。达到全省一流的师资、一流的教学条件、一流的教学管理、一流的教学科研水平、一流的社会服务能力。

② 人才培养质量。培养出先进制造业急需的能胜任工业机器人应用、自动化生产线装调和机电产品设计工作的技能型高技术人才，培养质量有显著提高。毕业生初次就业率达到95%以上或与立项建设前相比显著提高。基本工作能力和核心知识满足度提高，就业质量稳步提升。

③ 社会认可度。机电一体化专业社会服务功能再创新突破，社会声誉和影响再扩一大步，新生第一志愿投档录取率达到95%或与立项建设前相比显著提高，第一志愿投档线超过所在录取招生批次分数线10分或与立项建设前相比显著提高，生源质量稳步提升。

通过三年建设，学历教育完成270人以上，学生职业技能取证率达到97%以上，毕业生就业率保持在98%以上。专业达到省内乃至国内高等职业教育领域中发挥"示范、引领"作用的特色专业水平。

（2）具体建设目标

① 建设机电一体化专业高质量人才培养长效保障体制。政、校、企共同努力，统一认识，研讨共赢的培养机电一体化专业高质量人才需要的长期有效保障体制。建立企业对本专业毕业生的评价反馈渠道，教师走访毕业生，了解毕业生对企业的适应情况以及对所学知识和技能的实用性的情况。对人才培养各环节及时做出调整，确保人才培养的高质量。

② 建立起"合作共生、互利共赢、长效稳定"的校企合作机制。

a. 校外实训基地建设。根植产业园区，选择有行业领导力同时将人才培养作为企业发展战略的企业（例如中山大洋电机股份有限公司）开展深度合作，按照"共建、共享、共管"原则在产业园区设立人才培养基地，将毕业设计、顶岗实习等实践教学部分放在基地，由企业教师和专业教师共同完成。

b. 校内实训基地。新建工业机器人应用实训室，采购ABB、发那科、库卡、三菱、爱普生等国内外品牌工业机器人预研项目，以改善工业机器人专业实训条件和对外技术培训能力；建立校内项目工作室，将企业自动化开发项目引入校内，由教师指导学生在平时课外和毕业设计期间参加项目的实践活动，提高技能水平，学校提供激励机制，提高教师科技开发的积极性。

（3）构建"教学主导、育人为本"的实践考核评价体系

加强企业实践教学设计和过程监控，使企业参与专业人才培养的全过程，共同建立组织保障系统、指导帮助系统、过程监控系统和绩效评价系统，将学生的顶岗实习落到实处，提高学生的实践技能水平和职业素养。

（4）构建一支人员稳定、结构合理的基于校企深度合作的双师团队

在"政、校、行、企"深度合作的机制下，建设"双导"制度，引入行业有影响力的和名校专业带头人为专业双带头人，引领我校的专业建设；聘请富有实践经验的兼职教师加强实习（实训）指导，充实师资力量；逐步建设一支由学院教师、行业专家和企业能工巧匠组成的"双师"团队，专兼结合，既具有较高理论水平，又具有较强的专业实践能力。双师型教师达到80%以上，兼职教师达到18人，承担50%的毕业设计和顶岗实习课程教学。

2. 建设思路

以先进职业教育理念为引领，以机电一体化专业人才能力培养为重心，以双师素质建设为重点，坚持根植地方产业、校企共建的思想，创新工学结合人才培养模式，创新工学结合管理运行机制，深化教育教学改革，提高社会服务能力，全面提升办学水平；围绕专业建设，带动专业链建设，助推地方产业转型升级，加快培养先进制造行业急需的自动化生产线装调和工业机器人应用高级技术技能人才，努力提升专业服务产业发展能力，把中山职业技术学院机电一体化技术专业打造成广东省特色专业，起到专业建设的引领作用。

（二）标志性成果

建设期满后，产出的标志性成果如表3-7所示。

表3-7 标志性成果

年度	任务	分项任务	标志性成果	级别			
				I	II	III	IV
针对性细化项目任务与实施要点	第1年	教育教学改革	人才培养机制	专业深度参与的中山市智能制造协同创新中心或工程研发中心1项				√
			教学改革	2+2模式高职院校与本科院校协同育人1项			√	
			创新创业教育	机械创新设计大赛1项并获奖			√	
			学生成长与发展	高职院校技能大赛1项并获奖			√	
			质量保证	建立专业自我诊断与改进机制1项				√
		教师发展	激励和约束机制	特色专业建设的激励和约束机制论文1篇		√		
			专业带头人	在社会团体担任重要职务1个				√
			教学团队	教学质量优秀奖3人				√

续表

	年度	任务	分项任务	标志性成果	级别			
					I	II	III	IV
针对性细化项目任务与实施要点	第1年	专业特色	专业特色	获得体现"项目引领、理实一体，校企互动、工学结合"的专业特色教学成果2项				√
		教学条件	优质教学资源	校企合作开发使用的校本教材5本				√
			校内实践教学基地	实践教学基地建设全面升级，入驻工业中心				√
			校外实践教学基地	共建校企合作实习基地，达成协议10家				√
		社会服务	社会服务	实用新型专利1项		√		
		对外交流与合作	国际视野人才培养	学生境外交流培养计划1项			√	
			国内合作交流	学生赴骨干或示范院校交流学习人数占比达30%			√	
	第2年	教育教学改革	人才培养机制	成立技能大师工作室1间				√
			教学改革	申报高职教育教学改革与实践项目1项			√	
			创新创业教育	挑战杯创新创业竞赛1项并获奖			√	
			学生成长与发展	毕业设计与制作作品5项				√
			质量保证	完善专业自我诊断与改进机制1项				√
		教师发展	激励和约束机制	建立专业建设的激励和约束机制1项				√
			专业带头人	优秀专家或拔尖人才				√
			教学团队	全国信息化大赛1项并获奖		√		
		专业特色	专业特色	申报体现"项目引领、理实一体，校企互动、工学结合"的专业特色教学成果1项			√	
		教学条件	优质教学资源	编写国家级规划教材2部		√		
			校内实践教学基地	建成广东省高职教育实训基地1个			√	
			校外实践教学基地	建设大学生校外实践基地1个			√	

续表

年度	任务	分项任务	标志性成果	级别			
				Ⅰ	Ⅱ	Ⅲ	Ⅳ
第2年	社会服务	社会服务	获得发明专利1项		√		
	对外交流与合作	国际视野人才培养	学生赴境外交流培养人数达1%			√	
		国内合作交流	教师国内访问学者1人			√	
第3年	教育教学改革	人才培养机制	探索学分制或弹性学制				√
		教学改革	完善高职教育教学改革与实践项目1项			√	
		创新创业教育	大学生创新创业训练计划项目1项			√	
		学生成长与发展	学生获得高级以上职业技能证书人数占比达30%以上			√	
		质量保证	毕业生跟踪调查1份				√
	教师发展	激励和约束机制	建设高层次技能型兼职教师项目1项			√	
		专业带头人	获得优秀教师称号				√
		教学团队	参加全国微课比赛并获奖1项	√			
	专业特色	专业特色	完善"项目引领、理实一体、校企互动、工学结合"的专业特色			√	
	教学条件	优质教学资源	建设精品在线核心课程4门				√
		校内实践教学基地	建成工业4.0智能制造生产线1条,并投入使用				√
		校外实践教学基地	新增校外实践教学基地1个				√
	社会服务	社会服务	完成产学研合作项目5项				√
	对外交流与合作	国际视野人才培养	教师赴境外交流学习、培训1人次			√	
		国内合作交流	教师国内培训15人次			√	

针对性细化项目任务与实施要点

四、建设内容与主要举措

(一)建设内容

1. 专业建设和人才培养模式

创新人才培养,积极探索与创新校企合作,建设校企融合的高职人才培养模式。

(1)建设 2 个以上校企合作实训基地

以合作项目共同实施为基础,使学生进驻校企合作基地,胜任企业生产线的安装、调试及维护工作,胜任生产线上工业机器人维护、保养、操控工作,满足学生顶岗实习、专业实操、工学结合的需要。建立合作共赢、互利互惠、长效稳定的合作机制。

(2)建设以"项目引领、理实一体、校企互动、工学结合"的特色人才培养模式

按照项目设计、实施过程,在校内基地完成"教、学、做"一体化教学和项目综合实训,在校外基地完成生产性实训、顶岗实习等校外教学,实现校内外联动,工学结合,校企协同育人,如图 3-4 所示。

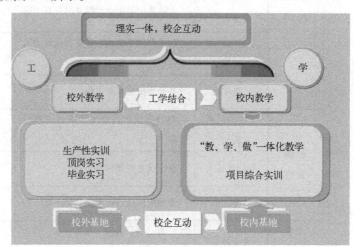

图 3-4 特色人才培养模式

2. 课程与教学内容建设

(1)专业平台课建设

开发 2 门专业平台课的课程教学包。制作 2 门以上的平台课程 MOOC,建设 2 门以上的平台课的微课视频集。规范专业平台课的标准和教学文件。

(2)专业核心课程建设

开发 4 门以上"项目引领"式专业核心课程。成立课程设置委员会,对机电一体化开设的课程进行科学设置,共同对专业进行工作岗位分析、工作任务分析、工作能力分析,进行课程开发。课程以一个或几个项目为引领,进行教学,在毕业设计阶段对项目进行实施。

(3)网络课程与资源共享课程建设

在建设期内继续完善网络课堂,建设 4 门专业核心课的网络课程,其中 2 门建设成校级精品资源共享课,1 门建设成为省级精品资源共享课。出版 2 门以上课程教材。

3. 双师型专兼职师资队伍建设

通过立足培养、积极引进的方针，采取内训外聘等措施开拓培养途径，培养集普通教师素质与工程师等专业人员素质于一体的，既能从事专业理论教学，又能指导专业技能训练的新型教师。

（1）专任教师队伍建设

新培养或新引进 2 名副高级以上职称教师，形成每门专业核心课都有一名副教授主导，有教学团队，专业核心课程建设由整个团体负责；每门专业课有青年骨干教师主导，建设教学小组，课程建设由教学小组负责。

继续培养 2 名以上业务能力强、德才兼备的"双师型"骨干教师。通过精品课建设平台提高教学质量，通过教研教改，提高教学能力。通过项目开发，提高教师实际社会服务能力，发挥帮带指导作用，承担培养 1~2 名青年教师的任务，具有明确的培养计划和活动内容，并在三年内将其培养成为校级骨干教师、教坛新秀或校级教学能手。

（2）兼职教师队伍建设

建设"双向流动，工教结合"的"双师型"兼职教师队伍。每年聘请 2 名有关专家对教师进行专业理论与操作技能培训，每年到社会各行业中选聘 3 名基础理论扎实、实践操作经验丰富、懂得教育理论的专业技术人员或管理人员担任兼职教师，使教师角色实现"双向流动，工教结合"。

（3）专业带头人培育

培养 1 名具有高级职称的教师作为专业带头人，专业带头人带领骨干教师和其他教师在本专业的课改和教改上积极探索，促进整体教学能力的提高。认真探索和研究本专业的专业发展趋势，把握专业发展方向，带头提高本专业教师的整体执教水平。

4. 校内校外实训基地建设

建设"理实一体、校企互动"的校内外实训基地。依托产学研园（工业中心），充实、完善中山职业技术学院机电一体化技术省级实训基地。

（1）校内实训基地建设

依托工业中心，新增实训室面积 $300m^2$，充实、完善 PLC 应用实训室、单片机原理与应用实训室、传感器工作实训室，新增 1~2 个工业机器人实训室，新增实训室资产 150 万元。推进实训室 6S 管理。新建设教师项目工作室 3 间，供有项目的教师轮流进驻，也可以供学生项目竞赛使用，实验室向学生开放，学生辅助教师管理实训室。经过三年的建设，力争建成一个集教学、实践、示范、科研为一体的标准化、规范化的实训基地。

（2）校外实训基地的建设

在现有的实训基地基础上，新建设 2 个以上校企合作实训基地。根据教学大纲要求，完成教学计划规定的顶岗实习及其他实践教学任务。每个校外实训基地每年为专业提供 10 个以上顶岗实习岗位，接纳毕业生 4 人以上。每年聘请企业专家参与调整专业设置、调整教学计划、开发工学结合课程和编写校本教材等工作。实训基地承担"双师型"教师队伍的培养工作，每年为专业提供 1 名以上兼职教师。

5. 实施第三方评价

初步建立具有各项明确评价指标的第三方评价制度，组织包括用人单位、行业协会、学生（在校学生、实习学生、毕业学生）、家长（在校学生家长、实习学生家长、毕业学生家长）等各方积极参与的评价体系；对100名毕业超过3年的学生进行跟踪调查；创建数据平台，加强各方面数据分析；开展多样形式的第三方评价活动。

6. 增强服务能力

建立和完善专业教师紧密联系企业、为社会服务的激励制度，巩固强化机电一体化技术专业科研创新团队。校企联合开展产学研合作，增强服务能力。搭建多样化学习平台，主动面向相关行业企业开展企业员工和行业从业人员的新技术、新知识培训和学历提升；主动面向社区开展服务、共享教育资源。

搭建产学研结合的技术推广服务平台，面向相关产业行业企业开展技术服务、职业技能鉴定，对外进行员工培训，为企业提供技术服务。

7. 加强经验推广

完善已有的宣传和经验推广方式，开创新方式方法，开拓更多的平台和渠道，对机电专业建设进行特色宣传、成果展示和经验推广。

强化新方式方法，进一步开拓更多的平台和渠道，对机电专业建设进行特色宣传、成果展示和经验推广，提高我院机电技术专业的声誉，更好地为社会和行业服务。

（二）建设实施步骤与进度安排

专业建设和人才培养模式改革如表3-8所示。

表3-8 专业建设和人才培养模式改革

项目1	专业建设和人才培养模式改革	
建设内容	第1年	第2年
1. 确定人才培养目标，改革人才培养方案	预期目标：制定体现特色的人才培养方案 1. 制定的体现特色的机电一体化专业人才培养方案1份； 2. 行业企业人才与技术需求调研报告； 3. 召开行业企业专家人才培养方案审核会议1次（会议记录，现场图片）； 4. 探索学分制与弹性学制（实施文件1份，课程设置1份）； 5. 教学研究论文1篇； 6. 学生境外交流培养（通知、名单、学习课程、照片）	预期目标：完善体现特色的人才培养方案 1. 制定的体现特色的机电一体化专业人才培养方案1份； 2. 行业企业人才与技术需求调研报告； 3. 召开行业企业专家人才培养方案审核会议1次（会议记录，现场图片）； 4. 高职教育教学改革与实践项目1项（申报书或结题报告）； 5. 初步实施学分制或弹性学制。提供实施方案1份； 6. 专业特色总结报告
2. 校企共同开发设计课程，选取组织教学内容	预期目标：校企联合开发专业课程、教学资源 1. 校企联合开发1门核心课程标准； 2. 校企联合开发1门核心专业课程教案； 3. 校企联合开发1门核心课程资源	预期目标：校企联合开发专业课程、教学资源 1. 校企联合开发2门核心课程标准； 2. 校企联合开发2门核心专业课程教案； 3. 校企联合开发2门核心课程资源

续表

项目 1	专业建设和人才培养模式改革	
建设内容	第 1 年	第 2 年
3. 开展技能竞赛等学生实践活动，提高教师技能水平	预期目标：开展学生技能实践活动，提高学生自主学习能力 1. 组织 1 次校内专业竞赛（通知、比赛场景、获奖证书、报道、获奖名单）； 2. 组织 1 次省级以上专业技能竞赛（通知、比赛场景、获奖证书、报道、获奖名单）； 3. 学生毕业设计作品、课外科技作品（说明书、实物作品展示）； 4. 省级以上机械创新设计大赛（照片、证书、作品材料）； 5. 大学生创新创业训练项目 1 项	预期目标：开展学生技能实践活动，提高学生自主学习能力 1. 组织 1 次校内专业竞赛（通知、比赛场景、获奖证书、报道、获奖名单）； 2. 组织 1 次省级以上专业技能竞赛（通知、比赛场景、获奖证书、报道、获奖名单）； 3. 学生毕业设计作品、课外科技作品（说明书、实物作品展示）； 4. 技能大师工作室 1 间（工作室申报书、作品、场地规划）； 5. 高级以上职业技能证书率达 30%以上（证书及统计表）
4. 高职本科 2+2 协同育人	预期目标：开展高职本科协作办学模式，协同育人。 1. 高职本科 2+2 协同育人人才培养方案 1 份； 2. 高职本科 2+2 协同育人课程设置表 1 份； 3. 广东省教育厅关于中山职业技术学院机电一体化专业协同育人的批准文件	预期目标：开展高职本科协作办学模式，协同育人。 1. 高职本科 2+2 协同育人人才培养方案 1 份； 2. 高职本科 2+2 协同育人课程设置表 1 份； 3. 协同学校衔接专业的学生名单
5. 人才培养模式实施效果总结与评价	预期目标：探索多样化人才培养模式新形式，改革专业人才培养模式 验收要点： 1. 校级以上体现专业特色的"项目引领、理实一体、校企互动、工学结合"的教学成果申报材料或获奖证明 2 份； 2. 建设专业自我诊断与改进机制 1 份	预期目标：探索多样化人才培养模式新形式，改革专业人才培养模式 验收要点： 1. 省级以上体现专业特色的"项目引领、理实一体、校企互动、工学结合"的教学成果申报材料，并争取获奖； 2. 完善专业自我诊断与改进机制 1 份

课程与教学内容改革如表 3-9 所示。

表 3-9 课程与教学内容改革

项目 2	课程与教学内容建设	
建设内容	第 1 年	第 2 年
1. 建设专业平台课 2 门，制作教学包、MOOC 和视频库	预期目标：以培育和实践专业特色为主线，开展以发展型、创新型、复合型技术技能人才培养为核心的教育教学改革。 验收要点： 两门专业平台课申报材料、课程标准、授课计划及其网络资源	预期目标：以培育和实践专业特色为主线，开展以发展型、创新型、复合型技术技能人才培养为核心的教育教学改革。 验收要点： 两门平台课程的教学包、MOOC 和视频库资源

续表

项目2	课程与教学内容建设	
建设内容	第1年	第2年
2. 开发专业核心课程4门，制作教学包	预期目标：提高专业课程的教学质量，促进"项目驱动，教学做一体化"的课堂教学模式的实施。 验收要点： 4门核心课程的教材、课程标准、授课计划、教案、授课PPT	预期目标：提高专业课程的教学质量，促进"项目驱动，教学做一体化"的课堂教学模式的实施。 验收要点： 完善4门核心课程的教材、课程标准、授课计划、教案、授课PPT
3. 副高级以上职称教师带头建设核心课程	预期目标：建设课程团队，1门核心课程有1个教学团队，相互探讨、互相促进教学质量。 1.成立4个教学团队（名单、会议记录、教研活动记录）； 2.听课记录及授课建议10份以上	预期目标：建设课程团队，1门核心课程有1个教学团队，相互探讨、互相促进教学质量。 1. 新成立1个教学团队（名单、会议记录、教研活动记录）； 2. 听课记录及授课建议10份以上
4. 网络课程建设	预期目标：以培育和实践专业特色为主线，开展以发展型、创新型、复合型技术技能人才培养为核心的教育教学改革。 1.建设四门精品在线核心课程资源（教材、课程标准、授课计划、教案、授课PPT）； 2.课程网站	预期目标：以培育和实践专业特色为主线，开展以发展型、创新型、复合型技术技能人才培养为核心的教育教学改革。 1. 完善4门精品在线核心课程的资源（教材、课程标准、授课计划、教案、授课PPT）； 2. 网络课程网站
5. 教材建设	预期目标：出版体现"项目引领、理实一体、校企互动、工学结合"专业特色的国家规划教材。 验收要点： 1. 课题组使用国家级规划教材、省级重点教材5部； 2. 课题组成员主编国家规划教材1部； 3. 校企合作开发使用的教材5部	预期目标：出版体现"项目引领、理实一体、校企互动、工学结合"专业特色的国家规划教材。 验收要点： 1. 课题组用国家级规划教材、省级重点教材5部； 2. 课题组成员再编写国家规划教材1部； 3. 完善校企合作开发使用的教材5部

双师型专兼职师资队伍建设如表3-10所示。

表3-10 双师型专兼职师资队伍建设

项目3	双师型专兼职师资队伍建设	
建设内容	第1年	第2年
1. 骨干教师培养	预期目标：锻炼1名业务能力强、德才兼备的"双师型"骨干教师。	预期目标：新培养1名业务能力强、德才兼备的"双师型"骨干教师。

续表

项目 3		双师型专兼职师资队伍建设	
建设内容		第 1 年	第 2 年
1. 骨干教师培养		验收要点： 1.骨干教师授课任务书 1 份； 2.骨干教师国内培训证书 10 份以上； 3.教师境外交流学习（通知、培训课程、总结）	验收要点： 1.骨干教师授课任务书 1 份； 2.骨干教师国内培训证书 5 份以上； 3.微课程比赛 1 项，并争取获奖
2. 教师实践能力锻炼		预期目标：8 名教师 1 月以上企业锻炼 验收要点： 1.企业对教师的聘请书 8 份； 2.教师工作量统计表 8 份	预期目标：8 名教师 1 月以上企业锻炼 验收要点： 1.企业对教师的聘请书 8 份； 2.教师工作量统计表 8 份
3.双师素质培养		预期目标：提高专任教师双师素质比例，加强团队实践能力，专任教师双师素质比例达到 70%以上。 验收要点： 1. 双师素质认定文件； 2. 双师型教师统计表； 3.1 名（或以上）专任教师到企业挂职锻炼半年以上； 4. 省级以上信息化大赛参赛并争取获奖； 5.1 名教师作为访问学者在国内学习	预期目标：提高专任教师双师素质比例，加强团队实践能力。专任教师双师素质比例达到 80%以上。 验收要点： 1.双师素质认定文件； 2.双师型教师统计表； 3.新培养或新引进 1 名副高级以上职称教师； 4.专业建设的激励与约束机制论文 1 篇； 5.教学质量优秀奖 3 人（证书或发文）
4.兼职教师培养		预期目标：本年度新增兼职教师 10 名，兼职教师总人数达到 20 人。 验收要点： 1. 企业顶岗实习兼职教师聘任文件（或协议）9 份； 2. 校内授课兼职教师授课任务书（或聘书）1 份； 3. 校内授课兼职教师授课材料（含课程标准、授课计划、授课 PPT）1 份	预期目标：本年度新增兼职教师 10 名，兼职教师总人数达到 30 人。 验收要点： 1. 企业顶岗实习兼职教师聘任文件（或协议）9 份； 2. 校内授课兼职教师授课任务书（或聘书）1 份； 3. 校内授课兼职教师授课材料（含课程标准、授课计划、授课 PPT）1 份； 4. 技能型兼职教师项目申报材料或批准文件

续表

项目 3	双师型专兼职师资队伍建设	
建设内容	第 1 年	第 2 年
5. 专业带头人培养	预期目标：培养或引入高级职称专业带头人 1 人。 验收要点： 1. 专业带头人聘书（或任命书）1 份。 2. 专业带头人主持人才培养计划、课程设置各 1 份； 3. 企业实践总结报告 1 份； 4. 指导青年教师的工作计划 1 份； 5. 先进工作者	预期目标：深入培养或引入高级职称专业带头人 1 人，加强专业带头人的带头作用。 验收要点： 1. 专业带头人开展教学改革经验总结 1 份； 2. 主持教科研项目 1 项； 3. 公开发表学术论文 1 篇； 4. 优秀教师； 5. 优秀专家或拔尖人才证书

校内校外实训基地建设如表 3-11 所示。

表 3-11　校内校外实训基地建设

项目 4	校内校外实训基地建设	
建设内容	第 2 年	第 3 年
1. 校内实训基地建设	预期目标：实训条件进一步得到改善与提高，建立完善的校内实习管理制度，保证实践教学安全有序。 验收要点： 1. 入驻工业中心，新增实训室面积 300m²，实训室场地规划 1 份； 2. 新增实训室设备 150 万元，设备采购清单或采购合同或招投标文件 1 份； 3. 推进实训室科学管理，实训室管理文件 1 份，实训室管理教师名单 1 份	预期目标：按省级示范性院校的标准建立完善的教学常规管理制度，以制度规范教学，以制度促进学习。 1. 充实完善省级实训基地（省级实训基地验收材料或申报材料 1 份）； 2. 工业 4.0 智能制造生产线 1 条，招标文件、使用证明。 3. 新建设教师项目工作室 3 间（场地 3 间，每间不低于 40m²）
2. 校外实训基地建设	预期目标：初步建立良好的机电专业校企合作共建专业管理办法，构建校企合作平台，校企合作共同参与人才培养。 验收要点 1. 共建校企合作实习基地，达成协议 10 家； 2. 新建大学生校外实践基地 1 家； 3. 新增 1 家校外实训基地，实现校外实训基地挂牌	预期目标：建立良好的校企合作共建专业运行机制，构建校企合作平台，校企合作共同参与人才培养。 验收要点 1. 完成校企合作运行机制，完成机电专业校企共建专业运行管理办法； 2. 新增 1 家校外实训基地，实现校外实训基地挂牌； 3. 上一届学生由校企共同组织生产实习、顶岗实习及教学质量评价情况报告 1 份

专业特色与实施第三方评价如表 3-12 所示。

表 3-12 专业特色与实施第三方评价

项目 5	专业特色与实施第三方评价	
建设内容	第 2 年	第 3 年
1. 专业特色	预期目标： 积极培育、精细凝练出能体现我校办学特点的专业特色。 验收要点： 获得体现专业特色的教学成果奖 2 项	预期目标： 深入挖掘本专业的内在优势和特色，结合市场需求和行业趋势，形成具有前瞻性和可操作性的专业特色培养方案。 验收要点： 省级以上机电一体化品牌专业教学成果 1 项
2. 第三方人才培养质量评价制度	预期目标： 建立较为完善的教学质量保障和第三方评价体系，确保专业人才培养和教学改革的适应性。 验收要点： 1. 建立第三方人才培养质量评价体系（学生家长、企业参与、麦可思调查机构）； 2. 毕业生人才培养质量调查报告 1 份； 3. 麦可思"社会需求与培养质量跟踪评价报告" 1 份	预期目标： 积极改进教学质量保障和第三方评价体系，确保专业人才培养和教学改革的适应性。 验收要点： 1. 完善第三方人才培养质量评价体系； 2. 开展用人单位人才培养质量调查，调查报告 1 份； 3. 麦可思"社会需求与培养质量跟踪评价报告" 1 份
3. 教学质量保障体系（督导、学生、二级学院及专业共同参与的教学质量保障体系总结）	预期目标：建立多方参与的教学质量保障体系。 验收要点： 1. 建立以学校为核心、社会参与的教学质量保障体系； 2. 开展专业教师教学质量评价分析； 3. 召开专业教学质量监督座谈会	预期目标：建立多方参与的教学质量保障体系。 验收要点： 1. 建立以学校为核心、社会参与的教学质量保障体系； 2. 专业教师教学质量评价分析报告； 3. 召开专业教学质量监督座谈会
4. 毕业生毕业后 3 年发展轨迹追踪调查报告（根据调查报告形成对专业教学及实践的反馈）	预期目标：建立毕业生追踪调查机制，反馈毕业生职业生涯情况。 验收要点： 1. 毕业生走访调研及调研报告 1 份； 2. 召开毕业生座谈会 1 次，形成座谈记录 1 份； 3. 毕业生毕业后 3 年发展轨迹追踪调研报告 1 份	预期目标：建立毕业生追踪调查机制，反馈毕业生职业生涯情况。 验收要点： 1. 毕业生走访调研及调研报告 1 份； 2. 召开毕业生座谈会 1 次，形成座谈记录 1 份； 3. 毕业生毕业后 3 年发展轨迹追踪调研报告 1 份

增强服务能力如表 3-13 所示。

表 3-13 增强服务能力

项目 6	增强服务能力	
建设内容	第 2 年	第 3 年
1. 建立专业教师社会服务激励机制	预期目标：建立专业教师社会服务激励机制，鼓励其参与社会服务。 验收要点： 1. 专业参与中山市协同创新中心科研项目 1 项。 2. 专业教师企业实践（报告 1 份、照片）	预期目标：完善专业教师社会服务激励机制，深度参与社会服务。 验收要点： 1. 完善专业教师企业实践激励制度； 2. 专业教师企业实践（报告 1 份、照片）
2. 建设专业科研团队	预期目标：建设科研团队，增强社会服务能力。 1. 成立科研团队(申报材料或批准文件 1 份)； 2. 搭建技术服务平台，开展技术服务与产学研合作 2 项以上	预期目标：建设科研团队，增强社会服务能力。 搭建技术服务平台，开展技术服务与产学研合作 3 项以上
3. 搭建技术服务平台	预期目标：搭建技术服务平台，开展技术服务与产学研合作。 验收要点： 1. 开展面向企业的技术培训、学历提升、继续教育等培训 30 人次，课程表、授课计划、结业证明； 2. 实用新型专利申报（或授权）1 项	预期目标：搭建技术服务平台，开展技术服务与产学研合作。 验收要点： 1. 开展面向企业的技术培训、学历提升、继续教育等培训 30 人次或为 2 家（或以上）企业进行职业技能培训。培训名单、课表、照片、结业证明； 2. 发明专利授权 1 项

对外交流合作与加强经验推广如表 3-14 所示。

表 3-14 对外交流合作与加强经验推广

项目 7	对外交流合作与加强经验推广	
建设内容	第 2 年	第 3 年
学生境外交流学习	预期目标：开阔学生视野，提高专业素养，增加人文交流。 验收要点： 境外交流学习的结业证明(平均占学生总数 1%)	预期目标：开阔学生视野，提高专业素养，增加人文交流。 验收要点： 交流学习的结业证明（平均占学生总数的 1%）
教师校际交流学习	预期目标：加强校际间教师交流 验收要点： 1. 赴其他高校进修交流学习的结业证明 1 份； 2. 访问学者通知书、结题材料 1 份	预期目标：加强校际间教师交流 验收要点： 交流学习的结业证明（平均每年 1 人次）

续表

项目 7	对外交流合作与加强经验推广	
建设内容	第 2 年	第 3 年
学生到骨干（示范）院校交流	预期目标：加强骨干院校间的学生交流。 验收要点： 交流学习计划、照片（平均每年不少于学生总数的30%）	预期目标：加强骨干院校间的学生交流。 验收要点： 交流学习计划、照片（平均每年不少于学生总数的30%）
经验总结、宣传与推广	预期目标：总结专业建设、人才培养模式及教学改革方法等方面的经验，加强交流和经验推广。 验收要点： 1. 人才培养模式改革经验总结； 2. 校企合作模式总结； 3. 教学方法改革经验总结	预期目标：总结专业建设、人才培养模式及教学改革方法等方面的经验，加强交流和经验推广。 验收要点： 1. 完善专业诊断与改进机制1份。 2. 专业发展宣传与推广（海报、张贴画、作品展示、网络及平面媒体宣传等）

第四章
广东省二类品牌专业
——模具设计与制造专业建设研究

一、建设背景

（一）行业发展背景

1. 珠三角是全国最大的模具集散地之一，"制造强国"战略要求模具工业相适应发展

国务院印发的《中国制造2025》确定了"制造强国"的重大战略部署，推动传统制造业全面转型升级。模具是制造业的重要基础工艺装备，被广泛应用于机械、电子、汽车、信息、航空、航天、轻工、军工、交通、建材、医疗、生物、能源等制造领域。模具技术已成为衡量一个国家及地区产品制造水平的重要标志之一。珠三角和长三角地区是中国两大模具制造基地和销售集散地。目前全国排序前10名的模具企业中，广东占有5家，世界最大的模架供应商和亚洲最大的模具制造厂都在广东。全国模具产值的40%多来自广东。因此，国家制造业的转型升级也正是模具工业转型升级的良好契机。

2. 装备制造业是中山市第一大支柱产业，转型升级要求模具工业配套发展

中国作为世界第一大模具制造国，模具产业产值约占世界模具产值的三分之一，是世界模具产业最大的市场。2023年，中国模具产值超过3432亿元，支撑了中国工业近40万亿元的产品成形制造，是中国现代化工业制造体系建设的重要力量。中山市作为中国南方的制造业重镇，其装备制造业一直是推动城市经济发展的核心力量。随着全球制造业的快速变革，中山市也迎来了转型升级的关键时期。为了适应这一趋势，中山市重视模具工业的发展，确保其能够与装备制造业同步升级。

3. 以创新驱动为核心的智能制造需要大力发展高端数字化设计与制造技术

《中国制造2025》的发展战略中，智能制造是主攻方向，以创新驱动为核心。《广东省智能制造发展规划（2015—2025年）》及中山市"十四五"规划纲要中提出：将中山市建设成为全球领先的现代装备制造业核心区域，将构建东部滨海、南部滨江、北部沿河及中部环城的四大产业功能区，并聚焦六大装备制造集群，重点打造船舶与海洋工程装备、新能源装备、汽车制造、智能纺织装备、节能环保装备、模具及金属配件等产业集群。培育一批具有系统集成能力、智能装备开发能力和关键部件研发生产能力的智能制造骨干企业。而数字化设计是企业产品创新的基础，数字化制造是企业产品升级换代的保证，也是信息化和工业化两化融合的基础，现代先进制造业需要数字化设计与数字化制造技术高度融合。

（二）人才需求背景

1. 以创新驱动制造业转型升级需要大量数字化设计与制造人才

发达国家面对近年来制造业竞争力的下降，大力倡导"再工业化、再制造化"战略，提出智能机器人、人工智能、3D 打印，希望通过这三大数字化制造技术的突破，巩固和提升制造业的主导权。中国作为制造业大国，也面临着人才需求的巨大挑战。为了应对这一挑战，中国需要加大对数字化制造领域人才的培养和引进力度，提高人才的创新能力和实践能力，以支撑制造业的转型升级和高质量发展。3D 打印技术是实现数字化制造的关键技术。产品开发是工业制造流程中的最上游，也是模具成型工艺的上游工序，而现代模具已介入产品的外观设计、结构设计、造型设计。随着机械制造技术和模具制造技术取得迅猛的发展，多轴数控加工、高速加工、电火加工、快速成型模具制造等先进技术在机械和模具制造中得到了极其广泛的运用。随着产品的多样性和功能性要求的不断提高，大力开发多轴数控加工技术将是发展趋势，因此对掌握数字化制造的高技能型人才的需求量也将会越来越大。

2. 区域产业结构决定模具专业技术人才需求量持续增长

随着中山市经济的稳步发展和产业结构的不断优化，制造业作为中山市的重要支柱产业之一，对模具专业技术人才的需求日益增加。首先，中山市在制造业领域拥有雄厚的产业基础，涵盖了多个细分行业，如汽车制造、电子电器、家电制造等。这些行业在生产过程中，大量使用模具进行零部件的成型和加工，因此对模具专业技术人才的需求量非常大。其次，随着中山市产业结构的升级和转型，先进制造业和高技制造业的比重不断提高。这些行业对模具的精度、质量、效率等方面提出了更高的要求，从而推动了模具专业技术人才的持续需求。此外，中山市还积极推动智能制造和数字化转型，为模具行业带来了新的发展机遇。智能制造和数字化转型需要模具行业具备更高的自动化、智能化水平，这也对模具专业技术人才提出了更高的要求。

3. 制造类企业的转型升级急需大量的高学历高技能应用型人才

中山市的"十四五"规划纲要中提出：要推进智能制造发展，实施智能制造工程，加快实现中山制造向中山创造转变，促进信息技术向市场、设计、生产等环节渗透，推动制造方式向柔性、智能、精细转变。不管是数字化制造、智能制造，还是新兴产业，模具行业要不断提高水平适应制造业转型升级发展，必须有创新型、复合型人才和高技能技术人才。目前高端装备制造业最紧缺的是面向生产、技术、管理、服务第一线的应用技能型人才和复合型人才，也就是说，不仅要求从业人员具有较强的理论和专业知识，而且还要具备熟练的技能。而高等职业教育是培养和培训先进装备制造业所需高级技术人才的有效途径。

（三）学校办学及专业设置背景

中山职业技术学院成立于 2006 年 6 月，是市政府投资兴办的全日制普通高等学校，2013 年 11 月被确定为广东省示范性职业院校建设单位。学校大力实施教育教学改革，紧贴中山产业结构特点实施"一镇一品一专业"专业布局，建成与珠三角区域专业镇先进制造业、现代服务业、战略性新兴产业等高度对接的 34 个专业和 5 大专业群，实现"专业—产业""人才—市场"无缝对接。除了装备制造业是中山市的第一大支柱产业，中山市还有灯饰、家电（小家电）、游戏游艺、五金制造等特色制造业，而模具是制造业的基础和重要支撑，本校紧贴区域经济发展需要，在成立之时就开设了模具设计与制造专业。国家发布了《中国制造 2025》，在以创新驱动为核心的智能制造战略引领下，本校制定了发展规划，将模具设计与制造专业列为本校重点发展专业，并推荐申报广东省第二类品牌专业。

（四）同类专业建设情况分析

① 广东省高职院校有 90 余所，其中开设模具设计与制造专业的院校有 40 余所。

② 在国家示范性高等职业院校建设项目中，有 19 所高职院校把模具设计与制造专业作为重点建设专业。

③ 在"国家示范性高等职业院校建设计划"骨干高职院校建设项目中，有 6 所高职院校把模具设计与制造专业作为重点建设专业。

④ 在广东省省级高职院校重点专业和重点培育专业建设项目中，有 6 所高职院校把模具设计与制造专业作为重点专业建设。

目前，大部分院校模具专业建设主要问题如下：专业开办时间长，开设学校多，但是学生培养思路不明确；专业开设和区域产业融合度不够；传统模具专业课程设置已经不能适应新技术、新科技对模具人才的要求。

二、建设基础

中山职业技术学院的模具设计与制造专业于 2006 年正式招生，是我校创建最早的专业之一。专业累计投入了 1600 多万元，建设了 5 个实训室、1 个生产型实训工厂。在师资队伍建设上，打造了一支以"省级教学名师"为核心的高水平师资队伍。本专业现有专任教师 13 人，其中正教授 1 名，高级工程师 2 名，副教授 5 名，专业教师中有 1 人为省级教学名师，1 人为第一批广东省高等职业教育专业领军人才培养对象（获全国技术能手称号），1 人为第一届省级青年优秀教师培养对象。专业在课程建设、教研教改和学生培养方面已取得了一批成效显著的成果。《数控加工工艺编制及数控设备应用》于 2014 年被省教育厅立项确定为省级精品资源课，《数控加工工艺及设备》教材被确定为"十二五"职业教育国家规划教材。专业已承担了两个省级教研项目的研究工作，并获得了 1 项"第七届广东省教育教学成果奖"二等奖。专业学生 14 人次在省级以上技能大赛中获奖，其中获省级技能大赛二等奖 6 项，三等奖 1 项。

（一）本专业在省高职模具专业中综合实力领先，在全国同类专业中有一定知名度

目前，本专业在省内高职院校中形成了较广泛的影响力，在全国同类专业中具有一定

知名度，成为模具行业和数控加工领域高技术技能人才的培养基地。我校模具专业毕业生就业对口率连续三年高于全国其他模具专业近 20 个点，连续两年就业率达到 100%，毕业生对母校的满意度达到 100%。本专业金志刚教师获全国职业院校模具技能大赛教师组一等奖，赵长明教授为省级教学名师，周敏老师为全国技术能手且被省教育厅确定为省领军人才培养对象。

（二）主要建设成果

1. 行业企业参与人才培养，校企协同育人机制初见成效

专业已初步构建了"两所、两校、三企"为基础的"校、行、企"协作育人平台，如图 4-1 所示。

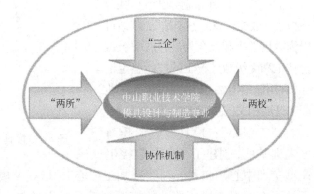

图 4-1　模具行业人才培养校、行、企协同育人平台

与"两所"——专业与广东机械研究所、中山市机械研究所建立了良好的合作关系，在科研项目申报、师资队伍培训、课程建设等方面已开展了深度合作；专业已与广东机械研究所合作完成了数控四轴加工中心的研发，并合作开展了塑料模设计、UG 软件新功能和数控多轴编程等方面的师资培训课程。

与"两校"——专业与华中科技大学、西安交通大学建立了良好的合作关系，在技能竞赛、新技术推广与应用、师资队伍进修等方面已开展了广泛合作。专业已在注塑成型模拟分析方面与华中科技大学开展了深度合作；专业在 3D 打印技术方面与西安交通大学建立了合作关系，本专业多名老师被派往西安交通大学访学并开展相关课题研究。

与"三企"——专业与模具制造、数控加工和 3D 打印三类企业建立了良好的合作机制，实现资源共享、专业共建、人才共育。本专业与中山市普来美电器有限公司建立了深度合作关系，在项目研究、顶岗实习、人才就业和课程建设等多方面开展了紧密合作，该公司总经理为专业建设委员会专家；珠海旺磐精密机械有限公司为数控设备生产企业，该企业已建设成为了我校省级大学生校外实习基地，专业与该企业联合开发了数控五轴加工中心，联合开展了"HyperMILL 五轴编程技术"等培训班；中山东方博达电子科技有限公司为 3D 打印设备的公司，该公司已建设成为了我院校级大学生校外实习基地，本专业与该公司在技能竞赛、课程建设、人才培养等方面展开了广泛合作。

2. 省级高技能型兼职教师队伍建设成效显著

省级高技能型兼职教师队伍建设成效显著，专业已有 1 名省级高技能型兼职教师。

专业非常重视兼职教师队伍的建设，从合作企业中选出技术功底扎实、表达能力强的技术骨干和企业技术总经理为专业的兼职指导教师，截至目前，专业已拥有 15 名企业兼职指导教师。同时，专业非常重视兼职教师的日常培训和管理工作，根据他们专业技能强但教育能力普遍不强的特点制定了专门的培训方案，将兼职教师的培养和提高放在一个非

常重要的位置。由于重视兼职教师的工作，专业目前已拥有了 1 名省级高技能型兼职教师。这些兼职教师不仅承担专业具体教学任务，还在课程建设、校本教材编写、教学项目开发、课程标准制定和人才培养模式改革等方面起到了非常重要的作用。

3. 社会服务能力强

初步构建了以"一站、二中心、三室"为基础的模具专业群"产、教、学、研"创新服务平台，如图 4-2 所示。利用该平台专业教师带领学生完成了多套企业真实模具的设计与制造。

"一站"：模具专业群已成功联合申报了"数控铣技能鉴定站"，该站可以为本校学生和社会人员开展中级数控技工和高级数控技工的技能鉴定工作。利用该鉴定站，本专业可以为企业职工开展相关的技能培训。

"二中心"：模具专业依托南区实训基地，创建了"模具-数控生产型实训中心"和"五轴编程加工中心"。依托"模具-数控生产型实训中心"，本专业承接了企业涡轮增压器叶轮模系列模具的设计与生产。依托"五轴编程加工中心"，本专业承接了企业多个复杂多轴加工零件的生产任务，在这两个中心完成的企业生产订单都有本专业学生参与。

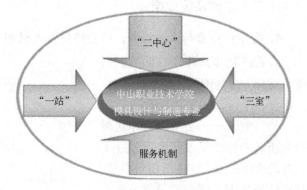

图 4-2　模具专业群产、教、学、研创新服务平台

"三室"：面向学生的"学生项目开发室"、面向教师的"模具设计与制造工作室"和基于 3D 打印技术的"饰品设计与快速成型工作室"。

4. 精品资源共享课等建设成果突出

"数控加工工艺编制及数控设备应用"课程为省级精品资源建设课，《数控加工工艺及设备》教材被确定为"十二五"职业教育国家规划教材。

5. 教学改革与教学研究成果突出

承担了"适应机械装备产业转型升级需求的复合型高技术技能人才培养研究"等 2 个省级教研项目的研究工作，获得了 1 项"第七届广东省教育教学成果奖"二等奖。

6. 打造了一支实力雄厚的师资队伍

专业已拥有 1 名省级教学名师，1 名省级领军人才培养对象（该教师同时获"全国技术能手"称号），1 名省级青年优秀教师培养对象。

（三）人才培养质量高，社会认可度高

本校模具专业校友推荐度连续五年高于全省和全国其他模具专业 10 个点以上，具体如图 4-3 所示。依据麦克思报告，我校模具专业 2015 届毕业生毕业半年后平均工资在 4000 元以上，毕业学生对专业的认可度高。专业学生 6 人次在全国模具大赛中获奖，获全国二等奖和三等奖各 1 项。专业学生 20 人次在全省技能大赛中获奖，获省级技能大赛二等奖 6 项，三等奖 1 项。

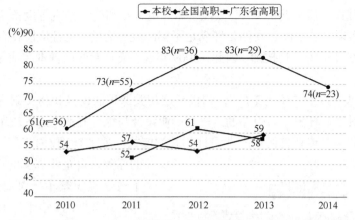

图 4-3 本校 2010—2014 届模具专业校友推荐度与校外参照系对比

富拉斯特日资企业于 2011 年在我校第一次招聘了七名模具专业毕业生，由于学生在企业表现优异，得到企业的高度赞赏并被公派到日本总部研修，回国后成为该公司的技术骨干，该企业又连续三年招聘本专业毕业生数十名。加藤德精密橡塑制品有限公司也是一家外资企业，该企业于 2012 年在我校模具专业招聘了五名毕业生，由于学生基本功扎实及工作表现良好，后来该公司又连续三年来我校模具专业招聘了多名毕业生。许多企业都多年坚持来我校模具专业招聘毕业生，这些很能说明本专业毕业生深受企业等用人单位好评。"质量过硬的产品才能留住回头客"。

（四）建立了较完善的人才培养质量保证体系

通过督导听课、领导教学巡视、教学文件检查等措施，确保教学过程有监控；通过学生座谈会、用人企业走访、毕业生调查等环节，确保教学效果有反馈；专业按照学校《实践教学管理规定》，确保实训教学有计划安排、有实施方案、有考核标准、有检查记录。实现院校二级督导评教与学生评教相结合，教学评价与教师业绩挂钩，专业将教学质量放在最重要的位置。

以麦可思公司调查为基础，由模具专业牵头，构建由企业专家、兄弟学校专家、学生代表三方共同参与的"多元化"人才培养质量评价体系，围绕课程设置的有效性、知识能力素质的适应性、专业与就业岗位的一致性等内容，对本专业毕业生进行跟踪调查，汇集整理调查信息，形成分析评价报告。专业依据上述人才培养质量评价思路，初步构建了以校内反馈和校外反馈两大块组成的专业人才培养质量诊断与评价体系。基于专业构建的人才培养质量诊断与评价体系，专业能系统掌握人才培养的成效与不足，为后续人才培养模式改革、人才培养方案完善等提供多渠道、全方位的依据，促进人才培养良性循环。

（五）探索了基于"校内工厂"真实模具生产的课程改革（特色培育和实践情况）

我校与中山市南区政府合作，从 2007 年开始累计投入了近 600 万元在南区政府提供的标准厂房内建立了"模具-数控生产型实训中心"，该实训中心按照一个中等规模的模具厂进行规划和建设，所采购的 CNC 数控铣床、电火花和线切割机等设备全部为生产型的高端设备。该实训中心不仅软硬件条件满足了实际生产需要，而且从模具企业引进了四名具有十多年一线经验的模具技师。因此，2009 年底，模具专业已基本完成了"校内工厂"的建设任务。

模具专业基于这个"校内工厂"，积极开展相关课程的建设和相关制度的改革，开展了以"真实模具生产任务"为引领的"模具毕业设计与综合制造"课程改革，这直接打破了一般职业学校模具专业传统的毕业设计的教学模式。在这个"校内工厂"中，学生完成的任务来自企业真实的订单，因此，整个教学组织基本上都是按照企业的运作方式开展的。该工厂的厂长为专业主任，主要协调各车间的问题并监督生产进度，而课程理论教师则变成了模具设计室的部门经理，课程实训教师则变成了各生产车间的主任，学生则自然就成为了工厂内的员工。基于该校内工厂，学生在教师的指导下，为多个企业完成了多套真实模具的生产制造任务，如为坚信能源动力有限公司完成了一套脚踏板模具，为弘安电器有限公司完成了三套叶轮模具，为中山市多个电器公司完成了若干套电源盖板和电线盒模具

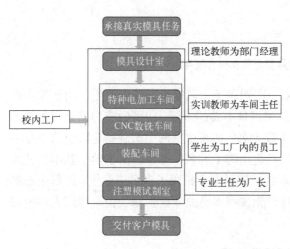

图 4-4 "校内工厂"的运作模式

等。校内工厂运作模式如图 4-4 所示。

"模具毕业设计与综合制造"在开展了以"真实模具生产任务"为引领的课程改革后，课程教学效果非常好。学生的实习作品直接面对的是企业的真实客户，学生在整个教学过程中很自然地完成了"企业员工"角色的转变，承担了更多的压力和挑战，因此学习兴趣特别高涨。学生由"被动学"转变为"主动做和主动问"，专业的整个学风被带动起来了。以"真实模具生产任务"为引领的课程改革和基于此的教学模式得到了省教育厅领导的现场肯定，并且有多所兄弟院校的同行来校参观学习。

（六）本专业现有人才培养条件省内一流

1. 专任教师主要来自企业一线，教学团队实践与创新能力突出

本专业现有专任教师 12 人，兼职教师 15 人。有 8 名教师具有丰富的企业工作经验，其中正教授 1 名，高级工程师 1 名，副教授 5 名。近五年，专业教师发表高水平学术论文 60 余篇，主持院级、市级、省级教研和科研项目多达 50 余项。

赵长明教授先后荣获南粤优秀教师、市技能人才培养导师、省职业院校教学名师、广东省第七届"省级教学名师"称号；周敏副教授为广东省高校"千百十人才工程"第八批省级培养对象，为第一批广东省高等职业教育专业领军人才培养对象，获得"全国技术能手"荣誉称号；肖军民副教授为广东省高校"千百十人才工程"第七批校级培养

对象，被省教育厅确定为"广东省高等学校优秀青年教师"培养对象。金志刚教师获得全国职业院校模具技能大赛教师组一等奖，余敏霞教师获得全国职业院校模具技能大赛教师组二等奖。

2. 专业实训条件省内领先，与企业合作研发实训设备

目前，本专业依托学校的工业中心，建成了占地面积 $3000m^2$，设备总价值1600多万元的校内实训基地，可以满足"模具拆装""数控加工""模具设计""模具制造""模具装配与试制""五轴编程与加工""逆向工程与3D打印"等一体化教学要求。

① 与广东机械研究所合作开发了"数控四轴加工中心"，与珠海旺磐精密机械有限公司合作开发了"数控五轴加工中心"，与中山市锐锋数控设备有限公司合作开发了"中走丝线切割数控设备"等实训设备。

② 学校投入近600万元，建成了"模具数控生产型实训中心"（校内工厂），该实训中心完全按照一个中等规模的模具厂标准进行设备采购和厂房布置，利用该实训中心，专业教师带领学生完成了涡轮增压器叶轮模系列模具的设计与生产。

③ 学校投入300余万元，建成了1个"多轴编程加工中心"，该中心拥有1台数控四轴加工中心、2台数控五轴加工中心，利用该实训中心，专业教师带领学生完成了企业多个复杂零件的五轴编程加工任务。

④ 模具专业为了鼓励教师和学生利用课余时间开展相关的创新创业活动，搭建了以"三室"为基础的技术服务平台，创建了面向学生的"模具与产品设计工作室"，面向教师的"模具设计与制造工作室"和基于3D打印技术的"饰品设计与快速成型工作室"。

⑤ 与富拉斯特工业有限公司、加藤德精密橡塑制品有限公司、普来美电器有限公司、富士康有限公司等近10家大中型企业合作，建成了较稳定的校外实习、就业基地。

⑥ 与中山东方博达电子科技有限公司合作建成了"校级大学生校外实践教学基地"。

3. 校企合作开发教学资源，广泛运用于行业和学校

① 启动了"基于UG注塑模设计""UG产品造型设计""五轴编程加工技术""数控自动编程与操作"等数字化专业课程建设。

② 校企合作开发了专业课程教材，其中已公开出版发行了《注射模设计项目化实例教程》《UG数控加工自动编程经典实例教程》《数控加工工艺及设备》和《数控加工自动编程》等项目化特色教材。

三、建设目标

（一）问题与思考（与国内外标杆专业比较）

以宁波职业技术学院模具设计与制造专业作为国内专业建设的标杆，以新加坡南洋理工学院工程系下开设的制造工程、机电一体化工程、数码与精密工程等模具相关专业为国外专业建设的标杆。国内外同类专业比较如表4-1所示。

表 4-1 国内外同类专业比较

比较项目		宁波职业技术学院模具设计与制造专业	新加坡南洋理工学院制造工程、机电一体化工程、数码与精密工程专业	中山职业技术学院模具设计与制造专业
标志性成果	专业特色	国家示范专业，省级优秀建设专业，省级特色专业		无
	精品课程	国家级精品课程 2 门，省级精品课程 1 门，院级精品课程 3 门		2 门校级网络课程
	技能大赛	全国职业院校模具技能大赛一等奖两项，获得"未来伙伴杯"中国智能机器人大赛大学组 2 个项目的一等奖；获得市级以上各类奖项 15 余项	多项世界级奖项	获全国职业院校模具技能大赛二等奖和三等奖各 1 项；省级技能大赛二等奖共 6 项
	教学成果	4 项省级教学成果	多项世界级教学成果	1 项市级教学成果奖二等奖、1 项校级教学成果二等奖
人才培养	人才培养模式	在教学上贯彻"学工交替、项目化教学、订单式培养"等工学结合的学生培养模式	以学生为中心的教学模式，新加坡式的"教学工厂"，产学合作平台完善	正在构建以"校企一体，共同实施"为前提的"四对接三融合二证书"的 432 动态调整人才培养模式
	就业面向	主要从事模具设计、数控加工及编程、模具装配与调试、生产技术的组织与管理工作的高素质的技术应用型人才	从事装备制造业相关岗位	面向五金、塑料产品及其成型模具的设计与制造相关领域，适应产业转型升级和企业技术创新需要的发展型、复合型和创新型的技术技能人才
	专业核心课程	专业核心课程紧贴行业发展，课程项目选取来自企业的典型产品。学分制改革积累了成功经验	专业核心课程，特色鲜明，差异化显著；课程内容选取和更新为行业最前沿的知识；灵活的模块式课程	专业核心课程对接中山市特色产业，特色鲜明，教学项目来自企业典型产品。学分制改革处于探索阶段
	学生考证	模具设计师（高级）、加工中心操作工（高级）、模具制造工、制图员（中级）、UG 应用工程师、企业管理证书		加工中心操作工（高级）、数控铣工（中级）

续表

比较项目		宁波职业技术学院模具设计与制造专业	新加坡南洋理工学院制造工程、机电一体化工程、数码与精密工程专业	中山职业技术学院模具设计与制造专业
教学团队	教学团队	在职称上：教授2名、副教授5名、讲师6名、工程师和技师3名；从学历层次上，博士1名、硕士9名、学士6名；专业教师100%获得职业技能证书和职称证书，其中，8名专业教师具有企业工作5年以上经历。专业带头人是浙江省首届高校优秀教师、浙江省高职高专专业带头人	教师必须从有3年以上企业实践工作经验的高学历、高水平的技术人才中选聘，教师是业界的专家	在职称上：教授1名、副教授4名、高工1名、讲师4名、工程师2名、技师4名。在学历层次上：硕士5名、学士8名、大专3名；专业教师100%获得职业技能证书和职称证书，90%以上教师来自企业。广东省教学名师1名，全国技能能手1名，广东省优秀青年教师1名
实训基地	实训基地	拥有国家职业教育数控技术实训基地、中国模协培训基地等8个校内实训基地，设备固定总资产1800万元，实训基地占地面积5000m²	校内有多个新加坡式的"教学工厂"，教师非常注重与企业的工程师合作研究项目	校内实训基地6个，设备固定总资产1200万元，实训基地占地面积4000m²

（二）专业建设的关键问题

通过与国内外标杆模具专业的比较分析，并结合对区域产业背景、人才需求以及国内省内同类专业的建设情况分析，总结出我专业建设存在的关键问题：

① 专业教师建设水平较高，但是教师使用现代信息技术教学的能力和水平有待提高，科研能力需要进一步挖掘；

② 实训条件的建设已有一定基础，但资源尚待重新整合以实现实训资源的充分共享；

③ 人才培养模式初步确立，但需要深化改革，在此基础上构建适合弹性学制和学分制改革的工学结合课程体系；

④ 专业的对外服务能力亟须提高，并以此促进实训基地的建设、教学团队的成长和人才培养水平的提高。

（三）专业建设的重点领域

通过专业与国内外标杆专业的全面比较，结合专业调研的成果，有针对性地解决目前专业建设中的关键问题和不足，今后模具设计与制造专业将在以下4个领域进行重点建设。

1. 建设一流的专业教师队伍，为培养卓越人才保驾护航

通过与标杆专业的比较可以得出，本专业的教师队伍建设有待提高，因此建设期内，本专业需根据主要骨干人员来自企业生产一线的特点，进一步夯实师资队伍的教学能力、科研能力和工程实践能力，从而提高教师教学水平、科研水平以及为企业服务的水平，凝练提炼国家、省、市级教学和科研成果。通过一系列教师能力提升计划，提高教师队伍为中小微企业提供技术服务的能力。

2. 优化和完善教学条件，创造优质的人才培养土壤

与标杆专业比较可以看出，我专业在课程建设、教学资源库建设以及校内实训基地的建设上都比较欠缺，因此在建设期内，应加大以上教学条件的建设力度。课程建设从校级网络课程起步，争取申报省级精品资源开放课程。校内实训基地的建设应重点建设工业4.0 的核心内容——3D 打印学习中心，使传统的模具设计与制造和快速成型技术紧密结合，更好地为企业服务。

3. 进行教育教学改革，全面提升人才培养质量，培育卓越技能型人才

与标杆专业比较可以看出，我专业在人才培养质量的提升上有大幅进步空间。在建设期内，通过优化改革专业人才培养模式，开展第二课堂，鼓励学生参加工作室和对外服务平台工作等方式，大幅提高学生的培养质量。争取在国家级、省级、市级技能比赛中取得更好成绩。在学生考证上，拓展模具设计师高级工考证，并建设考点，拓展西门子公司原厂认证。

4. 大力发展对外服务，为人才培养汲取"养分"和动力

依托校内实训场所和专兼职任课教师，打造专业为社会和企业服务的平台，积极开展面向中小微企业的技术和人才服务，开展面向企业员工的专业水平和职业能力培训服务，开展面向中小学生和社会人员的高新技术素质教育培训。

（四）建设思路

抓住《粤港澳大湾区发展规划纲要（2019）》带来的发展机遇，牢牢把握"面向中山及珠三角地区模具行业中小微企业人才与技术服务"的专业定位，以培养"发展型、创新型、复合型"技术技能人才为核心，以"三三制"动态调整人才培养模式的改革思路为主线，构建学分制改革背景下专业大类全选课制"五段式"专业群课程体系，探索以现代信息技术为手段的教学模式改革和 3 个能力本位的教师队伍建设。依托 5 个专业实训室、3 个专业工作室、1 个协同创新中心的 4 个对外服务平台，搭建社会服务平台。通过以上多方面专业建设举措大力提升专业的人才质量和技术服务能力水平。

（五）建设目标

依托中山市智能制造协同创新中心，与模具相关企业深度融合，实践和优化以"校企一体，共同实施"为前提的"三对接三结合三融通"的"三三制"动态调整人才培养模式；构建学分制改革背景下专业大类全选课制"五段式"专业群课程体系；建成集产、学、研一体的校内模具制造数控加工工厂和以中山市普来美电器有限公司、鸿利达精密组件（中山）有限公司等行业骨干企业为主体的校外实习实训基地；通过培养、引进和聘请等途径，打造一支"教学能力突出、实践能力雄厚、技术服务能力过硬"的专兼结合、"双师"结构的教师队伍。建成"中山市智能制造协同创新中心"，完善 3 个工作室，搭建为中山市及珠三角西岸模具行业中小微企业提供技术服务的平台。通过三年建设，将本专业建成模具"三型"人才培养国内一流专业，建成模具培训基地、模具技术创新基地，为中山市模具产业转型升级提供人才支撑。具体目标如下：

① 完善"校企一体，共同实施"为前提的"三对接三结合三融通"的"三三制"动态调整人才培养模式，形成一套完整的人才培养方案，并建立与之相适应的教学管理、质量保障、考核评价体系；

② 构建学分制改革背景下按专业大类全选课制"五段式"专业群课程体系；

③ 建成工学结合的优质专业核心课程5门，其中精品在线开放课程4门、出版国家级教材1~2部；

④ 培养专业带头人2名，聘请行业高水平兼职专业带头人2名；建设双师素质教师队伍，双师型教师比例≥90%，优化兼职教师库，确保专兼职教师比例达1:1以上；

⑤ 依托中山职业技术学院产学研园（工业中心）整合模具专业校内实训基地。新购置实训室设备500万元以上，含新建设西门子数控技术（中山）应用中心、升级改造模具加工制造实训室、建设西门子考证考点及UG正版软件的采购、建设模塑成型体验中心，建成逆向工程和3D打印实训室。深度融合中山市普来美电器有限公司等8家行业骨干企业，密切联系特色中小企业，打造实习、就业"双基地"，确保学生半年以上顶岗实习率达到100%。

⑥ 探索建立"中山市智能制造协同创新中心"，下设4个技术服务平台；建设3个工作室；建设2个职业技能考点，从而建成多维度、立体化、全方位的面向社会提供技术、培训和考证的服务平台。

⑦ 将学生职业素质教育贯穿于工学结合人才培养的全过程，强化"德才兼备、德于才先"的素质教育，进一步完善指导教师工作制，完善素质教育保障措施；鼓励学生参加省级创新创业类大赛。

⑧ 建设期内申请专利1~2项。

（六）主要指标和标志性成果

1. 主要指标

建设期内，本专业达到的主要指标如表4-2所示。

表4-2 模具设计与制造专业建设主要指标

分项任务	具体指标	目标	达标值
教育教学改革	毕业生的教学满意度	≥85%	≥85%
	应届毕业生中，自主创业学生所占比例	≥2%	
	应届毕业生获取高级以上证书的获取率	≥40%	≥30%
	应届毕业生初次就业平均起薪线	≥3600元	≥所在专业大类全省高职院校上一届毕业生平均月收入×120%
	毕业生对母校的满意度	≥96%	≥95%

续表

分项任务	具体指标	目标	达标值
教育教学改革	毕业生工作与专业相关度	≥81%	≥80%
	毕业生工作与职业期待的吻合度	≥70%	≥60%
	毕业生对基本工作能力总体满意度	≥91%	≥90%
	毕业生对核心知识的总体满意度	≥92%	≥90%
	毕业生的就业现状满意度	≥85%	≥80%
教师发展	专业专任教师生师比	≤20%	≤20%
	专业专任教师高级职称比例	≥50%	≥30%
	"双师素质"专业专任教师比例	≥90%	≥90%
	青年教师中具备硕士、博士学位的比例	≥65%	≥60%
	专任教师人均年企业实践时间	≥35 天	≥21.88 天
教学条件	专业生均实训设备总值	≥5 万元/生	理工科≥13868 元/生 文科≥8321 元/生
	年校内实践基地使用时间(学时/生)	≥650 学时/生	理工科≥510 学时/生 文科≥410 学时/生
社会服务	专业生均学年为社会、行业企业技术服务收入	≥300 元/生	理工科≥282 元/生 文科≥169 元/生
对外交流与合作	全日制在校生中,去境外交流学生所占比例	≥1%	
	赴境外参加培训的专业专任教师所占比例	≥15%	
	全日制在校生中,去其他学校交流的学生所占比例	≥30%	

2. 标志性成果

建设期内完成的标志性成果如表 4-3 所示。

表 4-3　模具设计与制造专业建设标志性成果

序号	标志性成果	建设级别
1	高职院校技能大赛获奖	国家级
2	国家专利	国家级
3	高层次技能型兼职教师项目	省级
4	高职教育教学改革与实践项目	省级
5	互联网+竞赛获奖	省级
6	信息化大赛、微课比赛或教学比赛	省级
7	规划教材或精品教材	省级
8	大学生创新创业计划	省级
9	广东大学生科技创新项目	省级

四、建设内容与主要举措

(一) 教育教学改革

1. 推进以"校企一体,共同实施"为前提的"三对接三结合三融通"的"三三制"动态调整人才培养模式,建立"三型"人才的培养纲领

当前,珠三角西岸特别是中山地区模具产业转型升级日新月异,产业发展迅猛,新技术新理念层出不穷。模具产业作为先进制造装备业的代表率先受到智能制造、3D 打印、智能设备等新技术新理念的冲击和洗礼,人才规格需求、企业标准、工作过程、职业环境都在悄悄地发生变化。如果一直套用旧有的人才培养标准,则会被行业抛在后面,因此建立以工学结合为特色的能够动态调整以满足企业对"发展型、创新型、复合型"技术技能人才规格需求的人才培养模式很有必要。

本专业人才培养质量通过三个对接、三个结合、三个融通的人才培养模式(如图 4-5 所示)与不断变化的行业企业人才需求相适应。三对接要做到:①专业人才培养目标与不断调整的行业人才规格的需求相对接;②专业教学过程与不断变化的企业工作过程相对接;③教学环境与不断优化的职业环境相对接。三结合具体体现在:①在教师队伍建设方面,专业教师与行业专家的相互结合;②在教学内容建设方面,教材建设与企业规范的相互结

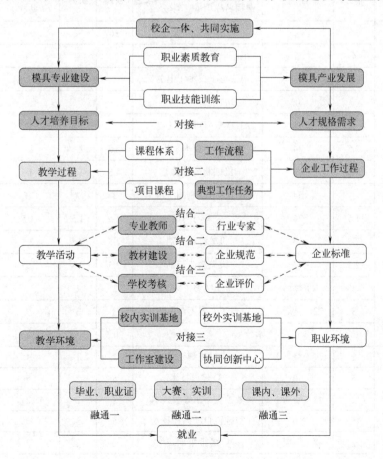

图 4-5 "三对接三结合三融通"的"三三制"动态调整人才培养模式

合；③在教学评价方面，学校考核与企业评价的相互结合。通过三结合实现教学活动与企业标准相融通。三融通需做到：①毕业证与职业资格证书相融通，缺一不可；②专业技能大赛考核点与平时技能训练内容相融通；③课内学习内容与课下第二课堂实践项目相融通。

2. 构建学分制改革背景下按专业大类全选课制"五段式"专业群课程体系，为专业教育教学提供依据

基于以选课制为基础的学分制改革要求，依据机械制造专业大类职业能力标准和职业岗位能力分析，围绕专业人才培养目标，整合专业核心课程，建设工学结合、逐层深入的学分制课程体系。探索按机械设计制造专业大类招生，一年后划分专业的创新招生方式，在此基础上进行学分制改革，经过多次研讨已经初步搭建了"深基础、精专业、活方向"为特点的全选课制"五段式"专业群课程体系，将课程分为基本素质课、工程素质课、专业群基础课、专业课和专业方向课程 5 大类，如表 4-4 所示。学生对应的选课范围从学校、学院、教研室、专业再到学校，既体现了学生选课的自主性，又保证了学生选课的逻辑性。

表 4-4 "五段式"全选课制专业群课程体系结构

课程类别	学分	学时	课程名称 / 专业 学分	模具	机制	数控（普高）	三二分段（数维）
基本素质课	36		基本素质课	36	36	36	36
工程素质课	4	72	电工电子技术（电）一				4
	3	54	电工电子技术（电）二				
		0	机械制图（电）				
		0	AUTOCAD 制图（电）				
	2.5	44	电工电子技术（机）	2.5	2.5	2.5	
	4.5	80	机械制图（机）	4.5	4.5	4.5	
	3	54	AUTOCAD 制图（机）	3	3	3	
	1.5	28	公差与测量	1.5	1.5	1.5	
	2.5	44	机械设计基础	2.5	2.5	2.5	
	2.5	44	机械制造基础	2.5	2.5	2.5	
	1	24(整周)	金工实习（钳）	1	1	1	
	3	72（整周）	金工实习（车铣）	3	3	3	
			学分	20.5	20.5	20.5	4
专业群基础课	1	24（整周）	机械测绘	1	1	1	
	5	90	3D 建模技术	5	5	5	
	2	48（整周）	数控铣手工编程技术	2	2	2	
	5	90	数控铣自动编程技术	5	5	5	
	2	48（整周）	考证集训	2	2	2	2
			学分	15	15	15	2

续表

课程类别	学分	学时	课程名称	专业学分	模具	机制	数控（普高）	三二分段（数维）
专业课	5	90	塑料模具设计	5				
	4	72	五金模具设计	4				
	3	72（整周）	模具制造技术	3				
	4	72	家电产品结构设计		4			
	3.5	64	工装夹具设计与制造		3.5			
	2	36	3D打印技术		2			
	4	72	数控车编程技术			4		
	4	72	数控加工工艺编制与数控设备应用			4		
	4	72	五轴编程技术			4		
	4	72	机电控制基础					4
	2.5	44	液压与气动控制技术					2.5
	4	72	PLC与数控机床电气控制技术					4
	4	96（整周）	数控机床装配与调试					4
	3	72（整周）	数控机床故障诊断与维修					3
	3	72（整周）	数控系统安装与调试					3
	6	144（整周）	毕业设计	6	6	6		
	16	384（整周）	顶岗实习	16	16	16	16	
			学分	34	31.5	34	36.5	
专业方向选修课	3	54	Pro/e建模					
	3	54	Solidworks建模					
	3	54	塑料模高级设计					
	3	54	成型材料与模具结构（非模具）					
	2	48（整周）	电加工技术（非模具）					
	2	36	模具CAE					
	2	36	生产管理					
	2	36	珠宝设计					
	2	36	平面设计					
	2	36	工业设计					
	3	54	4轴加工（非数控）					
	2	36	3D打印技术（非机制）					
	2	36	科技英语					
	2	36	数控设备升级改造					

3. 深化教学模式改革，为实现"三型"人才培养提供途径

（1）继续深化、优化课程的项目化改革

在原有五门核心课程（包括"塑料模具设计（基于 UG）"和"冲压成型工艺与模具设计"）项目化改革的基础上，充分利用实训室、模具制造与数控加工工厂、工作室及智能制造协同创新中心等资源，进一步实施"企业教学项目—企业委托项目—企业竞赛项目—企业服务项目"的递进式教学模式；教学场所由"学院实训室—模具制造数控加工工厂—工作室—职业技能大赛赛场—协同创新中心"有序转换；教学对象由"全体学生—学习积极性高的学生—优秀学员—卓越人才"以兴趣爱好为导向，探索分层分类教学，卓越人才教育试点改革。

（2）开展校企专兼职教师共同授课和翻转课堂等试点，改革教学方法和手段

推进专任教师金志刚与模具专业广东省高层次兼职教师—中山普来美电器有限公司总经理杜军勇共同讲授"塑料模具设计（基于 UG）"课程的授课试点。推进黄智老师与东方博达电子科技有限公司总经理石武和销售经理林柏宇共同建设"3D 打印技术与应用"课程。

借助于现代信息技术手段，教师对所承担的课程进行科学合理的设计，探索"产品造型设计""模具制造技术""冲压成型工艺与模具设计"等职业能力课程采用翻转课堂的教学模式。探索 30 人以下的小班教学和分层分类教学，为课程项目化教学提供保证。

（3）切实落实学分制和学业导师制改革，健全与学分制相配套的管理制度

将学生在三个专业工作室、中山市智能制造协同创新中心下设的 4 大服务平台、专业技能竞赛、校企合作项目开发、创新创业项目等的学业参与纳入学分认定（替换）范围。多种措施引导学生进入工作室，参与教师的科研课题、产学合作项目等。主动引入行业人才需求规格要求，加强学生职业能力与素质的培养。出台相应的管理制度，为每位学生配备学业导师。学业导师教师工作室、智能制造协同创新中心带领学生进行项目制作，在学生制订职业生涯发展规划、参加技能竞赛等方面给予指导。出台学分置换实施细则，就认定标准、范围、程序和免修、置换课程等方面作出明确规定。

（4）将创新创业教育融入人才培养的全过程，构建立体化的创新创业教育体系

将"大学生创业基础"作为公共必修课，纳入人才培养方案，并按照分阶段、模块化的方式面向全体学生开设，使全体学生都能接受创新创业教育；将创新创业教育理念渗透于思想政治理论等人文素质教育课和专业课的课程教学之中。开设多门类创新创业教育选修课，并根据学生的兴趣和专业特点制定个性化创业课程教学包；对于有较强的创业意愿或参加过创业计划大赛的学生，集中开展创业专门化培训，提高他们的创业技能水平。

在进行专业教学过程中融入创新创业知识，培养学生在专业上的创新意识。专业开设《创新产品结构设计》课程，培养学生在专业上的创新意识和能力。将创新意识和训练融入本专业所有设计类课程中，如创新创意设计作为"机械设计""三维结构设计（基于 pro/E）""产品造型设计（基于 UG）"三门课程中最后一个教学项目，被纳入课程考核成绩。联合模具协会、机电工程学院学生会、东方博达电子科技有限公司举办机电工程学院创意设计大赛，评选优秀创意设计作品，协助学生实现成果转化和专利申报。

同时，加强模具协会等专业社团建设，积极开展创业计划大赛、创业项目展示、创业

沙龙、创业文化节等主题活动。

邀请企业成功人士、知名校友来校举办创业大讲堂，营造浓厚的创新创业教育氛围，弘扬创业精神，增强学生的创业意识和创业能力。

建设期内，通过剖析课程体系、重构课程内容等，将创新创业教育内容纳入专业人才培养方案，融入人才培养全过程，逐步提高学生的创业质量和创业率，形成完善的创新创业教育体系。力争将"创新产品结构设计"课程建设成省级创新创业教育专门课程，获得省级大学生创新创业训练计划项目1项。

（5）双证融通、赛训融通、课内外融通，助推学生职业成长与发展

通过专业建设，进一步培养学生的伦理道德、社会公德和职业精神，提高学生的实践能力、创新能力、就业能力和创业能力。提高学生职业技能证书质量和等级。

双证融通，保证学生培养质量。目前，本专业开设了"数控铣削中级工""数控铣削高级工"和"CAD/CAM 技能证书"考点。学生职业技能证书获取率达到 100%。在建设期内，继续投入场地、设备和师资，促进学生获取技术含量更高的职业资格证书，计划开设"模具设计师（模具设计工程技术人员）高级工考点"；开设"制图员中级工考点"；开设"西门子原厂认证考点"。力争高级技能证书获取率超过 30%。

赛训融通，破解日常实训与大赛训练时间矛盾难题。建设期内，我专业将鼓励老师和学生参加高水平技能大赛，为了解决日常学习和参赛训练之间的矛盾，专业将技能比赛考核内容融入课程建设中，并以此为导向设计实训项目，学生既完成了日常实训内容，也为今后大赛训练做足了准备。

课内外融通，按兴趣分层次教学，培养卓越人才。课内在专业实训室和校内教学工厂一体化教学环境下进行专业知识和技能的训练。课外鼓励学生按照个人的学习兴趣和爱好，参加三个专业工作室和中山市智能制造协同创新中心 4 个对外技术服务平台的对外服务工作。

经过三年的建设期，学生培养质量和就业质量有大幅度提升。初次就业就业率达 98% 以上。毕业生工作与专业相关度≥70%；毕业生工作与职业期待吻合度≥55%；毕业生对基本工作能力总体满意度≥85%；毕业生对核心知识的总体满意度≥85%。

（6）建立内外监控、循环提高的质量保证体系

按照教育部和省教育厅关于建立职业院校教学工作诊断与改进制度的有关要求，在学校的全面部署下，切实发挥专业在质量保障中的主体作用，重点针对本专业人才培养的核心环节——课堂授课、毕业综合实训开展教学诊断与改进工作，不断完善专业内部质量保障制度体系和运行机制。

通过深化校企合作，专业与以中山市普来美电器有限公司和鸿利达精密组件（中山）有限公司为代表的深度合作企业共同制定《模具设计与制造专业教学标准和课程标准》，完善基于本专业教学工作目标管理的检查、评比办法，根据本专业教学工作项目引领、工学结合的特点和实际设计评价指标体系，丰富指标内涵，确立改进方式，在校、院两级教学督导的检查、诊断和指导下，调动本专业教师积极性、主动性和创造性，进一步规范教学常规管理。

继续加强与麦克思公司的合作，推进毕业生就业半年后和就业三年后两个阶段的就业

质量调查，并将调查数据作为修订专业人才培养方案的依据之一。

依托学校教学质量反馈平台，建立具有专业特色的内外监控、循环提高、信息畅通的教学质量信息反馈机制，如图4-6所示。

完善由校级教学指导委员会、院级教学指导委员会、模具专业教学指导委员会三层机构组成的监督体系。监督部门收集校内外反馈信息，提出评价与建议，并将信息传递给教学主体。由督导评价、同行评价、领导评价组成校内信息反馈渠道，将教学主体的日常教学、学生能力素质的培养、专项工作（含人才培养方案、考务工作等）表现出来的问题及时反馈给监督部门。收集校外质量评价信息，由企业访谈、麦可思第三方评价、毕业校友调查及社会口碑等构成校外质量信息反馈机制。将我校学生毕业后所表现出来的人才培养成效与不足及时反馈给监督部门。教学主体采集由监督部门给出的评价与建议，对日常教学、学生能力素质的培养和各项专项工作等及时改进，做到教学质量的持续提高。

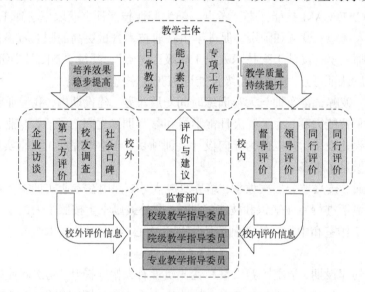

图4-6 内外监控、循环提高的质量保证体系

（二）师资队伍建设

目前，我校模具设计与制造专业专任教师有12名，其中教授1人，副教授5人，讲师4人，工程师2人。其中1名省级教学名师，1名省级领军人才培养对象（该教师同时获"全国技术能手称号"），1名省级青年优秀教师培养对象。本专业将致力于实现师资队伍整体结构的优化，着重提升专业带头人的行业影响力和社会服务能力，经过3年建设期，聘用与培养专兼职专业带头人各2名，实现专业建设"校企双带头人"的目标；着重提升骨干教师的课程开发、职业技术服务能力，提高专业教学水平；稳定兼职教师队伍，完善兼职教师资源库，提升兼职教师执教能力，打造一支"专兼结合、校企互通"的优秀教学团队。

1. 制定和完善专业建设的激励和约束机制

在《中山职业技术学院教职员工绩效奖励校级分配办法》《中山职业技术学院机电工程学院二级分配方案》等校级和院级教师分配方案和激励约束机制的框架下，制定并逐步完善《模具设计与制造专业激励和约束机制》，将专业建设各项任务责任到人，并将建设效果纳入专业内部考核依据，作为年终和专业绩效分配与评优评先的重要依据。

2. 专业带头人培养

重点培养 2 名学术功底深厚，掌握专业理论前沿，具有国际视野，在行业中有影响力的校内专业带头人，要求其在专业建设、课程开发、教学教研、社会服务方面能起到引领作用；培养 2 名在行业协会有影响力，具备较强行业资源整合能力的校外专业带头人。

建设期内，支持专业带头人到企业挂职锻炼 4 个月以上，支持专业带头人在社会团体中担任重要职务。每年主持专业人才培养方案的制定，完成课程体系的构建，每位校内专业带头人指导 2 名以上青年教师成长，制定年轻教师授课质量提升计划。帮助年轻教师教学业务能力快速增长，并培养他们成为具有副高级以上职称的骨干教师。主持新课程开发，开设创新创业类课程。

3. 骨干教师培养

培养和选拔 5~8 名既有职称学历又有企业经历的双师骨干教师。具体措施：①通过制定骨干教师遴选和聘用标准，制定骨干教师培养计划。在现有骨干教师的基础上，积极培养和选拔年轻优秀的专业教师成为骨干教师培养对象。组织骨干教师参与国内外人才培养模式、课程教学方法和课程开发等方面的培训，全面提高骨干教师队伍的整体素质，重点提升教师的执教能力。②实施校内骨干教师企业兼职计划，进行企业岗位技能培训与实践。根据实际情况，每年选派骨干教师到指定企业兼职一个月以上，主持参与企业新产品及其模具设计制造的开发和实施工作，务求能迅速提高骨干教师的职业技能和管理创新能力。③实施灵活的脱产实践计划。根据专业发展需要，选派骨干教师及骨干教师培养对象轮流到企业开展脱产实践活动。

4. 兼职教师队伍建设

本专业现有兼职教师 15 人，依据学院兼职教师遴选和聘用标准，建设期内再从行业、企业聘请和培养 5 名既懂业务，又具备教育教学能力的兼职教师，建立兼职教师资源库，完善兼职教师管理制度；对聘用的教师实施"一对一"联系帮带制度，为每位兼职教师配备一名校内教师作为联系人，帮助兼职教师熟悉教学要求，在教学方法、课程设计及学生管理等方面进行指导，以提高兼职教师教学业务能力；与合作企业签订师资互通协议，由合作企业负责部分实践课程的开发和教学，学校负责企业员工培训或技术服务，实现师资互通、人才共享。

经过 3 年建设，模具专业教学团队达到如下指标：专业专任教师生师比≤20%；专业专任教师高级职称比例≥50%，"双师素质"专业专任教师比例≥90%，青年教师中具备硕士、博士学位的比例≥60%，专任教师人均年企业实践时间≥35 天。具有 3 年以上行业企业工作经历的专业专任教师比例≥50%。校学年实践技能课程由高技能水平兼职教授授课的比例≥20%。

（三）教学条件

1. 建设基于"互联网+"的共享型优质教学资源

（1）搭建模具专业数字化教学资源平台

基于"互联网+"教育理念，本专业将搭建模具设计与制造数字化教学资源平台，加大在线教育资源的开发和建设力度，完善资源平台功能，利用教学资源平台，开展专业教学、社会培训、学习指导、中小企业技术诊断服务等活动，实现课程资源共享化，教学文件规范化，教师备课网络化，学生、学员学习自主化、终身化，专业资讯实时更新，师生互动交流频繁，社会服务扎实有效。

（2）打造优质专业核心课程，建设精品在线开放课程

与中山市知名企业共同开展课程建设，将职业资格考证、行业标准、企业管理规范、企业管理案例等融入课程开发的全过程，有效设计实训、实践环节，以岗位能力为核心重组教学内容，借助模具专业数字化教学资源平台，全面实现课程资源网络化、共享化，全面提高教学质量。重点建设5门核心课程，将其中1门校级精品课程建设成为省级精品资源开放课程，4门课程达到校级精品在线开放课程标准，具体如表4-5所示。

表4-5 模具设计与制造专业精品在线开放课程建设任务

序号	课程名称	建设标准	合作企业	责任人
1	产品造型设计（基于UG）	院级	中山市东方博达电子科技有限公司	余敏霞
2	塑料模具设计（基于UG）	院级	普来美电器有限公司	金志刚
3	冲压工艺与模具设计	院级	福来精密模具（中山）有限公司	黄智
4	模具制造技术	院级	中山市广大灯饰制造有限公司	王娜

（3）与企业紧密合作，校企合作开发工学结合教材

专业鼓励教师与企业密切合作，大量收集企业的成功案例，以项目为载体组织教学内容，大量引用行业企业实际工作案例开展专业教学，与企业专家共同开发1本以上与职业能力训练相配套的理实一体化专业教材。具体如表4-6所示。

表4-6 模具设计与制造专业教材建设任务

序号	教材名称	责任人	教材类型
1	注射模设计项目化实例教程	金志刚	正式出版
2	NX8.5 三维建模	余敏霞	正式出版

2. 完善校企互通的校内外实习实训条件

在已有的校内外实践教学基地的建设基础上，进一步完善实践教学体系，满足工学交替、学做一体的培养要求。

（1）校内实训基地建设

专业在我校产学研园（工业中心）建立了由"四室一厂"组成的校内实训基地，包括：模具CAD/CAE/CAM实训室、模具拆装与测绘实训室、模具加工与装配实训室、塑料五金产品成型实训室和模具制造与数控加工工厂，基本能满足模具专业课程校内实训需求。在建设期内，需进一步完善"四室一厂"的硬件设施，拓展校内实训基地的功能和性质，把实训室建成"生产性实训基地、企业培训基地和技术研发基地"。在此基础上，专业拟与合作企业"佛山先临三维有限公司"共建"逆向工程与3D打印实训室"，通过一系列校内实训基地建设，满足工业产品从设计、手板、功能验证、模具设计与制造、试模整个研

发流程的实训功能需求。同时也可由企业导师指导学生进行业务实战，培养学生的实践能力和创新创业能力。校内实训基地建设内容具体如表 4-7 所示。

表 4-7　模具设计与制造专业校内实训基地建设计划

序号	名称	可开出课程与实训	主要硬件设备
1	建设西门子原厂认证考点实训室	注射模设计、五金模设计、自动编程、产品造型设计、UG 原厂认证	多媒体一套、电脑 60 台、UG 软件 30 套
2	建设模具及家电产品设计实训室	模具拆装与测绘实训、机械拆装与测绘实训	塑料透明模具、拆装模具、模具标准件演示柜
3	优化改造数控装调实训室	数控系统装调	系统装调实训台
4	改扩建模具制造与数控加工工厂	模具设计制造综合实训、特种加工实训、数控铣考证	数控铣床、电火花成型机、线切割机、
5	新建逆向工程与 3D 打印实训室	产品设计、逆向工程、3D 打印	扫描仪、3D 打印机

（2）工作室建设

本专业已初步建成三个工作室。建设期内建设并完善三个工作室——模具设计与制造工作室、产品研发工作室、逆向工程与 3D 打印工作室的功能和作用，对外服务于中山市乃至珠三角西岸模具行业中小微企业的业务要求。工作室既能作为理论教学场所，又能承接企业项目，开展企业调研，还能满足学生实践能力训练的需要。工作室建设内容具体如表 4-8 所示。

表 4-8　模具设计与制造专业工作室建设计划

序号	名称	建成功能
1	模具设计与制造工作室	服务中山地区中小微企业模具设计与制造需求
2	产品研发工作室	服务中山及珠三角西岸中小微企业家电、机电、机械相关产品结构设计的业务需求
3	逆向工程与 3D 打印工作室	服务中山及珠三角西岸中小微企业产品手板、逆向工程、3D 打印方面的业务需求

（3）校外实训基地建设

本专业目前已有稳定的校外实训基地 8 个，主要承担学生认知实习、创新创业实践、顶岗实习和教师顶岗实践等任务，同时也是开展校企合作的重要场所。建设期内，本专业将通过校企合作，开展专业教学和实践工作，完善"企中校"的建设。完善"东方博达"大学生校外实践教学基地（校级）建设任务。每年新增 1~2 家合作企业，通过学校健全的合作机制，建立联系密切、合作持久的院外实习实训基地。

（四）社会服务能力建设

1. 建立全方位、多维度、立体化的技术服务网络

专业建设牢牢把握专业（群）定位，即"面向模具行业中小微人才与技术服务"，所以专业建设期内，为中小微企业提供技术服务是模具专业的建设重点。

专业所在的中山职业技术学院机电工程学院探索制定"中山市智能制造协同创新中心"的管理制度，规范和推进相关建设工作。"中山市智能制造协同创新中心"下设"中山市现代制造技术研究所""西门子五轴""3D打印技术服务平台"和"智能制造技术服务平台"，并以此为基础打造一个面向个性化、开放式的、以节点来驱动流程的基于互联网+的应用技术研发和社会服务平台，为中山及珠三角西岸模具相关产业中小微企业提供技术服务和支持。模具专业将负责筹建其中的"数控设备维修中心"和"3D打印技术服务平台"。智能制造协同创新中心与专业的3个工作室组成立体服务网络，全方位向中小微企业提供技术服务和支持，技术服务网络建设思路如图4-7所示。

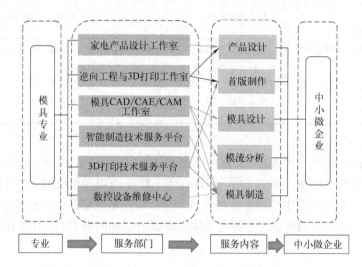

图4-7 模具专业面向中小微企业的技术服务网络建设思路

（1）建立智能制造训练中心

以数控设备维修学习中心为基础建立智能制造训练中心，为中山模具行业中小微企业的设备升级换代、故障维修提供技术服务。项目建成后将以技术服务为先导，在企业中树立良好的口碑和形象，同时逐步扩展服务对象的数量。计划通过学校以及合作企业——北京圣蓝拓数控技术有限公司在业内的影响力以电视、网络等媒体形式向社会进行宣传，将项目进行广泛推广，发展成为公共升级改造、检测服务平台，对生产企业开放技术和服务。不断扩展和提升产品检测能力，为企业提供更加完备的升级改造和检测服务，在企业需要的时候为其提供数控技术和检测方面的人才培训。还可邀请相关生产企业举办技术研讨会，组织专家举办科技咨询。

（2）3D打印技术服务平台

以逆向工程与3D打印学习中心为基础，与佛山先临三维有限公司成立校企合作3D打印研发机构——"逆向工程与3D打印技术服务中心"，为中山及珠三角地区中小微企业提供产品的结构检测服务、逆向工程服务、首版试制服务、异性水路模具型芯服务、型腔快速成型服务。

2. 社会素质教育培训与技能考证

① 建立青少年3D打印素质教育科普基地。以逆向工程与3D打印学习中心为基础建

立科普基地，开展面向中小学和社会人员的 3D 打印素质教育科普培训。

② 对中小微企业员工开展"模具设计师"中级工和高级工考证。建立模具设计工程技术人员考证考点，并一年两次定期向企业人员开展培训和考证。

③ 通过与西门子公司合作建立"西门子原厂认证证书考点"，为中山企业人员开展行业认同感强的西门子原厂认证培训并组织考证。

④ 在原有"数控铣"中高级工考点的基础上，开设"制图员"考点，为中山企业人员提供"制图员中级工"考证。

（五）对外交流与合作

1. 拓展与境外院校合作，促进人才培养国际化

（1）建立学生学习、实习、就业国际化平台

专业主动服务国家"一带一路"倡议，全面加强与职业教育发达的国家和地区的交流与合作。目前，学校与昆山科技大学和朝阳科技大学建立有学生交流机制。通过专业建设，争取与境外高水平职业院校相同专业或相近专业建立合作关系，深入开展教师交流、学分互认等合作关系，共同探讨合作育人机制。力争每年参加境外交流学生占比达 1%以上；有 1 位教师到境外参加交流学习。

（2）提升教师队伍国际化教学能力

与香港职业训练局建立合作关系，开展教师"请进来"和"派出去"双向交流项目，通过请进国际人才开展讲学、指导、科研项目合作等形式，推动教学水平、科研工作的发展；派出校内骨干教师到职训局交流、学习，以跟踪、收集、学习前沿的模具相关专业发展模式为目的，通过参加国际学术会议、交流访问、合作研究、留学等方式，融入国际高职教育的发展，使教师队伍建设达到国际化标准。

2. 以专业建设为抓手，促进课程建设国际化

（1）引进德国机械加工基础互动式培训课程系统

机械加工基础互动式培训课程系统是德国客尼职业技术教育集团与德国 LUK 公司联合开发的产品，包含 13 个学习领域课程和 1 个测试考核模块。每个学习领域课程都是机械加工类专业学生必学的课程，按照企业加工生产流程制定的工作步骤，所涉及的知识点是制造业员工必备的基础技能。软件通过动态图片、精简文字与中文的语音讲解让学生在短时间内掌握所学知识。每个学习领域课程都加入了互动式学习的功能，提高学生的学习乐趣与学习专注度，从而确保学生学习的高效性。

（2）引进西门子 GO PLM 认证系统，拓宽学生国际视野

PLM 认证是西门子工业软件公司在全球推行实施 GO PLM 计划的一个主要内容，是培养、造就和衡量掌握信息技术的新型工科人才的一个重要方法，也是高校在校学生提升自身价值、提高就业质量的一个有效手段。

我专业拟引进西门子公司的 GO PLM 考证系统，主要开展这三个方面的工作：

① 建立与全球先进的数字化设计制造管理技术同步的最新 PLM 系统的教学实践平台；

② 广泛开展 GO PLM 全球认证，组织和举办 Siemens PLM Software 产品 NX 中涉及

CAD/CAM/CAE/PLM 领域的技能认证，师资及相应高等院校学生获取认证资质；

③ 推动与企业的合作，基于企业实际需求，培养实用人才；并向大三学生提供、推荐预就业实践环境。

3. 借助"番-顺-中"三校联盟平台，推进校际交流合作

2015 年 6 月，广州番禺职业技术学院、顺德职业技术学院、中山职业技术学院三校签署了"三校联盟"协议，本专业借助"番-顺-中"三校联盟平台，与广州番禺职业技术学院、顺德职业技术学院模具专业建立合作关系，通过教师互培、学生互派，实现资源共享、优势互补，提升人才培养质量。

五、保障措施与预期成果

（一）经费预算

本项目建设经费来源及预算如表 4-9 所示。

表 4-9 模具专业及相关专业群建设经费来源及预算

单位：万元

建设内容		建设经费来源及预算							
		举办方投入		行业企业投入		其他投入		合计	
		金额	比例/%	金额	比例/%	金额	比例/%	金额	比例/%
合计		400	100%	—	—	—	—	400	100%
1	教育教学改革	24	6%	—	—	—	—	24	6%
2	教师发展	14	3.5%	—	—	—	—	14	3.5%
3	教学条件	6	1.5%	—	—	—	—	6	1.5%
4	社会服务	322	81%	—	—	—	—	322	81%
5	对外交流与合作	6	2%	—	—	—	—	6	2%
6	专业特色	28	7%	—	—	—	—	28	7%

（二）年度安排

本项目建设经费年度安排如表 4-10 所示。

表 4-10 模具专业及相关专业群建设经费年度安排

单位：万元

建设内容		资金预算及来源											合计
		举办方投入				行业企业投入				其他投入			
		第1年	第2年	第3年	小计	第1年	第2年	第3年	小计	第1年	第2年	第3年	小计	
合计		84	186	130	400	—	—	—	—	—	—	—	—	400
1	教育教学改革	8	8	8	24									24

续表

建设内容		资金预算及来源												合计
		举办方投入				行业企业投入				其他投入				
		第1年	第2年	第3年	小计	第1年	第2年	第3年	小计	第1年	第2年	第3年	小计	
2	教师发展	5	5	4	14	—	—	—	—	—	—	—	—	14
3	教学条件	57	159	106	322	—	—	—	—	—	—	—	—	322
4	社会服务	2	2	2	6	—	—	—	—	—	—	—	—	6
5	对外交流与合作	10	10	8	28	—	—	—	—	—	—	—	—	28
6	专业特色	2	2	2	6	—	—	—	—	—	—	—	—	6

（三）建设进度

建设进度安排具体如表4-11所示。

表4-11 模具专业及相关专业群建设

时间	任务	分项任务	标志性成果	级别			
				Ⅰ	Ⅱ	Ⅲ	Ⅳ
第1年	教育教学改革	人才培养机制	建立学分制改革背景下的专业大类课程体系				√
		教学改革	3+2模式高职院校与中职学校协同育人1项				√
		创新创业教育	互联网+竞赛1项并获奖			√	
		学生成长与发展	省级高职院校技能大赛1项并获奖			√	
		质量保证	建立专业自我诊断与改进机制1项				√
	教师发展	激励和约束机制	建立教师发展管理制度				√
		专业带头人	参与企业实践4个月以上				√
		教学团队	教学质量优秀奖3人				√
	专业特色	专业特色	建立"三三制"人才培养模式				√
	教学条件	优质教学资源	校企合作开发使用的校本教材5本				√
		校内实践教学基地	建立"模具与家电产品设计实训室"				√
		校外实践教学基地	校企合作实习基地10家				√
	社会服务	社会服务	开展校企合作产学研项目				√

续表

时间	任务	分项任务	标志性成果	级别			
				Ⅰ	Ⅱ	Ⅲ	Ⅳ
第1年	对外交流与合作	国际视野人才培养	引进西门子原厂认证系统				√
		国内合作交流	学生参加"三校联盟"学校交流学习				√
第2年	教育教学改革	人才培养机制	完善学分制改革				√
		教学改革	高职教育教学改革与实践项目1项			√	
		学生成长与发展	国家级高职院校技能大赛获奖1项		√		
		质量保证	毕业生跟踪调查报告				√
	教师发展	激励和约束机制	建立专业建设的激励和约束机制1项				√
		专业带头人	市级以上科研课题1项				√
		教学团队	信息化大赛、微课比赛或教学比赛获奖1项			√	
	专业特色	专业特色	完善学分制改革背景下人才培养模式改革				√
	教学条件	优质教学资源	国家级规划教材或精品教材1部			√	
		校内实践教学基地	建成"逆向工程与3D打印实训室"				√
		校外实践教学基地	大学生校外实践基地1个				√
	社会服务	社会服务	实用新型专利一项		√		
	对外交流与合作	国内合作交流	与国内国家示范(骨干)高职院校建立良好的合作关系				√
第3年	教育教学改革	人才培养机制	技能大师工作室1间				√
		教学改革	完善学分制改革				√
		创新创业教育	开设创新创业类专门课程				√
		学生成长与发展	广东大学生科技创新项目			√	
	教师发展	激励和约束机制	高层次技能型兼职教师项目1项			√	
		专业带头人	参加教研课题1项				√
		教学团队	引进或培养高级职称教师1名以上				√
	专业特色	专业特色	继续完善学分制改革背景下人才培养模式改革				√
	教学条件	优质教学资源	建设精品在线开放课程4门				√
		校内实践教学基地	建立"智能制造训练中心"				√
		校外实践教学基地	申报校外实践教学基地				√

续表

时间	任务	分项任务	标志性成果	级别 I	II	III	IV
第3年	社会服务	社会服务	校企合作项目				√
	对外交流与合作	国际视野人才培养	学生赴境外交流培养率达1%				√

（四）保障措施

1. 组织和人员保障

建立以主管教学的副校长为组长的高水平专业建设项目领导小组，对项目建设工作实施统一协调、指导、监督，负责协调各方面的工作，督促各执行小组制定项目建设方案、实施方案和年度工作计划，监控、通报项目建设进展情况。本专业建立了以机电工程学院院长为负责人，由模具专业全体专任教师和二位企业兼职专业带头人共同参加的专业建设项目执行小组。该小组按照项目建设方案的要求，编制专业的年度建设实施方案并负责组织实施，以确保专业建设项目高质量按时完成。

2. 经费保障

政府财政对学校高水平专业建设有强劲的经费保障，同时积极争取专业镇、行业企业的支持，确保建设项目的完成。加强建设项目的管理，提高建设资金的使用效率。建设资金主要用于校内实训条件建设、师资队伍建设、课程建设、校外实训基地建设等方面。在专业建设实施过程中，严格执行资金管理办法，实施建设目标管理、绩效评价、建设资金监督审计、建设效益综合评价等制度，确保专业建设整体效益和建设目标的实现。

3. 政策保障及质量控制

专业建设由学校组织专门力量进行统一规划，制定专业建设方案，经省教育厅批准后严格按建设方案执行，确保专业建设质量达到高水平专业建设指标。

（五）预期成果

1. 成为国内一流的模具专业技能人才培养高地

结合对区域产业背景、人才需求以及国内省内同类专业的建设情况分析，探索并逐步完善"三对接三结合三融通"的"三三制"人才培养模式，构建形成具有全国推广意义的模具设计与制造专业人才培养方案、模具专业课程体系、模具专业核心课程标准。以岗位能力和行业标准为依据，校企合作共建5门优质核心课程，校企合作开发特色教材。经过项目期建设，将本专业建成中山地区"发展型、创新型、复合型"技术技能人才培养高地。

2. 建成一支"校企互通、专兼结合"的优秀教学团队

教学团队双师素质教师比例达到90%，聘用模具企业专业人才和技术能手担任兼职教师，使兼职教师承担专业课学时比例达到40%；培养校内外专业带头人各2名，提高专业带头人教学科研、社会服务能力，使其在行业内具有较强影响力；培养具有科技服务能力、资源整合能力的骨干教师5~8名；培养具有较好高职执教能力的青年教师3名和企业兼职教师 15 名，力争在建设期内打造出一个结构更加合理的"校企互通、专兼结合"的优秀教学团队。

3. 建成"中山市智能制造协同创新中心"，为企业技术服务、转型升级和专业卓越人才培养搭建平台

探索建立"中山市智能制造协同创新中心"，下设"中山市现代制造技术研究所""西门子技术应用中心""3D 打印技术服务平台"和"智能制造技术服务平台"，计划以此为基础打造一个基于互联网+的应用技术和社会服务平台，为模具行业和装备制造业中小微企业提供非标准、个性化定制创意产品、工艺设计、产品模型生产、复杂模具工件的加工服务。"创新中心"不但可以为企业提供技术服务和支持，还通过组织学习兴趣高的学生进入工作室，再在工作室内选拔优秀学员进入对外服务中心的方式为专业卓越人才的培养搭建平台

4. 全面提升社会服务能力

（1）面向中小微企业的技术服务能力大幅提升

专业依托"三室"，即"家电产品设计工作室""模具 CAD/CAE/CAM 工作室"和"饰品设计与 3D 打印工作室"；"二中心"，即"3D 打印技术服务中心""数控设备维修中心"，为珠三角西岸模具行业中小微企业提供产品设计、首版制作、结构论证、模具设计、模流分析、模具制造等方面的技术服务。

（2）面向社会的技术培训、考证服务等工作有序开展

经过建设期的努力建设，模具专业教学条件和教学队伍的教学水平得到大幅提升，专业将充分利用这些优质师资面向社会进行模具及装备制造业相关领域的技术培训。建设期内，专业将在原有"数控铣中高级工"考点基础上，与国家轻工部联合建立"模具设计师（模具设计工程技术人员）"中高级工中山职业技术学院考点，与西门子公司合作建立"UG 应用西门子原厂认证"考点，帮助业内人士获得国家人社部认可的职业资格证书。

（六）辐射带动作用

1. 促进产学合作和地方经济发展

建设期间，通过对公共技术服务平台的建设，为中山市及珠三角地区相关企业提供良好的技术创新、技术咨询服务，促进产学合作和地方经济发展。

2. 提升中山地区人力资源素质

充分发挥技术服务平台、共享型教学资源库等建设项目的作用，完成相关职业培训，全面提升地区人力资源素质。

3. 带动校内、市内、省内其他专业建设

模具设计与制造专业"三对接三结合三融通"的"三三制"动态调整人才培养模式的创新和人才培养质量的提升，可为校内、市内、省内、国内其他高职院校在专业建设、师资队伍建设、人才培养模式创新、拓展社会服务等方面提供示范作用，促进职业教育办学水平和质量的全面提高。

第五章
广东省高职院校高水平专业群
——电梯工程技术专业群建设研究

一、建设背景

(一) 产业发展现状

1. 电梯产业被纳入国家战略,成为高端装备制造业的重要部分

电梯工程技术专业群直接面向先进制造业中的电梯产业,并兼顾其他高端装备制造业。随着《国家新型城镇化规划》《中国制造 2025》等国家战略的实施,电梯作为城镇化建设中的必需设备,每年以 15% 以上的平均速度增长。加上现代科技在生产、制造、装调、维保等环节的广泛应用,电梯产业已具备了技术密集、附加值高、成长空间大、带动作用强等突出特点,成为高端装备制造业的重要组成部分。

2. 电梯产业持续高增长,行业人才缺口大

目前,我国电梯整机生产量和在用电梯数量都已跃居世界第一。2020 年,全国电梯保有量已超过 780 万台,而且处于逐年递增阶段(图 5-1),表征着电梯产业将维持较长时期的高增长态势。与此同时,产业人才的刚需急剧增长。公开资料显示,我国目前从事电梯安装调试和维修保养岗位的专业人员缺口达到 50 万以上。

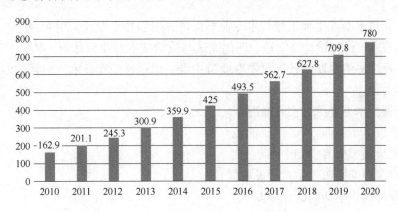

图 5-1 2010—2020 年中国电梯保有量情况(万台)

（二）产业发展新趋势

我国电梯行业逐渐进入"智慧电梯"新时代，及时转型、快速升级已经成为传统电梯产业未来发展必须要面临的新趋势。

1. 电梯制造过程不断智能化

智能化将成为电梯企业转型升级的方向。电梯企业需要对现有生产设备及技术进行升级改造，探索电梯领域智能化设计、智能制造生产线及工厂的建设，让电梯产品在智慧化、自动化、智能装备领域得到更大的发展空间。

2. 电梯产品功能不断智慧化

集 GPRS 与 LORA 电梯远程控制、电梯运行状态数据传输及执行云端服务器指令为一体，可通过手机端对电梯楼层、位置、状态、是否有乘客等信息进行实时监测、精准感知，使电梯产品功能不断智慧化。

3. 电梯安装维修和检验检测不断自动化

在电梯安装、调试过程中，引入机器人辅助安装、维修，提高安装质量的稳定性和一致性，可降低安装的安全风险，提高工作效率，带来了电梯装调检测不断自动化的趋势。

4. 电梯监督管理和应急处置不断信息化

通过电梯内的传感器、摄像头，采集数据，在云端建立算法和模型，对数据进行存储、检索和计算，可实时对电梯进行安全体检和打分，从而实现电梯全生命周期的智慧化管理。

5. 安全、绿色成为电梯产业发展新趋势

随着人民对美好生活需要的不断增长，未来电梯产业及其他高端装备制造业将日趋安全、绿色和人文。2022 年 7 月 1 日起施行的 GB/T 7588—2020《电梯制造与安装安全规范》对电梯的安全运行提出了更高要求；推广"绿色电梯"，做好电梯节能降耗，成为我国建设环保节约型社会、促进可持续发展的重要举措。

二、建设基础

（一）综合实力

中山职业技术学院电梯工程技术专业群以电梯工程技术专业为引领，机电一体化技术、电气自动化技术、机械设计与制造、理化测试与质检技术专业为骨干，电梯工程技术专业群作为第一批广东省高职院校高水平专业群中唯一以电梯工程技术为引领的专业群，群内专业综合实力强。

电梯工程技术专业综合实力概况：
- 国家级骨干专业
- 国家级虚拟仿真实训中心
- 国家级教学资源库主持建设单位
- 教育部现代学徒制试点专业
- 中央财政支持的实训基地

- 广东省高职院校首批重点专业
- 广东省高职院校首批一类品牌专业
- 广东省示范性高职院校重点建设专业
- 广东省一流校重点建设专业
- 广东省高职院校优秀教学团队
- 广东省电梯工程技术专业教学资源库主持建设单位
- 广东省大学生校外实践教学基地建设单位
- "一带一路"暨金砖国家技能发展与技术创新大赛承办单位
- 广东省职业院校技能大赛承办单位
- 广东省职业院校教师素质提高计划项目承担单位

机电一体化技术专业综合实力概况：
- 国家级骨干专业
- 国家级智能制造协同创新中心
- 广东省高职院校二类品牌专业
- 广东省一流校重点建设专业
- 广东省职业院校技能大赛承办单位
- 广东省现代学徒制试点专业
- 广东省2+2高本衔接协同育人专业
- 广东省高等职业教育实训基地
- 广东省大学生校外实践教学基地建设单位

电气自动化技术专业综合实力概况：
- 中央财政支持的重点专业
- 广东省2+2高本衔接协同育人专业
- 广东省大学生校外实践教学基地建设单位
- 广东省蓝桥杯大赛承办单位

机械设计与制造专业综合实力概况：
- 全国职业院校技能大赛承办单位
- 广东省高等职业教育实训基地
- 广东省职业院校技能大赛承办单位
- 广东省大学生校外实践教学基地建设单位
- 国务院政府特殊津贴1人
- 全国技术能手4人
- 全国优秀教师1名

理化测试与质检技术专业综合实力概况：
- 全国高校无损检测专业教育研讨会承办单位
- 广东省现代学徒制试点专业
- 广东省职工职业技能大赛承办单位

本专业群在全国和省内的综合实力排名情况如图5-2所示。

排名	高校名称	学校数
1	杭州职业技术学院	94
2	湖南电气职业技术学院	94
3	中山职业技术学院	94
4	湖北水利水电职业技术学院	94
5	江苏电子信息职业学院	94
6	四川建筑职业技术学院	94
7	重庆能源职业学院	94
8	天津国土资源和房屋职业学院	94
9	济南职业学院	94
10	广州东华职业学院	94

图 5-2　2023 年本专业在全国的排名情况

资料来源：教育网

本专业群在省内的综合实力排名情况如表 5-1 所示。

表 5-1　专业群在广东省内的综合实力排名情况

专业代码	专业名称	高校名称	专业排名	开设高校数	水平等级	水平	位次比	地区	地区序
560308	电梯工程技术	中山职业技术学院	6	97	4★	优秀	6.19%	广东	1

（二）优势和特色

1. 专业群立足国家电梯特色产业基地，产业环境优越

中山市目前集聚了以蒂升电梯、三菱电梯两大世界五百强企业为龙头的电梯整梯及配套企业 60 余家，形成了电梯产业集聚发展的格局。中山市电梯产业形成了比较完整的电梯整机和配件制造体系，是全国三大电梯产业集聚区之一，获评为国家火炬计划中山电梯特色产业基地。

2. 专业群获得一大批国家级项目立项，办学成果丰硕

学校是国家电梯工程技术专业教学资源库建设第一主持单位，群内电梯工程技术专业和机电一体化专业是国家骨干专业，拥有国家级"电梯工程技术专业虚拟仿真实训中心"和"智能制造协同创新中心"，承接教育部现代学徒制试点、"一带一路"及金砖国家技能发展国际联盟等项目，《依托专业镇创办产业学院构建校企合作育人长效机制》等 3 项教学成果均获得国家教学成果二等奖。

3. 专业群拥有全国优秀教师技术能手，成为师资楷模

专业群拥有全国优秀教师、全国技术能手、全国优秀指导教师、南粤优秀教师、广东省"特支计划"教学名师、广东省教学名师、广东省优秀教学团队、广东省"千百十工程"人才培养对象、广东省领军人才等称号教师多名，成为专业群内教师的学习楷模。

4. 专业群培养全面发展的德技双优学生，人才质量显著提升

学生参加国际、国家级和省级等各类技能竞赛成绩显著（表 5-2）。先后多次承办国家、省、市电梯技能竞赛，成为广东省一类技能竞赛指定承办单位。

麦可思公司对毕业生调查分析报告显示，毕业生就业对口率连续三年居全校前列，毕业生对母校的满意度达到100%，对母校的推荐度达到95%，连续三年就业率达到100%。

多名学生被中国工程物理研究院录取为在编正式员工，专业群学生获评广东省高职院校唯一的"2017年广东大学生年度人物"。毕业生周建文勇于挑战国家重点项目，带领团队完成了港珠澳大桥中直梯、扶梯的安装工作。

表5-2 近三年专业群金砖国家、国家级、省级技能竞赛成绩

专业名称	金砖国家竞赛奖励			国家级奖励			省级奖励			专业小计
	一等	二等	三等	一等	二等	三等	一等	二等	三等	
电梯工程技术	1	1	3	1		2	4	5	4	21
机电一体化技术		3			1		4	4	2	14
电气自动化技术		2			2	2	7	4	3	20
机械设计与制造		4	1	2			6	7	5	35
理化测试与质检技术			1		2	1				4
奖项合计	1	10	5	3	10	9	21	20	15	94

5. 专业群探索混合所有制办学新模式，体制机制灵活

通过镇、校、行、企合作，由中山市人民政府南区办事处、中山职业技术学院、中国建筑科学研究院建筑机械化研究分院、广东不止实业投资有限公司以股份制方式，成立"中山南区电梯工程研究院有限公司"，在区域高职院校中率先探索混合所有制办学，创新了多方参与、共同建设、协同育人的体制机制。

6. 专业群创办高职院校特色产业学院，产教深度融合

由学校主导，镇、校、企、行联合创办了理事会形式的产业学院——"南区电梯学院"和"中德智能制造学院"。在两个产业学院建成了产教融合型的教学工场，成为"双元制"办学的重要抓手。依托教育部的试点项目，完成了具有行业特色的现代学徒制人才培养模式改革探索。

（三）主要成果

电梯工程技术专业群先后获得国家教学成果奖、国家专业教学资源库、国家虚拟仿真实训中心、国家骨干专业、教育部第二批现代学徒制试点专业、国家级智能制造协同创新中心等一批标志性成果（表5-3）。

表5-3 电梯工程技术专业群成果

序号	类别	项目名称	国家级	省级
1	专业群建设成果	国家级教学成果奖（第一完成单位）	3项	
2		国家级专业教学资源库建设项目（第一主持单位）	1个	
3		国家骨干专业	2个	
4		国家级虚拟仿真实训中心	1个	

续表

序号	类别	项目名称	国家级	省级
5	专业群建设成果	国家级智能制造协同创新中心	1个	
6		教育部"第二批现代学徒制试点专业"（已顺利结题）	1个	
7		中央财政专项资金重点支持建设专业	1个	
8		中央财政专项资金重点支持建设实训基地	1个	
9		广东省首批重点专业		1个
10		广东省第一批一类品牌建设专业		1个
11		广东省第一批二类品牌建设专业		1个
12		广东省一流高校重点建设专业		2个
13		广东省专业教学标准		1个
14		广东省实训基地		2个
15		省级大学生校外实践教学基地		3个
16		国家精品课程	1门	
17		省级精品课程		2门
18	承办竞赛成果	承办全国职业院校技能大赛高职组"数控机床装调与技术改造"赛项	1项	
19		承办2019"一带一路"暨金砖国家技能发展与技术创新大赛之电梯安装维修技术赛项	1项	
20		承办中国模具工业协会主办的全国职业院校技能大赛学生组"模具数字化设计"技能大赛	1项	
21		承办2018年广东省数控铣工、模具工、焊接工（技师级）职业技能竞赛		1项
22	创新创业教育成果	学校获得"全国高等学校创新创业教育改革特色典型经验高校"称号	1项	
23		获得第三届中国"互联网+"大学生创新创业大赛微视频全国三等奖	1项	
24		学校获得"2008—2017年全国职业院校创业技能大赛突出贡献单位"称号	1个	
25	教学团队成果	全国优秀教师	1人	
26		全国技术能手	4人	
27		全国优秀指导教师	3人	
28		荣获"广东省优秀教学团队"称号		1项
29		广东省高等学校教学名师、省南粤优秀教师		1人
30		教师参加2018年中国技能大赛第二届全国智能制造应用技术技能大赛（教师组）	国赛3人	省赛3人
31		教师参加2019年中国技能大赛第三届全国智能制造应用技术技能大赛（教师组）	国赛3人	

续表

序号	类别	项目名称	国家级	省级
32	教学团队成果	教师参加2014年中国技能大赛——第六届全国数控技能大赛高职组（师生组）项目	国赛1人	省赛1人
33		广东省技术能手		1人
34		广东省技能大赛"优秀指导教师"		2人
35		广东省"特支计划"教学名师		1人
36		广东省"千百十工程"人才培养对象		2人
37		广东省农业科技特派员		4人
38		广东省职业院校信息化教学大赛一等奖		2项
39		广东省职业院校信息化教学大赛二等奖		3项
40		广东省职业院校信息化教学大赛三等奖		3项
41		教师参加全国技能大赛广东省选拔赛获得第一名		1人
42		教师参加全国技能大赛广东省选拔赛获得第二名		1人
43		广东省教育厅科研项目		1项
44		省级以上教研课题		2项
45		申请国家发明和实用新型专利	30余项	

（四）支撑条件

专业群在体制机制、办学条件、师资水平、教学改革、科研服务等方面基础雄厚（表5-4），为专业群发展提供了有力支撑。

表5-4 电梯工程技术专业群支撑条件

支撑条件		技术指标
体制机制	理事会形式专业镇产业学院/个	2
办学条件	年办学经费/万元	6000
	建筑面积/m^2	80000
	实训场所面积/m^2	23000
	仪器设备总值/万元	9000
	中央财政支持实训基地/个	1
	校外实训教学基地/个	105
	数字化教学资源总量/GB	500
师资水平	专任教师/人	80
	硕士及以上学位/人	35
	副高级及以上职称/人	37
	"双师型"教师比例/%	90
	兼职教师/人	94

续表

支撑条件		技术指标
教育教学改革	国家骨干专业/个	2
	省级重点专业/个	2
	网络课程门数/门	42
	产学合作企业数/个	360
科研与服务	申报专利/项	185
	科研立项课题/项	172
	教研立项课题/项	58
	社会服务与培训/（人次/年）	800

三、建设目标

（一）专业群与省外标杆专业群的差距

与首批中国特色高水平高职学校和专业建设单位杭州职业技术学院电梯工程技术专业群相比，本专业群在实践教学基地建设、社会服务方面存在一定差距（表5-5）。

表5-5 省外同类标杆专业群比较

标志性成果比较	杭州职业技术学院电梯工程技术专业群	中山职业技术学院电梯工程技术专业群
专业建设	立项为国家高水平专业群建设单位，国家级骨干专业1个	国家级骨干专业2个，省级品牌专业2个
教学成果	国家级教学成果2项，国家级教学资源库1项，教育部第2批现代学徒制试点单位	国家级教学成果3项，国家级教学资源库1项（主持），教育部第2批现代学徒制试点单位
精品课程	国家级精品课程1门	国家级精品课程1门
技能大赛	获全国职业院校技能大赛二等奖4项，三等奖5项	职业院校技能大赛承办1项；获全国职业院校技能大赛一等奖2项，二等奖5项，三等奖8项
教学团队	全国技术能手1名	全国技术能手4名，全国优秀教师1名
体制机制	产业学院1个	产业学院2个
实践教学基地	国家级生产性实训基地2个，国家级协同创新中心1个	国家级虚拟仿真实训中心1个，国家级协同创新中心1个，中央财政支持的实训基地1个
社会服务	国家职业标准起草单位、国家级科研成果奖、国家级师资培训基地	无

（二）重点建设领域

立足国家火炬计划中山电梯特色产业基地，聚焦广东电梯产业链，对标国家先进装备制造业发展战略，联合韩国升降机大学，共建国际电梯学院，创新多元主体育人体制，推动专业群高水平协同建设，促进专业群高质量融合发展，打造地方产业急需、同行高度认可、国际值得借鉴的高素质技术技能人才培养高地。

到2025年底，形成以企业间大循环为主体、校企间双循环相互促进的"四方协同、三区联动、双向交替、一加多证"人才培养模式，构建"平台共享、专业分流、项目贯穿、课证融通"的模块化课程体系，开发国家级职业教育精品在线开放课程、立体化活页式工作手册式教材学材，建成国家专业教学资源库、国家虚拟仿真实训中心，以线上线下混合式教法改革创新推进"三教改革"、推动"课堂革命"，实施"丰羽、展翅、腾飞、助翔"四大工程打造高水平教师教学创新团队，建成满足"双基""双创""双技""双职"人才培养需要的实训基地，围绕"工作室""双中心"建设搭建可实现产品研发、成果转化、社会服务于一体的技术技能平台，通过"三基地"共建，推动形成国际化合作范式。最终将专业群建成地方产业急需、省内领先、同行高度认可、国内知名、国际有影响力的高素质技术技能人才培养高地，成为国内同类专业群的标杆，在入围国家第二批高水平专业群的同时，将群内专业升格为本科层次职业教育。

到2035年，建成产教深度融合、体制机制创新、培养模式领先、课程体系完善、教学资源优质、师资团队卓越、服务平台先进，特色鲜明、水平一流的电梯工程技术专业群，形成一批引领高职教育改革、支撑专业群体发展的职教品牌，使之达到国内领先、国际知名，为世界职业教育发展提供"中国方案"。

（三）具体建设目标

1. 构筑电梯产业人才培养新高地

面向粤港澳大湾区先进制造业，立足中山南区电梯产业基地和三角镇智能制造产业基地，建立以创新能力为本的专业群人才培养模式，建成能够满足电梯产业转型升级、技术创新需要的创新型、复合型和应用型高素质技术技能人才输出高地；通过四大工程实施，建成拥有荟萃教学名师、企业能手的教师教学创新团队。

2. 建立国际电梯学院运行新机制

在理事会形式的中山职业技术学院南区电梯学院基础上，创新产业学院的董事会形式，通过政、校、行、企深度合作，联合韩国升降机大学，成立中山职业技术学院南区国际电梯学院，形成产业学院管理运行新机制。

3. 建成电梯工程技术领域新资源

依托电梯工程技术专业国家级教学资源库项目，通过视频、仿真软件、微课、动画等多种表现形式，囊括企业案例、国家标准、职业标准、行业标准，建成不少于15000条颗粒化素材资源，能满足10000人同时在线学习的电梯工程技术类全方位、立体化、数字型教学资源，为企业培训、学校教学、产品研发等提供技术和服务支持。

4. 打造技术技能创新服务新平台

在国家级"中山市智能制造协同创新中心"的基础上，通过"广东省工程技术研究中心""广东省技能大师工作室"的建设，打造专业群公共技术技能创新服务平台，为珠江西岸制造企业的产品智能化设计、智能制造创新创业等提供一站式服务；完善"特种设备检验检测服务中心"，建立"珠江西岸西门子智能控制训练中心"，为院校师资培训、企业员工技能提升、社会科普教育等提供优质服务。

5. 贡献服务国际合作交流新示范

通过共建"境外人才培养培训基地""国际职业资格培训中心"，为专业群教师国际交流、培训，学生国际视野培养等提供保障，形成示范效应。专业群20%的教师有国际交流与培训经验，15%以上的专任教师拥有国际证照，15%以上的学生能获取国际职业资格认证。

四、建设任务

（一）专业群人才培养模式创新

为满足电梯产业在不断迈向智能化、智慧化、自动化、信息化的过程中对创新型、复合型、应用型高素质技术技能人才的需要，专业群必须创新能力为本的"四方协同、三区联动、双向交替、一加多证"人才培养模式（图5-3），继续完善具有行业特色的现代学徒制。

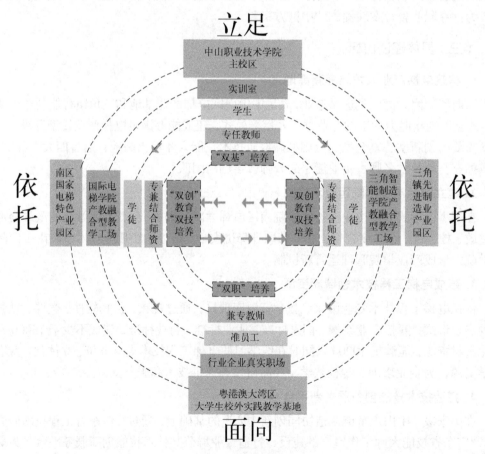

图5-3 "四方协同、三区联动、双向交替、一加多证"人才培养体系

1. 完善"四方协同"的多元主体办学体制

通过深化"镇、校、企、行"合作，分别在中山南区国家电梯特色产业园区和三角镇先进装备制造产业园区，在理事会形式产业学院的基础上，探索组建董事会形式的南区国际电梯学院、三角智能制造学院，进一步创新办学体制机制，共建产教融合型生产性教学工场，完善"四方协同"的多元主体办学体制。

2. 构建"三区联动"的人才培养体系

立足"主校区"，依托"产业园区"，面向"粤港澳大湾区"，构建"三区联动"的人才培养体系，培养创新型技术技能人才。

（1）立足主校区，加强"双基"培养

在中山职业技术学院主校区，利用虚拟仿真实训中心和生产性实训中心，对学生进行设计、加工、操作、编程等基本能力的培养；围绕 6S 管理要求，对学生进行基本素养培育。

（2）依托产业园区，加强"双创""双技"培养

专业群学生以学徒身份分别进入南区电梯学院、三角智能制造学院，结合产业园区企业实际，以"企业管理""市场营销""就业创业指导"等课程及创新创业大赛为抓手，开展"双创"教育。

在南区电梯学院、三角智能制造学院，以操作活页、工作手册为教材、学材，以教学工场为学习场所，围绕机电设备安装调试、维护维修、检验检测、控制系统装调、生产线系统装调、物联网应用和工业机器人技术应用等学习内容，对学生进行专业技术能力、专业技术素养的培养，为进入相关职业岗位储备职业能力、职业素质。

（3）面向粤港澳大湾区行业企业，加强"双职"培养

专业群学生以准员工身份进入粤港澳大湾区先进制造行业、企业进行顶岗实习，以真实职业现场为"教室"，以真实职业岗位为"课堂"，以真实图纸为"教材（学材）"，加强学生相关职业能力培养，进一步提升分析问题、解决问题的能力；以"爱岗敬业、敢于担当、勇于奉献、精益求精"等工匠精神为核心内容，加强学生相关职业素养培养。

3. 实现工与学"双向"交替

在"双基""双创""双技""双职"的培养过程中，以生产过程项目为导向，以典型工作任务为驱动，通过三区联动、理实结合、学做一体等手段，以企业间大循环为主体、校企间双循环相互促进的人才培养体系，实现工与学的双向交替，培养应用型技术技能人才。

4. 探索"1 加多证"试点

依据专业群各专业职业标准，与电梯产业相关企业合作，探索本专业群"1+X"证书制度改革思路（图 5-4），将"1+X"证书制度有机融入专业群人才培养方案，鼓励专业群学生积极取

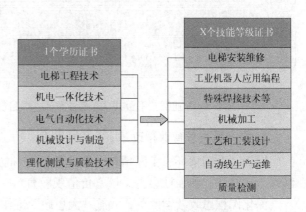

图 5-4　"1+X"证书对应关系

得多类职业技能等级证书，拓展就业创业本领，培养复合型技术技能人才，力争获全国职院校技能大赛奖励5项以上。

（二）课程与教学资源建设

为适应"四方协同、三区联动、双向交替、一加多证"人才培养模式改革的需要，必须加强多元化教学资源建设。

1. 构建模块化课程体系

首先，面向电梯产业链，深入电梯行业企业进行供需调研，掌握产业结构发展现状及趋势，明确人才的需求状况与要求，确定专业群人才培养目标与规格。其次，进行职业能力分析，针对电梯工程技术岗位群的能力要求，结合国家职业标准，确定电梯工程技术专业群课程架构。第三，构建"平台共享，专业分流，项目贯穿，课证融通"的模块化课程体系（图5-5），并将思想政治教育、创新创业教育、职业道德素养教育全方位融入其中。第四，开发电梯工程技术专业群人才培养方案、课程标准。

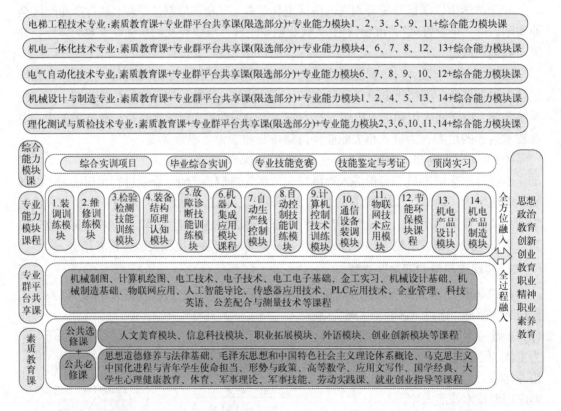

图5-5 专业群"平台共享，专业分流，项目贯穿，课证融通"模块化课程体系

2. 推行素质教育课程改革

围绕"爱国情怀、工匠精神、职业道德"，推行素质教育课程改革。开好素质教育必修课、选修课，加强社会主义核心价值观教育。

深化课程思政教学改革，实施"大思政"工作队伍，全员、全域、全方位、全过程育人,拟建20门"课程思政"示范课程;8门以上"课程思政"示范课(表5-6)。

以全面推行"6S管理"为抓手,将工匠精神和职业素质培育纳入人才培养方案;以培养学生创新精神和实践能力为重点,尊重学生身心发展特点和教育规律,推动社会主义核心价值观内化于心、外化于行,学生普遍树立正确价值观;素质教育自觉性凸显,普遍形成正确的教育观、质量观和人才观,学生可持续发展能力显著增强。

表5-6 专业群拟建课程思政示范课

序号	专业	拟建"课程思政"课程名称
1	电梯工程技术	电梯零部件设计等课程
2	机电一体化	工业机器人应用技术等课程
3	电气自动化	单片机应用技术等课程
4	机械设计与制造	数控加工自动编程与操作等课程
5	理化测试与质检技术	现代先进检测技术等课程
6	专业群平台共享课	机械制图等课程

3. 完善国家专业教学资源库

开发10000分钟的视频资源,建成1套三维仿真实训教学软件,350个微课,3000个动画,完成100个电梯企业案例,汇集10个国家标准、职业标准、行业标准,建成15000条颗粒化素材资源,其中非文本资源达到8000条以上,占比达到53%。

实现线上和线下教学,建成6门以上电梯企业培训课程和电梯行业职业工种培训包,资源年度更新率超过10%,满足10000人同时在线,最大限度地提升资源库的利用率,最终建成满足能学辅教、行业特色鲜明的电梯工程技术专业教学资源库。

4. 建成一批职业教育精品在线开放课

做好精品在线开放课程规划,制定课程建设方案;将互联网+、大数据、虚拟现实、人工智能等现代信息技术手段与课堂教学深度融合,校企合作共建共享一批企业培训资源包;完善校级精品在线开放课程的各项资源,推进虚拟仿真等教学资源建设,建成线上线下相融通的优质在线开放课程15门,建成国家级或省级精品在线开放课程3门,不断提升信息化教学水平。

(三)教材与教法改革

为适应"四方协同、三区联动、双向交替、一加多证"人才培养模式改革的需要,校企双元系统开发新形态教材,助推以学生为中心、学习成果为导向、自主学习的转变。

1. 教材、学材改革

做好教材、学材改革规划,制定教材、学材建设方案;根据电梯产业技术水平和专业群职业资格标准,融合工匠文化和职业精神,打破学科体系、知识本位束缚,聚焦课程对应的电梯产业典型岗位,融合产业新知识、新技术、新方法,开发建设一批活页式、工作手册式、融媒体式等新型教材(表5-7)。

表 5-7 教材/专著编写

序号	教材名称	形式	适用教学区	合作企业
1	3D建模技术	规划教材	主校区+产业园区	美迪斯智能装备有限公司
2	高职教育专业建设发展的实践与探索研究	专著	全国	中山市电梯行业协会
3	高职教育人才培养体系的改革与创新研究	专著	全国	中山市电梯行业协会
4	智能制造单元PLC控制技术	项目式学材	主校区	广州超远机电科技有限公司
5	模拟电子技术	融媒体式学材	主校区	广东国哲自动化设备有限公司
6	产品先进检测技术	项目式学材	主校区	广东省特种设备检测院
7	电梯控制技术	项目式学材	主校区	美迪斯智能装备有限公司
8	液压与气动技术	活页式学材	主校区	中山市奥斯精工机械科技有限公司
9	智能制造单元生产与管控技术	活页式学材	产业园区	广州超远机电科技有限公司
10	PLC应用技术	活页式学材	产业园区	广东硕泰智能装备有限公司
11	自动化生产线安装与调试	活页式学材	产业园区	广东硕泰智能装备有限公司
12	基于大数据电梯检测	活页式学材	产业园区	帕博检测技术服务有限公司
13	电梯电气技术基础	活页式教材	产业园区	中山天达电梯科技有限公司
14	单片机应用技术	工作手册式立体化学材	产业园区	明阳智慧能源集团股份公司
15	电梯维护与维修	工作手册式立体化学材	产业园区	美迪斯智能装备有限公司

2. 教法、学法改革

（1）践行课程思政

将思想政治教育元素等融入多门专业课程中，实现电梯专业群课程与思想政治理论课的同向同行，实现协同育人，即实现知识传授、价值塑造和专业能力培养的多元统一。

以课程思政示范课带动教学改革，鼓励教师加大课程思政开发力度，制订新课标，开发新课件，撰写新教案，将课程思政融入专业教学，贯穿于教育教学全过程，实现课课有思政，人人讲思政。培育2个高水平课程思政示范课堂、2个课程思政教育案例。

（2）实施线上线下混合式教法与学法改革

专业群依托国家级专业教学资源库、职业教育精品在线开放课程、虚拟仿真实训中心、工作手册式立体化教材、学材等资源，校企合作推进10门课程实施线上线下混合式教法改革，引导学生开展自主学习、探究学习、泛在学习，实现课程"全天候"服务学生学习。

（3）以6S实施推动课堂革命并形成典型案例

以6S实施推动职业教育观念上的革命。通过学生参加实训基地、教室、工作室、宿舍等学习与生活场所的6S实践活动，促进校园以学生为中心、教室以学生为中心、学习以学生为中心的理念。

以6S实施推动职业教育技术上的革命。通过互联网、大数据等信息技术对专业群所有教学场所进行 6S 管理，促进了职业教育在教学场所管理方面的革命。

以 6S 实施推动职业教育师生行为的革命。专业群学生 3 年校园生活，无论是生活场景，还是学习场景，一律实施 6S 管理，必然会促进 6S 理念深入人心，对学生一生的行为在安全、规范、有序的方面产生深远影响。

（四）教师教学创新团队

为适应"四方协同、三区联动、双向交替、一加多证"人才培养模式改革的需要，必须坚持以师德建设为引领，以"四有好老师"和"四个引领人"为标准，把双师型教师教学创新团队建设作为电梯工程技术专业群建设的优先战略，在"广东省优秀教学团队"和"校级科研创新团队"的基础上，通过实施"丰羽、展翅、腾飞、助翔"教师培育四大工程，从而打造出一支年龄上"老中青"相结合、职称上"高中初"相匹配、业务上"产学研"相融合、能力上"说写做"一体化的高水平专业群卓越教师教学创新团队。如表 5-8 所示。

表 5-8 电梯工程技术专业群教师教学创新团队建设规划

类型	名称	数量	级别
丰羽工程	访问学者	2 人	国家级
	教学能力大赛获奖	2 项	省级
	博士	10 人	/
展翅工程	技能大赛获奖	1 项	国家级
	技术技能大师	1 人	省级以上
	荣誉称号	2 人	省级以上
腾飞工程	专业群带头人	1 人	/
	特聘教授	1 人	/
	教学名师	1 人	省级以上
	技能大师工作室	2 个	市级以上
助翔工程	高层次技能型兼职教师	1 人	省级以上
	企业技术能手	5 人	/

1. 实施"丰羽工程"，全面提升青年教师教学与创新能力

以专业成长与创新精神为核心，在教师中大力倡导"奉献、进取、协作、实干精神"；实施新入职教师先培训后上岗制度，强化"校内+校外"相结合的岗前培训；实行传帮带，指导青年教师制定实施职业发展规划。依托专业群工程技术研发中心等平台，指导青年教师参加科研、教学和实践锻炼，着力提升青年教师教学和科技服务能力、创新能力、创业能力；选派 2 名优秀青年教师参加国内外访问学者、省级青年骨干教师、省级学科带头人等项目的遴选培养；培养 3 名以上教师参加省级以上技能大赛并获奖 1 项以上，新增博士 10 人以上。

2. 实施"展翅工程"，培养技术精湛的"双师型"骨干教师

以各类工作室、国内外师资培训基地为依托，以教学能力大赛、骨干教师周期性全员企业实践、轮训机制等为抓手,加强专业群骨干教师的改革能力、教研能力、科研能力、操作能力、服务能力、信息化水平、国际化视野、高职教育理念等培养,打造出一批教学能手、教学专家、领军人才、技术能手、研究专家,培育一批行业、职教领域领军人物、技术技能大师。

3. 实施"腾飞工程",培育专业群带头人

柔性引进、培养名师大师,建设名师大师工作室。打造名师、大师队伍,形成高层次"教练型"教师团队和"专家型"教师研究群体。选聘把握行业发展方向、掌握新技术和新工艺的企业专家,建立2个"技术技能大师、名师工作室"。

实施"1+1"培育制。建立企业专业带头人和校内专业带头人开展专业建设的双专业带头人制。通过柔性引进政策,以"特聘教授"方式,聘请中国电梯协会理事长作为专业群教师教学创新团队的兼职带头人,进一步增强专业群在电梯行业中的影响力和话语权。

4. 实施"助翔工程",融聚企业优秀人才

吸引一批企业行业领军人才、技术骨干、技术能手、能工巧匠进驻学校,作为专业群兼职教师,助力教师教学创新团队发展,在承担专业课、创新创业课、职业生涯发展规划课等课程教学工作的同时,以特有的企业经验和最前沿技术,与专任教师共同开展科研创新、产品研发、项目开发等工作。

(五)实践教学基地

通过"主校区"实训室、"产业园区"教学工场、"大湾区"实践教学基地的建设与完善,建成广东省大学生校外实践教学基地1处,省级科研创新平台1个,建设大师工作室或名师工作室6个,实践教学基地达到高水平专业化产教融合实训基地水平。满足"四方协同、三区联动、双向交替、一加多证"人才培养模式改革的需要。

专业群校内外实践教学基地如图5-6所示。

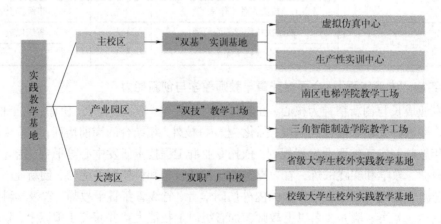

图5-6 专业群校内外实践教学基地

1. 建成主校区"双基"实训基地

通过完善建设虚拟仿真中心和生产性实训中心(表5-9),建成主校区"双基"实训基

地，满足学生"基本能力、基本素养"培养的需要。

表 5-9　主校区"双基"实训基地建设

序号	类别	名称	功能	服务专业
1	虚拟仿真中心	先进技术虚拟仿真实训室	拓展更多品牌机器人仿真功能，实现机器人系统的开发能力升级，满足更多师生多样化教与学的需要	专业群内各专业
2		智能制造应用技术仿真实训室	面向专业群可开展智能制造相关课程的教学、实训、考核及相应的技能竞赛训练	
6	生产性实训中心	机械设计制造 1+X 考证培训实训室	用于群内相关专业机械设计及制造方面的 1+X 的考证与培训	专业群内各专业
7		工程制图 1+X 考证培训实训室	用于群内相关专业工程制图方面的 1+X 的考证与培训	
8		智能制造技术考证与培训实训室	实现自动化生产线开发能力升级，最大限度满足专业群内师生多样化教与学的需要	

2. 建成产业园区"双技"教学工场

通过完善建设南区电梯学院和中德智能制造学院教学设施，建成产业园区"双技"教学工场（表 5-10），满足学生"专业技术能力、专业技术素养"培养的需要。

表 5-10　产业园区"双技"教学工场建设

序号	场所	名称	功能	服务专业
1	南区	南区电梯学院教学工场	电梯轿厢综合实训车间、电梯教学设备制造工厂、新型家用电梯研发中心	电梯工程技术、理化测试与质检技术
2	三角	三角智能制造学院教学工场	采用德国"跨企业培训中心"的理念，引进德国"双元制"技能人才培养模式，打造"工业机械工长成车间""机电一体化工长成车间"等教学工场	机电一体化技术、电气自动化技术、机械设计与制造

3. 建成大湾区"双职"实践教学基地

对接粤港澳大湾区产业高端，校企合作建成一批大学生校外实践教学基地，建成大湾区"双职"实践教学基地（表 5-11），满足学生"职业能力、职业素养"培养的需要。

表 5-11　粤港澳大湾区"双职"校外实践教学基地建设

序号	级别	名称
1	省级	广东菱电电梯有限公司校外实践教学基地
2		广州超远机电科技有限公司校外实践教学基地
3		中山市博道工业自动化设备有限公司校外实践教学基地
4		广东硕泰智能装备有限公司校外实践教学基地
5		珠海市旺磐精密机械有限公司校外实践教学基地

续表

序号	级别	名称
6	校级	广东拓斯达科技股份有限公司校外实践教学基地
7		中山市捷程数控机床有限公司校外实践教学基地
8		中山市一爽电梯有限公司校外实践教学基地
9		帕博检测技术服务有限公司校外实践教学基地
10		广东广新海工有限公司校外实践教学基地
11		广东国哲自动化设备有限公司校外实践教学基地

（六）技术技能平台

通过"6个中心""20个工作室"的完善建设，打造电梯工程技术专业群公共技术技能创新服务平台（图5-7）。

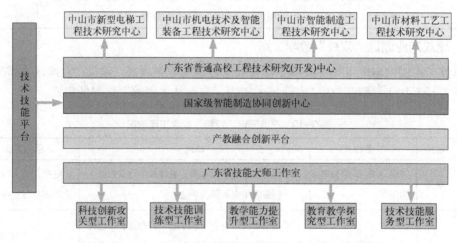

图 5-7 技术技能平台

1. 完善国家级智能制造协同创新中心

专业群的"智能制造协同创新中心"已获批为国家级协同创新中心，现有场地面积七千多平方米，仪器设备100多套。目前，该中心可以为中山市仪器设备共享、智能制造项目设计、智能制造实用新型技术研发等提供优质服务。在专业群未来的建设期内，通过软硬件的逐步完善，不断拓展服务功能，立足中山，面向珠江西岸，为广大中小型制造企业的产品智能化设计、智能制造创新创业等提供一站式服务。

2. 创建广东省普通高校工程技术研究（开发）中心

目前，专业群中的"中山市新型电梯工程技术研究中心""中山市机电技术及智能装备工程技术研究中心""中山市智能制造工程技术研究中心""中山市材料工艺工程技术研究中心"已被认定为中山市工程技术研究中心。

在专业群未来的建设期内，通过软硬件的逐步完善，不断拓展服务功能，立足中山，面向珠江西岸，一方面开展工程技术领域的新技术、新工艺应用，新型电梯零部件设计、研发、加工以及新型电梯的专项设计、研发；另一方面，开展模式识别与机器视觉应用研究、机电一体化技术综合应用基础研究、工业机器人控制及应用技术研究、基于产品及工艺的智能制造单元集成及改造、生活服务机器人研究及应用、康养及医疗机器人研究及应用；同时，参照德国双元制培训中心模式，开展集"教育教学—科技研发—技术服务—技能培训—定岗生产—素质陶冶—创业孵化"于一体的服务。

在此基础上，针对中山市装备制造业生产的装备普遍存在精度低、稳定性差、使用寿命不长等缺点，来解决现有装备制造业存在的材料方面的问题，并通过产品优化设计、焊接、机械加工、装配工艺的选择与优化，争取在生产效率、产品质量、产品档次等方面实现较大突破，形成一批能够在广东省甚至全国知名的产品。

3. 打造广东省技能大师工作室

通过 20 间以上省级、市级、校级、院级工作室（"科技创新攻关型""技术技能训练型""教学能力提升型""教育教学探究型"和"技术技能服务型"）等建设，至少建成一个广东省技能大师工作室，使其成为专业群学生职业技能训练、职业素质养成的重要平台，以项目为导向，以任务为驱动，通过开展创意设计、构件研制，新技术、新工艺应用，新设备开发、新产品加工等活动，为参加各类职业技能型竞赛、挑战杯比赛等积蓄力量。

到 2025 年底，技术技能平台获得 10 项以上国家发明专利和 20 项以上实用新型专利，服务 80 家以上的中小微企业。

4. 建成产教融合创新平台

由政府、学校、企业、行业四方协作，构建起职业教育培训领域线上线下软硬件教学资源协同开发中心。通过产学研合作，在线上，以微课、慕课、VR、仿真、三维等形式，开发共享型专业教学资源库和数字仿真教学软件；在线下，研发全真式电梯整梯实训教学设备和电梯零部件实训教学设备，形成产业规模，打造产业品牌，推动中国电梯职业教育创新发展，满足中高职院校电梯类专业及其他如机电一体化技术、楼宇智能化工程技术、电气自动化技术等相近专业实训教学和师资培训的需要，满足电梯行业作业人员资格考证、电梯企业内部员工技术培训的需要，促进国家火炬计划中山电梯特色产业基地的升级以及中山南区电梯专业镇产业链的延伸；面向东南亚地区的电梯行业，为其电梯作业人员的短期培训机构等提供相关的学习设备、教学资源。产教融合创新平台纵向申请省级产教融合创新平台项目，横向联系校企合作企业，建成广东省示范性职教集团。

通过本专业群项目的实施，推动校企合作和产学研结合，提高行业的参与度，促进办学体制机制创新，建立产教融合的电梯行业人才培养培训新模式，培养具有核心竞争能力的技能人才。不断完善电梯教育培训领域的办学条件，丰富电梯类专业实训教学设备，改善实训基地建设，促进专业教学资源库建设，提升师资队伍的产学研能力和水平，推动电梯类专业建设水平不断迈上新台阶。

（七）社会服务

1. 技术技能培训

依托西门子工业自动化技术联合示范实训基地，建成"西门子智能控制训练中心"，面向粤港澳大湾区、珠江西岸先进制造产业，为企业和其他职业院校开展工业自动化系统认知、基础训练、机器人操作和控制、现代自动化工程系统训练、自动化综合与创新训练等，为高新技术企业提供人才保障和智力支撑服务。通过不断建设，将该中心打造成粤港澳大湾区有影响力的西门子智能控制训练基地。力争到 2025 年底为企业培训员工达到 1000 人次。

2. 技术技能创新

面向特定用户，开展新型家用电梯、新型升降设备等新型产品的专项设计、研发，实现成果转化；针对电梯制造、安装、维保等行业进行前瞻性和突破性的定向技术应用、信息咨询等服务。

同时，聚焦"电梯物联网"产业未来发展的重点领域，致力于电梯物联网技术应用，研发若干个国内领先且具有自主知识产权的电梯物联网产品，开发电梯配套管理软件，建设一批有实际经济效益和示范作用的典型应用范例，推动智慧电梯快速发展，助力传统电梯产业转型升级，不断走向高端化。

积极申请国家、省市纵向和横向科研课题，解决产业的瓶颈和关键性的技术攻关问题。完成广东省科研项目 12 项，中山市科研项目 15 项以上，与企业开展横向课题 25 项以上，到账总经费不低于 300 万元。

3. 技术技能推广

开展形式多样的新技术讲座和技术咨询，为中山市及粤港澳大湾区的先进装备制造企业提供技术普及讲座，对行业内的关键技术攻关进行推广普及。力争每年举办不少于 20 场新技术推广活动，实现每年接待 1000 人次以上咨询的目标。

承办"数控机床装调与技术""工业设计技术"等省级以上赛项，推动新技术、新工艺的广泛应用，提升参赛人员的技术技能水平。

（八）国际交流与合作

通过"二基地"共建，推动形成国际化合作示范新模式。

1. 共建"境外人才培养培训基地"

随着"一带一路"倡议的深入发展、区域全面经济伙伴关系协定的签署，学校助力实施职业教育服务国际产能合作行动，以"中文+职业技能"等项目共建"境外人才培养培训基地"，助力中国职业教育走出去，提升国际影响力。"中文+职业技能"项目以中文教学为基础、以职业教育为特色、以提高质量为核心，培养既懂中文又懂技能的复合型人才，有助于满足海外中文学习者的新需求。结合中山市产业特色和专业群优势，开发一批"中文+职业技能"课程，为"一带一路"共建国家培养急需的技术技能型人才，提高国际服务能力和国际化水平，在此基础上力争专业群赴境外办学，整体提高专业群国际影响力。

2. 共建"国际职业技能培训基地"

与西门子股份有限公司、西门子工业技术培训中心合作，以西门子工业自动化技术联合示范实训基地为依托，在校内建立"国际职业技能培训基地"，面向学校教师和学生、企业员工、社会学习者，开展本地化智能制造和 PLC 控制技术课程国内培训和认证、机电一体化系统（SMSCP）课程等项目的国际培训和认证。

（九）可持续发展保障机制

1. 成立专业群相关管理机构

明确相关工作职能，制定专业群相关管理制度，推动构建由专业群主任牵头、由工作职能约束、由管理机构执行、由管理制度监督的，确保专业群可持续发展的保障机制（图5-8）。

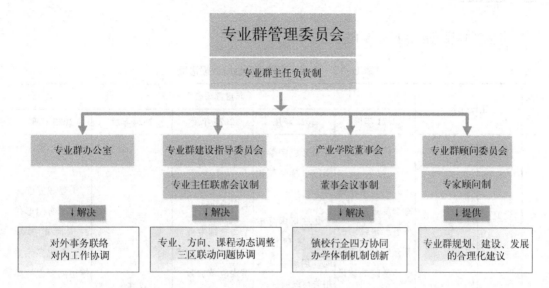

图5-8　专业群管理机构设置

（1）成立专业群管理委员会

由专业群主任牵头，成立专业群管理委员会，实行专业群主任负责制，为专业群的建设、改革、发展制定决策。

（2）成立专业群办公室

负责国内外交流合作、师资培训、技术服务以及群内各项事务协调联络工作。

（3）成立专业群建设指导委员会

由专业群内各专业主任及校外专家共同组成专业群建设指导委员会，实行专业群内各专业主任联席会议制，根据产业环境变化，建立群内专业及方向、课程与体系动态调整机制，协调解决"三区联动"人才培养中存在的相关问题。

（4）成立产业学院董事会

在理事会形式产业学院的基础上，充分利用好南区电梯产业园建设的有利时机，建立董事会形式的产业学院，进一步创新办学体制机制；定期召开董事会会议，负责解决镇、校、企、行四方协同中存在的相关问题。

（5）成立专业群顾问委员会

聘请校外职业教育专家、企业高工等，成立专业群顾问委员会，实行专家顾问制，为专业群的规划、建设、发展等提供合理化建议。

2. 建立健全专业群建设管理制度

制定一套科学有效的专业群项目管理和绩效奖惩制度，推进建设任务的实施。统筹项目专项资金使用,实行专账专人管理、专款专用。实施项目资金预算年报和预算执行预警机制,确保资金执行进度,并接受审计、监察全方位全过程监督。在专业群内全面推进6S管理,在学校质量办公室的监督下,健全专业群建设质量保证体系,对专业群人才培养质量定期进行追踪分析,对专业群制定的目标指标完成情况进行追踪监督。

五、建设进度

专业群建设进度详见表5-12。

表5-12 电梯工程技术专业群建设进度

序号	建设任务		年度建设任务				
			2021年度	2022年度	2023年度	2024年度	2025年度
1	人才培养模式创新	1-1完善"四方协同"的多元主体办学体制	①成立国际电梯学院筹建领导小组,研究形成混合所有制国际电梯学院的建设方案;②校企协同开展行业人才需求与岗位能力分析调研,形成调研报告;③组建专业群建设指导委员会,召开专业群建设指导委员会会议,研究制定专业群人才培养方案,形成"四方协同、三区联动、双向交替、一加多证"人才培养模式改革实施方案	①形成完善的国际电梯学院建设方案;②取得国际电梯学院建设用地,启动基建等相关建设项目;③进一步强化政、校、行、企合作机制,形成产教融合创新平台建设实施方案;④开展人才培养模式改革成效调研,发现存在的问题,总结成功经验,形成调研报告;⑤召开专业群建设指导委员会会议,研究、完善"四方协同、三区联动、双向交替、一加多证"的人才培养模式	①建成混合所有制形式的国际电梯学院;②总结专业群建设和人才培养模式改革成效、经验,出版专业群建设与教育教学改革方面的专著;③力争将群内专业升格为本科层次专业;④做好阶段性自查和中期检查准备工作;⑤总结、推广专业群建设和人才培养模式改革方面的成效、经验、理念,搜集申报获得校级教学成果奖所需材料、数据	①召开专业群建设指导委员会议,根据中期检查结果和要求,研究修订专业群人才培养方案,完善"四方协同、三区联动、双向交替、一加多证"人才培养模式;②专业群力争入围国家级高水平专业群建设计划	①建成完善的混合所有制形式的国际电梯学院,形成多元主体协同育人的体制机制;②建立一套完整的高本协同型人才培养体系,开展本科学历的高层次应用型人才培养;③总结、推广专业群建设和人才培养模式改革方面的成效、经验、理念,获得校级教学成果奖,力争获得省级、国家级教学成果奖,发表学术论文1篇

续表

序号	建设任务		年度建设任务				
			2021年度	2022年度	2023年度	2024年度	2025年度
1	人才培养模式创新	1-2 构建"三区联动"的人才培养体系	①在"主校区",利用虚拟仿真实训中心、生产性实训中心,根据人才培养方案,对学生开展"双基"培养;②指导学生参加挑战杯或"互联网+"大学生创新创业大赛	①完善"三区联动"人才培养方案;②在"产业园区"开展"双创"教育,加强"双技"培养;③指导学生参加挑战杯或"互联网+"大学生创新创业大赛或大学生职业生涯规划大赛	①在"产业园区",加强"双技"培养;②在"大湾区",加强"双职"培养;③指导学生参加大学生创新创业训练计划项目并获奖;④助力优秀学子在创新创业方面取得重要突破;⑤做好阶段性自查和中期检查准备工作;⑥总结、推广"三区联动"人才培养的成效、经验、理念,搜集申报获得校级教学成果奖所需材料、数据	①召开专业群建设指导委员会会议,根据中期检查结果和要求,研究修订、完善专业群"三区联动"人才培养方案;②指导学生参加挑战杯或"互联网+"大学生创新创业大赛或大学生职业生涯规划大赛或大学生创新创业训练计划项目	①建立一套规范完善的"三区联动"的体制机制和培养方案;②指导学生参加挑战杯或"互联网+"大学生创新创业大赛或大学生职业生涯规划大赛或大学生创新创业训练计划项目;③总结、推广"三区联动"人才培养的成效、经验、理念,搜集获得校级教学成果奖、申报省级、国家级教学成果奖所需材料、数据
		1-3 实现工与学"双向"交替	①在人才培养方案的基础上建立一套工与学双向交替的保障机制;②指导学生参加省级、国家级职业院校技能大赛,并获省级奖2项;③承办2项职业院校技能大赛	①进一步完善工与学双向交替的保障机制;②指导学生参加省级、国家级职业院校技能大赛,并获省级奖1项;③承办1项职业院校技能大赛	①进一步加强工与学"双向交替"人才培养中的软硬件建设;②以学做一体模式,加强"双技"培养;③继续指导学生参加省级、国家级职业院校技能大赛并获奖,并获省级奖1项;④申请承办1项职业院校技能大赛;⑤做好阶段性自查和中期检查准备工作;⑥总结、推广工与学"双向"交替人才培养的成效、经验、理念,搜集申报获得校级教学成果奖所需材料、数据	①召开专业群建设指导委员会会议,根据中期检查结果和要求,研究修订、完善专业群工与学"双向"交替人才培养方案;②指导学生参加省级或国家级职业院校技能大赛并获奖	①建立一套规范完善的工与学"双向"交替的体制机制,形成以企业间大循环为主体、校企间双循环相互促进的人才培养体系;②总结、推广工与学"双向"交替人才培养的成效、经验、理念,搜集申报教学成果奖所需材料、数据、成果;③指导学生参加省级或国家级职业院校技能大赛并获奖

续表

序号	建设任务		年度建设任务				
			2021年度	2022年度	2023年度	2024年度	2025年度
1	人才培养模式创新	1-4 探索"一加多证"制度试点	①围绕"机械工程制图职业技能等级证书""机械产品三维模型设计职业技能等级证书"，申请教育部"1+X"证书制度试点；②组织专业群内各专业学生积极参与"机械工程制图职业技能等级证书""机械产品三维模型设计职业技能等级证书"的考取	①完善"1+X"证书实施方案；②申请"特种设备作业人员资格（T）"相关 1+X 证书试点；③组织专业群内学生积极参加"特种设备作业人员资格（T）"的考取	①在专业群内其他至少一个专业开展"1+X"证书试点；②组织专业群内各专业学生积极参加相关资格证书的考取；③做好阶段性自查和中期检查准备工作；④总结、推广"1+X"证书人才培养的成效、经验、理念，搜集申报获得校级教学成果奖所需材料、数据	①召开专业群建设指导委员会会议，根据中期检查结果和要求，研究修订、完善专业群"1+X"证书人才培养方案；②组织专业群内各专业学生积极参加各类资格证书的考取	①建立一套规范完善的"1+X"证书保障机制；②组织专业群内各专业学生积极参加各类资格证书的考取；③总结、推广"1+X"证书人才培养的成效、经验、理念，搜集申报获得教学成果奖所需材料、数据，发表学术论文 1 篇
2	课程教学资源建设	2-1 构建模块化课程体系	①开展产业发展和人才需求调研，形成电梯行业产业人才需求分析报告；②深入开展专业群模块化课程体系研究	①构建"平台共享，专业分流，项目贯穿，课证融通"的模块化课程体系；②制定课程标准	①完善专业群模块化课程体系；②做好阶段性自查和中期检查准备工作	①优化"平台共享，专业分流，项目贯穿，课证融通"的模块化课程体系；②制定本科层次的课程体系	①总结改革经验；②推广教改成果
		2-2 推行素质教育课程改革	①进行素质教育课程改革，推行实践教学6S精益化管理；②推进课程思政教学改革，将电梯零部件设计、机械制图、数控加工自动编程与操作、金工实习建设成课程思政示范课	①深化素质教育课程改革，将职业素养教育融入课程体系；②深化课程思政教学改革，将现代先进检测技术、工业机器人应用技术建设成课程思政示范课	①全面推进实践教学6S精益化管理，将职业精神教育融入课程体系；②总结课程思政教学改革阶段的经验，完善、优化课程思政示范课建设内容；③做好素质教育课程改革的中期检查工作	①形成完善的6S管理教学评价体系；②"课程思政"示范课程建设全面铺开，全员、全域、全方位、全过程育人	①全面总结素质教育课程改革经验，素质教育自觉性极大增强；②全面总结"课程思政"示范课改革经验，将社会主义核心价值观内化于心、外化于行

续表

序号	建设任务		年度建设任务				
			2021年度	2022年度	2023年度	2024年度	2025年度
2	课程教学资源建设	2-3 完善电梯工程技术专业国家级教学资源库	①加强教学资源库管理；②加强教学资源学习平台建设；③加强图片、视频、动画演示等数字资源开发；④加强操作仿真、虚拟互动等数字资源开发	①完善电梯工程技术专业国家级教学资源库资源；②通过专业教学资源库验收，建成电梯工程技术专业国家级教学资源库	①扩大教学资源覆盖面；②实现专业教育与网络数字技术相融合；③教学资源库推广应用；④做好教学资源库推广应用的中期检查工作	①加强教学资源库课程标准、讲义修订；②加强教学资源库电子教案、课件等素材研制；③教学资源库推广应用	①加强教学资源库课程标准、讲义修订；②加强教学资源库电子教案、课件等素材研制；③教学资源库推广应用
		2-4 建成一批精品在线开放课程	①做好精品在线开放课程的规划和方案制定；②推进《电梯维护与维修》省级精品在线开放课程建设	①推进虚拟教学资源建设；②建成《电梯维护与维修》省级精品在线开放课程；③申报一门省级精品在线开放课程	①精品在线开放课程持续更新；②申报一门省级精品在线开放课程；③开展线上线下教学；④做好精品在线开放课程的中期检查工作	①总结课程建设经验；②建成一批企业培训资源包	①建成线上线下相融通的优质在线开放课程；②在线开放课程持续更新
3	教材与教法改革	3-1 教材改革	①组建一支不少于15人的教材开发团队；②制定教材开发方案，编制教材开发一览表；③教材开发调研与培训30人次	①启动1本专著编制，完成初稿；②启动1本工作手册式教材编制，完成初稿；③启动3本活页式教材编制，完成初稿；④启动1本规划教材编写，完成初稿；⑤启动2本项目式教材编写，完成初稿	①完善1本专著编制，形成定稿；②完善1本工作手册式教材编制，形成定稿；③完善3本活页式教材编制，形成定稿；④完善1本规划教材编写，形成定稿；⑤完善2本项目式教材编写，形成定稿；⑥新启动1本专著编制、1本工作手册式教材编制、3本活页式教材编制、2本项目式教材编写，均形成初稿；⑦组织督导对教材建设进行检查与中期评价	①出版1本专著；②出版1本工作手册式教材；③出版3本活页式教材；④出版1本规划教材；⑤出版2本项目式教材；⑥完善1本专著、1本工作手册式教材、3本活页式教材、2本项目式教材，均形成定稿	①新出版1本专著；②新出版1本工作手册式教材；③新出版3本活页式教材；④新出版2本项目式教材

续表

序号	建设任务		年度建设任务				
			2021年度	2022年度	2023年度	2024年度	2025年度
3	教材与教法改革	3-2 教法改革	①召开教学改革研究研讨会3次以上； ②形成教法改革调研报告1份； ③发表教学改革研究论文1篇	①推行项目教学、混合式教学10门以上课程； ②开展多类型课程资源建设，选择1个班级进行"课堂革命"试点	①优化线上、线下、混合式教学方法，培育1个职业教育"课堂革命"典型案例； ②培育2个高水平课程思政示范课堂； ③培育2个课程思政教育案例； ④组织督导对教法改革进行检查与中期评价	①完善职业教育"课堂革命"典型案例1个； ②完善高水平课程思政示范课堂2门； ③完善课程思政教育案例2项	总结推广教法改革成果，形成具有示范引领作用的经验总结
4	教师教学创新团队	4-1 "丰羽工程"	①制定新入职教师先培训后上岗制度； ②建立健全青年教师长效培养机制； ③制定培养青年教师或新引进教师的计划； ④教学能力大赛获奖1项； ⑤引进博士2名； ⑥核心期刊发表论文1篇	①青年教师培养取得初步成效，积极申报院市级科研项目2项； ②教学能力大赛获奖1项； ③引进博士2名； ④教师出境研修访学者1名； ⑤核心期刊发表论文1篇	①积极参与省级青年教师等项目的遴选培养； ②青年教师继续积极申报院市级科研项目2项； ③教学能力大赛获奖1项； ④青年教师及访问学者教师参加省级以上技能大赛并获奖1项； ⑤引进博士2名； ⑥核心期刊发表论文1篇	①青年教师继续积极申报院市级科研项目2项； ②教学能力大赛获奖1项； ③引进博士2名； ④积极派出教师出境研修访学者1名； ⑤核心期刊发表论文2篇	①优化和修订青年教师长效培养机制； ②优化和修订青年教师长效培养机制，确保青年教师培养取得成效； ③教学能力大赛获奖1项； ④引进博士2名； ⑤具有"双师素质"的青年专业专任教师比例达到100%； ⑥国（境）外研修访学培训2人次以上

续表

序号	建设任务		年度建设任务				
			2021年度	2022年度	2023年度	2024年度	2025年度
4	教师教学创新团队	4-2"展翅工程"	①建立健全"双师型"骨干教师长效培养机制；②制定培养"双师型"骨干教师的计划；③支持专业教师到企业，同时设立"教师企业工作站"1个；④获得省级荣誉称号2个；⑤核心期刊发表论文1篇	①建设"双师型"教师培养基地3个；②建设教师企业实践基地3个；③"双师型"骨干教师获得省级以上技术技能大师1名；④核心期刊发表论文1篇	①完成"双师型"教师培养基地的建设；②完成教师企业实践基地建设；③核心期刊发表论文1篇	①建设"双师型"教师培养基地3个；②建设教师企业实践基地3个；③核心期刊发表论文2篇	①优化和修订"双师型"骨干教师长效培养机制；②完成"双师型"教师培养基地的建设；③完成教师企业实践基地建设；④具有高级职称专任教师比例大于50%，具有"双师素质"专业专任教师比例达到95%以上
		4-3"腾飞工程"	①建立健全"双带头人"长效培养机制；②制定培养专业群"双带头人"的培养计划	①完善专业群带头人选拔标准、培养培训制度、考核评价制度等；②聘请一名特聘教授作为专业群教师教学创新团队的兼职带头人；③组织选派带头人赴国（境）外研修访学；④培养省级以上教学名师或优秀教育工作者或南粤优秀教师1名；⑤申报省级以上教学团队	①通过学历教育、项目研究、下企业锻炼，提高专业群带头人的业务能力；②完善技能大师工作室的建设；③通过教学名师一对一教帮带，培养骨干教师；④建设省级教学团队	①继续通过学历教育、项目研究、下企业锻炼，提高专业群带头人的业务能力；②建成市级以上技能大师工作室1个；③完善省级教学团队建设	①优化和修订"双带头人"长效培养机制；②培养成行业有权威、国际有影响的专业群建设带头人；③完善技能大师工作室的建设；④完成省级教学团队建设

续表

序号	建设任务		年度建设任务				
			2021年度	2022年度	2023年度	2024年度	2025年度
4	教师教学创新团队	4-4"助翔工程"	制定兼职教师自主聘任与考核的办法，建立健全兼职教师目标责任制和激励机制	①组建专业群内共享专兼职教师制度，建立专业群内专兼职教师信息共享与互动平台；②引进企业技术能手2人；③与企业一同建设教师教学创新团队1个	①引进企业技术能手1人；②完善教师教学创新团队	①引进企业技术能手2人；②完善教师教学创新团队	①建成一个30人以上的专业群兼职教师库；②引进企业技术能手1人；③建成教师教学创新团队
5	实践教学基地	5-1主校区"双基"实训基地	①编制专业群实训基地建设规划；②修订校内实训基地管理制度；③制定校内实训基地建设方案	①完善校内实训基地，建成2个1+X考点；②建设虚拟仿真实训中心1个	①完善虚拟仿真实训中心；②组织督查人员对校内实践教学基地进行检查与中期评价	立项高水平专业化产教融合实训基地	完善高水平专业化产教融合实训基地
		5-2产业园区"双技"教学工场	①制定南区电梯学院教学工场建设规划；②制定三角智能制造学院教学工场建设规划	①完善工业机械工长成车间1间；②完善机电一体化工长成车间1间	完善电梯教学设备制造工厂1间	①建成新型家用电梯教学车间1间；②建成电梯轿厢综合实训车间1间	建成门类齐全功能完善的"双技"教学工场并形成总结报告
		5-3大湾区"双职"厂中校	编制大学生校外实践教学基地管理制度	①新建设校级大学生校外实践教学基地3个；②立项省级大学生校外实践教学基地1个	①完善大学生校外实践教学基地管理制度；②建设省级大学生校外实践教学基地1个；③新建设校级大学生校外实践教学基地3个；④组织督查人员对大学生校外实践教学基地进行检查与中期评价	①完善大学生校外实践教学基地管理制度；②巩固省级大学生校外实践教学基地成果，基地培养200人次以上	进行大学生校外实践教学基地绩效考核与验收

续表

序号	建设任务		年度建设任务				
			2021年度	2022年度	2023年度	2024年度	2025年度
6	技术技能平台	6-1 完善国家级智能制造协同创新中心	①制定和完善协同创新中心系列管理办法；②制定智能制造协同创新硬件建设规划方案；③制定智能制造协同创新队伍建设规划；④制定智能制造协同创新发展规划	①创建博士工作室1个；②引进入驻企业1家	①提升2名研究人员职称；②引进入驻企业1家	①创建博士后工作室1个；②引进入驻企业1家	①优化协同创新中心系列管理办法；②引进入驻企业1家
		6-2 创建广东省普通高校工程技术研究（开发）中心	制定普通高校工程技术研究（开发）中心建设规划	做好普通高校工程技术研究（开发）中心申报工作	①制定普通高校工程技术研究（开发）中心工作计划；②建立普通高校工程技术研究（开发）中心组织构架	按计划开展普通高校工程技术研究（开发）中心工作	总结普通高校工程技术研究（开发）中心经验，并向社会推广研究中心科研成果
		6-3 打造广东省技能大师工作室	①制定工作室建设规划；②制定工作室管理办法；③建成院级教师工作室5个；④授权发明专利2项,实用新型专利4项	①建设校级教师工作室2个；②授权发明专利2项,实用新型专利4项	①建设市级大师工作室2个；②授权发明专利2项,实用新型专利4项	①建设省级大师工作室1项；②授权发明专利2项,实用新型专利4项	①形成校级/市级/省级工作室层次布局；②授权发明专利2项,实用新型专利4项
		6-4 建成产教融合创新平台	①制定产教融合创新平台管理办法；②制定产教融合创新平台发展规划；③完成广东省示范职业教育集团的验收准备工作	①完善产教融合创新平台管理办法；②完善产教融合创新平台发展规划	开展产教融合创新平台中期检查工作	完成产教融合创新平台验收工作	建成产教融合创新平台

续表

序号	建设任务		年度建设任务				
			2021年度	2022年度	2023年度	2024年度	2025年度
7	社会服务	7-1 技术技能培训	①依托西门子智能控制训练基地的建设，为企业培训员工200人次；②完成中山市人社局培训项目1项以上；③联合开展社会培训1项，培训人数2000人次	①研发若干个电梯物联网产品，开发电梯配套管理软件；②完成中山市人社局培训项目1项以上	①通过不断建设，将该中心打造成粤港澳大湾区有影响力的西门子智能控制训练基地；②完成中山市人社局培训项目1项以上	①依托西门子工业自动化技术联合示范实训基地，建成"西门子智能控制训练中心"；②完成中山市人社局培训项目1项以上	①开展新技术讲座与技术咨询5场；②完成中山市人社局培训项目1项以上
		7-2 技术技能创新	①依托西门子工业自动化技术联合示范实训基地，建成"西门子智能控制训练中心"；②立项市级科研项目3项，横向课题到账经费60万以上	①面向粤港澳大湾区珠江西岸先进制造产业，为企业和其他职业院校开展工业自动化系统认知、基础训练；②完成广东省科研项目5项，市级科研项目3项，横向课题到账经费60万以上	①面向社会开展机器人操作和控制、现代自动化工程系统训练、自动化综合与创新训练等；②完成广东省科研项目5项，立项市级科研项目3项，横向课题到账经费60万以上	①将该中心打造成粤港澳大湾区有影响力的西门子智能控制训练基地，为企业培训员工200人次；②完成广东省科研项目2项，市级科研项目3项，横向课题到账经费60万以上	①立项市级科研项目3项，横向课题到账经费60万元以上；②做好对外社会服务经验总结，开展自查和终期验收工作；③形成一套规范的社会服务长效机制
		7-3 技术技能推广	①承办省级技能大赛2项；②举办5场新技术讲座活动	①承办省级技能大赛1项；②举办5场新技术讲座活动	①承办省级技能大赛1项；②举办5场新技术讲座活动	①开展新型家用电梯、新型升降设备等新型产品的专项设计、研发，实现成果转化；②承办省级技能大赛1项；③举办5场新技术讲座活动	①面向电梯制造、安装、维保等行业进行前瞻性和突破性的定向技术应用、信息咨询等服务；②承办省级技能大赛1项；③举办5场新技术讲座活动

续表

序号	建设任务		年度建设任务				
			2021年度	2022年度	2023年度	2024年度	2025年度
8	国际交流与合作	8-1 共建"境外人才培养培训基地"	与"一带一路"共建国家达成"中文+职业技能"等项目的合作意向，制定申报书	①与"一带一路"共建国家签订"中文+职业技能"等项目合作协议；②结合中山市产业特色和专业群优势，开发一批"中文+职业技能"课程	结合中山市产业特色和专业群优势，继续开发一批"中文+职业技能"课程	在境外开展"中文+职业技能"课程培训，为"一带一路"共建国家培养急需的技术技能型人才	①继续在境外开展"中文+职业技能"课程培训，为"一带一路"共建国家培养急需的技术技能型人才；②建成"境外人才培养培训基地"
		8-2 共建"国际职业技能培训基地"	①加强与西门子股份有限公司、西门子工业技术培训中心等境外单位的交流合作；②制定"国际职业资格培训中心"建设方案	①与西门子股份有限公司、西门子工业技术培训中心等境外单位达成合作意向；②完善"国际职业资格培训中心"建设方案	①建成"国际职业资格培训中心"；②面向教师、企业员工和学生50人，开展本地化智能制造和PLC控制技术课程国内培训和认证	①进一步拓宽"国际职业资格培训中心"；②面向企业员工和学生近50人，开展机电一体化系统课程国际培训和认证	①建立健全"国际职业资格培训中心"的长效运行机制；②面向企业员工和学生近50人，开展智能制造、PLC控制技术国内培训认证、机电一体化系统课程国际培训认证
9	可持续发展保障机制	9-1 成立专业群相关管理机构	①成立专业群管理委员会；②组建专业群办公室；③成立专业群建设指导委员会；④成立专业群顾问委员会	①落实完善各机构的工作任务内容，对前期职责履行情况做出总结；②探索董事会形式的产业学院办学模式	①对各机构的相关工作进行阶段性总结，提出下阶段的工作重点和努力方向；②成立产业学院董事会	①督促各机构的工作任务的完成，对前期职责履行情况做出总结；②对产业学院的开展工作进行总结	①对各机构的相关工作情况进行全面总结，提出下阶段的工作方向；②完善、优化专业群管理机构的职能职责
		9-2 建立健全专业群建设管理制度	①制定各机构的岗位职责与权限；②制定专业群项目管理和绩效奖惩制度	①制定经费管理使用办法；②确定专业群经费管理人员；③推进6S管理	①健全专业群质量评价体系及专业群动态调整机制；②对各项目完成情况、绩效情况和资金使用情况进行阶段性总结	①完善专业群管理制度并实施；②收集专业群开展工作的相关记录	①对相关管理制度和执行情况进行总结；②考核评价；③完善、修订专业群管理各项制度

六、经费预算

专业群建设进度如表 5-13 所示。

表 5-13 电梯工程技术专业群建设经费来源及预算

序号	建设内容		经费预算/万元				
			2021年	2022年	2023年	2024年	2025年
1	专业群人才培养模式创新	1. 完善"四方协同"的多元主体办学体制	5	12	16	12	5
		2. 构建"三区联动"的人才培养体系	5	12	16	12	5
		3. 实现工与学"双向"交替	5	12	16	12	5
		4. 探索"一加多证"试点	50	80	90	80	50
2	课程与教学资源建设	1. 构建模块化课程体系	15	25	40	25	15
		2. 推行素质教育课程改革	25	30	40	30	25
		3. 完善专业国家教学资源库	205	10	5	5	5
		4. 建成一批精品在线开放课程	30	45	50	50	25
3	教材与教法改革	1. 教材改革	55	70	100	70	55
		2. 教学方法改革	25	30	40	30	25
4	教师教学创新团队	1. 实施"丰羽工程",全面提升青年教师教学与创新能力	40	50	70	50	40
		2. 实施"展翅工程",培养技术精湛的"双师型"骨干教师	40	50	70	50	40
		3. 实施"腾飞工程",培育专业群建设带头人	40	55	70	55	40
		4. 实施"助翔工程",融聚企业优秀人才	15	20	30	20	15
5	实践教学基地	1. 主校区"双基"实训基地	110	130	130	130	100
		2. 产业园区"双技"教学工场	30	80	100	50	40
		3. 大湾区"双职"厂中校	2	15	20	15	1
6	技术技能平台	1. 完善国家级智能制造协同创新中心	20	35	40	40	15
		2. 创建广东省普通高校工程技术研究(开发)中心	20	35	40	40	15
		3. 打造广东省技能大师工作室	7.5	10	15	10	7.5
		4. 建成产教融合创新平台	20	35	40	40	15
7	社会服务	1. 技术技能培训	6	6	6	6	6
		2. 技术技能创新	6	6	6	6	6
		3. 技术技能推广	6	9	12	9	4

续表

序号	建设内容		经费预算/万元				
			2021 年	2022 年	2023 年	2024 年	2025 年
8	国际交流与合作	1. 共建"境外电梯人才培养培训基地"	15	20	30	20	15
		2. 共建"国际职业资格培训中心"	15	20	30	20	15
9	可持续发展保障机制	1. 成立专业群相关管理机构	3	5	5	5	2
		2. 建立健全专业群建设管理制度	3	5	5	5	2
	小计		818.5	912	1132	897	593.5
	合计		4353				

七、专业群建设管理

（一）管理机构

在《中山职业技术学院省级高水平专业群项目管理办法》中组织机构的框架下，成立电梯工程技术专业群管理委员会，下设专业群办公室、专业群建设指导委员会、专业群建设顾问委员会。各部门明确职能，协调配合，为专业群建设提供组织保障。

1. 专业群管理委员会

由专业群负责人（由机电学院副院长担任）牵头，成立专业群管理委员会，决策专业群的建设、改革、发展。

2. 专业群办公室

设办公室主任、经费管理专员和项目管理专员，负责群内各项日常事务和对外各项工作的组织管理、协调联络工作。

3. 专业群建设指导委员会

由群内各专业主任及校外专家组成专业群建设指导委员会，根据时事政策、产业环境的变化，及时调整专业群各项工作，建立专业群建设动态调整机制。

4. 专业群顾问委员会

聘请校外职教专家、企业家等，成立专业群顾问委员会，为专业群的规划、建设、发展等提供合理化建议。

（二）管理模式

对专业群 9 项建设任务实行网格化管理，即每项任务细分为若干子项目，子项目再按年度分解为若干可量化、可考核的工作要点，建立网格化任务模型。每个子项目成立项目组，项目组长由专业群建设委员会委员担任，组员由群内相关专任教师或企业兼职教师组成。各项目组每年按工作要点开展工作，确保专业群各项建设内容按计划如期完成。

（三）管理措施

专业群除了积极做好学校的年度检查及省教育厅年度抽查、中期检查和期末验收以外，还在专业群办公室设置项目管理专员岗位，专人专岗监控各子项目立项、开展和结题的情况，并编制项目管理通报，定期发布。形成对项目建设的全程无死角管控，确保各项建设任务如期完成。

严格遵守《中山职业技术学院省级高水平专业群项目管理办法》中"项目资金管理"规定，专业群管理委员会制定详细的分项目、分年度的资金使用计划，提高经费使用的科学性和合理性。专业群办公室设资金管理专员岗位，专人专岗管理专业群建设经费的使用进度，评估使用效果，确保经费使用的效率和进度。

八、预期成果

（一）专业群预期取得标志性成果

专业群预期取得的标志性成果如表 5-14 所示。

表 5-14　预期取得的标志性成果

建设内容	标志性成果	国家级	省级
人才培养模式创新	教育部"1+X"证书制度试点	√	
	职业院校技能大赛获奖	√	√
	职业院校技能大赛承办		√
	教学成果奖		√
	挑战杯、"互联网+"大学生创新创业大赛、大学生职业生涯规划大赛等创新创业竞赛获奖		√
	大学生创新创业训练计划项目		√
	群内专业升级为本科层次	√	
	专业群成为国家级双高专业群	√	
课程教学资源建设	专业教学资源库	√	
	职业教育精品在线开放课程		√
教材与教法改革	活页式教材		√
	专著	√	
	工作手册式教材		√
	规划教材或精品教材	√	
	高职教育教学改革研究与实践项目		√
	高本协同育人试点		√
	课程思政教育案例		√
	高水平课程思政示范课堂		√
	职业教育"课堂革命"典型案例		√

续表

建设内容	标志性成果	国家级	省级
教师教学创新团队	技能大赛获奖	√	
	教师荣誉称号	√	
	创新团队		√
	教学团队		√
	创建"名师工作室"或"大师工作室"		√
	"双师型"教师培养基地		√
	教学能力大赛		√
	核心期刊发表论文	√	
	教师企业实践基地		√
	访问学者		√
实践教学基地	大学生校外实践教学基地		√
	高水平专业化产教融合实训基地		√
	示范性虚拟仿真实训基地		√
技术技能平台	发明专利、实用新型专利、外观专利或软件著作权	√	
	产教融合创新平台		√
	普通高校工程技术研究（开发）中心		√
社会服务	示范性职业教育集团		√
	承办技能大赛		√
	广东省科研项目		√
国际交流合作	与境外有关机构开展合作交流项目		√
	境外人才培养培训基地		√
	"中文+职业技能"		√
成果合计		11	31

（二）专业群建设成效

1. 专业群对产业的支撑引领作用显著增强

专业群立足粤港澳大湾区，通过构建"四主协同、三区联动、双向交替、一加多证"的人才培养模式，着力打造和推广应用国家级教学资源库，开放共享优质的教学资源，为电梯行业培养一大批具备工匠精神的复合型创新型高素质技术技能人才，成为电梯行业人才培养标准的制定者和引领者，为行业企业迈向高端提供人才资源和技术支撑。

2. 人才培养质量有明显提升

通过人才培养模式的创新和课程体系的重构，推动课堂革命，贯彻以学习者为中心的教学理念，注重学生的德技双修，使创新型、复合型、应用型高素质技术技能人才培养质量得到显著提升，在高考投档率、新生报到率、就业率和就业对口率、对专业群的认同度等关键性指标上处于国内领先水平。

3. 师资队伍水平迈上新台阶

建成一支具有国际视野和精湛技艺的专业教师团队，拥有一批技能大师、技术能手、名教授，生师比达到 15∶1 的高水平。培养 2 名享有较高国际声誉和行业地位的专业群带头人，以及 5~6 名高水平专业带头人。依托技能大师工作室培养 1 个省级创新团队，整体提升师资队伍的教研科研能力。

4. 社会服务能力有大幅提高

依托技术技能平台开展社会服务和技术创新，为电梯行业企业提供关键零部件研发设计、生产工艺改进等创新服务，以及生产过程自动化和智能化整体解决方案、产品智能化升级解决方案。为中外职业教育提供专业教学标准和教学资源整体打包输出，开展师资培训、认证培训以及多种形式的合作办学，提升服务和科技创新能力达到国际先进水平。

5. 专业群国际影响日益彰显

通过专业标准和教学资源的国际化，实现专业群培训东南亚留学生和服务"一带一路"走出去企业国外就业，并选派师生赴欧洲、韩国、日本等发达国家以及港澳台地区开展交流和学习。专业群将与国内外企业合作，共同开发一批国际通用的行业或专业教学标准和课程标准，并开展国际职业资格认证，使中国标准在"东南亚人才培训基地"等得到应用，打造中国高职教育国际品牌，输出解决电梯领域内国际高职教育问题的中国方案。

九、保障措施

为确保高水平专业群建设任务的顺利完成，学校成立组织结构，配备专门队伍，配套专项经费，将制定完善系列规章制度，结合专业诊改制度建设，全方位保障各项建设任务完成。

1. 党的领导

加强党对学校的领导，落实党委领导下的校长负责制，充分发挥党总揽全局、协调各方的领导核心作用。针对高水平专业群建设项目，实行目标责任制及"一事一议""一站式服务"制度。

2. 组织保障

成立了中山职业技术学院高水平专业群建设项目领导小组。领导小组在校党委领导下，负责编制并落实项目建设实施方案，协调督察建设过程，制定配套政策与措施，进行绩效考评与奖惩。构建以党委书记、校长为统领，分管副校长分工负责，相关部门具体组织实施的组织体系和工作机制，明确责任，相互配合，确保项目建设目标和工作任务的顺利完成。领导小组下由发展规划处、教务处、财务处等职能部门与二级学院配合完成项目建设工作。

3. 制度保障

学校将高水平专业群建设项目作为重大工程进行组织实施，纳入学校"十三五"建设与发展规划和年度工作计划，为保证建设项目的顺利开展及资金的合理使用，学校出台了《中山职业技术学院高水平专业群建设项目管理办法》和《中山职业技术学院高水平专业群建设项目专项资金管理办法》等系列文件，为专业群建设提供全面科学的制度保障，为整个项目管理和专项资金使用提供良好的制度保障和运行环境。

4. 资金保障

学校按照"中央引导，地方为主，资金多渠道筹措，积极吸纳社会、企业资金"的原则，通过多元化的途径，继续加大办学经费和建设资金的投入，加强高水平专业群建设资金管理，科学精心编制项目建设经费预算方案，设立专门账户，严格执行专款专用审批制度，统筹安排好不同渠道下达或筹集的专项资金，保证资金的使用合理、投向准确，按项目实施进程足额拨付到位，确保资金使用的严肃性和合理性，使项目建设资金发挥最大效益。

在各级财政资金 3000 万元基础上，学校自筹 1000 万元，合作企业投入 353 万元，本专业群建设总投入 4353 万元，专款专用、规范管理，使资金的使用发挥最大效益。

5. 运行保障

充分发挥专业群理事会作用。通过理事会单位的技术咨询与决策支持，厘清思路，明确任务，解决专业群建设项目中出现的问题，确保项目高标准实施。项目建设资金专款专用。制定"省高水平专业群建设项目专项资金管理办法"，设立"省高水平专业群建设项目"资金专户，纳入学校财务管理范围，制定详细的分项目、分年度的资金使用计划，加强专项资金预决算管理，明确规定专项资金使用的范围、审批权限、开支额度、绩效评价等，确保项目建设资金专款专用。加强项目建设过程管理。根据省高水平专业群建设的总体目标与主要任务，落实各部门工作责任，建立健全目标责任制度，并对项目建设成果进行考核验收。加强项目建设监督检查。对省高水平专业群建设项目进行定期检查与指导，通过质量管理中心监控项目建设进度与建设质量，保证项目按计划进行，结果作为部门业绩考核的重要依据。

第六章
广东省高职院校高水平专业群
——数控技术专业群建设研究

一、建设背景

（一）产业发展现状

1. 先进装备制造产业已纳入国家重点规划，经济份量占比突出

近几年，国家省市陆续出台了《中国制造 2025》《广东省国民经济和社会发展第十四个五年规划和二〇三五年远景目标纲要（草案）》《广东省培育先进装备制造战略性新兴产业集群行动计划（2021—2025 年）》《粤港澳大湾区发展规划纲要》等相关政策文件，先进装备制造产业已纳入国家重点规划。文件中指出，先进装备制造业是以高新技术为引领，处于价值链高端和产业链核心环节，决定着整个产业链综合竞争力的战略性新兴产业，主要包括高端数控机床、海洋工程装备、航空装备、卫星及应用、轨道交通装备、集成电路装备等重点领域。在广州、深圳、东莞、珠海、佛山、中山、江门、阳江等地初步形成产业集聚态势。

中山市是珠三角重要的先进装备制造业基地，是国家特色产业集群创新基地和广东省产业集群升级创新试点城市。近年来，中山市稳步推进产业结构持续调整和转型升级。2023 年，三次产业结构调整为 2.4∶51.1∶46.5，先进制造业占规上工业增加值比重提升至 50.1%。形成了以新一代信息技术、高端装备、生物医药等新兴产业为主导，灯饰照明、五金家具、纺织服装、家用电器等传统特色产业齐头并进的发展态势。

2. 先进装备制造产业持续高增长，行业人才缺口大

工信部等八部门联合对外发布的《"十四五"智能制造发展规划》，明确到 2035 年，规模以上制造业企业全面普及数字化网络化，重点行业骨干企业基本实现智能化。数据显示，2022 年我国智能制造产值规模破 3 万亿元，同比增长 14.9%，到 2026 年我国智能制造行业市场规模将达 5.8 万亿元左右。教育和工业部门联合发布的《制造业人才发展规划指南》对制造业重点领域人才需求进行了预测（图 6-1），可以看出，除了数量上的新需求，产业结构的转型对不同领域制造业人才的知识技能和个人素养同样提出新的需求，智能制造型企业中具备流程化操作技能的一线操作工人已经饱和甚至过剩，企业更加关注的是制造业人才的高端设备操作、安装、调试、维护、保养、维修等更高阶的职业能力，先进制造技术领域的高端技术技能人才十分短缺。

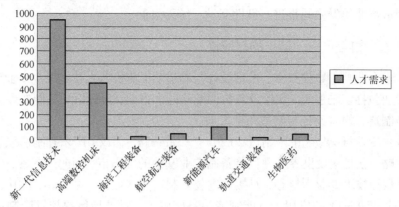

图 6-1　我国先进装备制造业（2020—2025 年底）人才需求预测（单位：万人）

（二）先进装备制造产业发展新趋势

1. 先进装备制造产业集成化

以信息技术和先进装备制造产业深度融合为重要特征的新科技革命和产业变革正在孕育兴起，多领域技术交叉融合推动制造业生产方式深刻变革。集成化体现在生产工艺技术、硬件、软件与应用技术的集成、设备的成套及纳米、新能源等跨学科高技术的集成，从而使设备不断升级。

2. 先进装备制造产业数字化

在新一轮科技革命和产业变革中，随着 5G 网络、数据中心、工业互联网等新型基础设施建设，先进装备制造业必须依靠信息物理融合系统（CPS）实现协同的设计、供应链、生产与产品服务，置身于全球供应链的生态系统之中，应用互联网实现先进装备制造产业数字化。

3. 先进装备制造产业智能化

先进装备制造业智能化是指是从生产到服务过程的装备智能化。制造业生产的智能化是具有感知、分析、推理、决策和控制功能的制造装备的统称。智能制造装备的水平已成为当今衡量一个国家工业化水平的重要标志。

4. 先进装备制造产业绿色化

绿色化主要体现在从设计、制造、包装、运输、使用到报废处理的全生命周期中，实现全产业链的环境影响最小、资源利用效率最高，最终获得经济效益、生态效益和社会效益的协调优化。

二、组群逻辑

专业群产业相同、岗位相关、核心技术自强、共性技术互补，协同发展，精准对接先进装备制造行业产业链中下游，聚焦数控机床制造及应用产业高端，并与不同国家和地区先进装备制造产业集群协同推进、良性互动、统筹发展。

（一）专业群与产业（链）的对应性

数控技术专业群由数控技术、模具设计与制造、工业机器人技术三个专业组成，其中数控技术专业包括多轴加工、数控设备装调维修两个方向，模具设计与制造专业包括产品结构设计与制造、模具设计与制造两个方向。

数控技术专业群响应《中国制造2025》、"一带一路"倡议、广东省制造强省及中山市制造强市战略，立足建设世界级现代装备制造业基地的中山市，面向广东省，服务粤港澳大湾区，以数控技术专业为核心，对接先进装备制造业产业链（见图6-2）"中游装备（智能制造装备生产）—下游应用（智能制造装备应用）"，瞄准地域数控机床制造及应用中装备、家电、家具、五金、汽车、灯饰制造等产业高端，围绕智能制造背景下"产品数字化设计—产品智能化制造—设备标准化维护—设备现代化改造—产品优质化服务"的全流程产业链，引领产业向集成化、数字化、智能化、绿色化转型升级。数控技术专业群与产业（链）的对应性如图6-3所示。

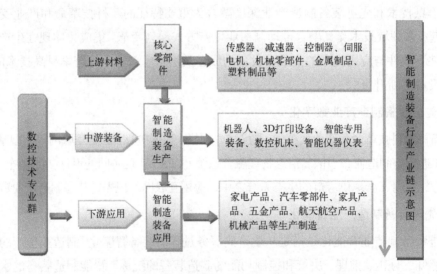

图6-2 先进装备制造行业产业链示意图

数控技术（多轴）以及工业机器人技术聚焦智能化制造核心技术，数控技术（数维）以及工业机器人技术聚焦标准化装配与维护、设备升级与改造方向核心技术，模具设计与制造（产品）聚焦家电产品、夹具的数字化设计方向核心技术，模具设计与制造（模具）聚焦模具设计及装配方向核心技术，三个专业五个方向都涉及培养学生产品优质化服务与销售核心技术。

（二）专业群人才培养定位

数控技术专业群精准对接高端先进装备制造产业集群（图6-4），重点围绕高端装备制造新兴产业以及家电、五金、机械、灯饰、家具、汽车等传统制造类产业的数字

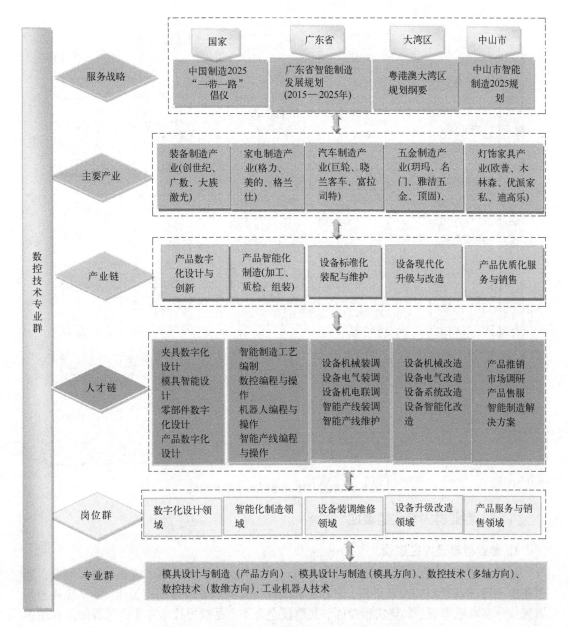

图 6-3 数控技术专业群与产业（链）的对应性

化、集成化、智能化、绿色化升级改造，培养理想信念坚定，德、智、体、美、劳全面发展，具有一定的科学文化水平，良好的人文素养、职业道德和创新意识，精益求精的工匠精神，较强的就业能力和可持续发展的能力；具备产品设计与创新、模具智能制造生产与管控、高端机床加工与制造、智能制造单元安装与调试、机器人应用与维护、智能制造产线应用与维护等职业能力，能够胜任数字化设计、工艺设计、操作与编程、安装与调试、维护与维修、质量检验等相关岗位工作，具有"工匠精神""国际视野"的"懂设计—精制造—能维护—会改造—擅服务"的高素质技术技能人才、能工巧匠、大国工匠。

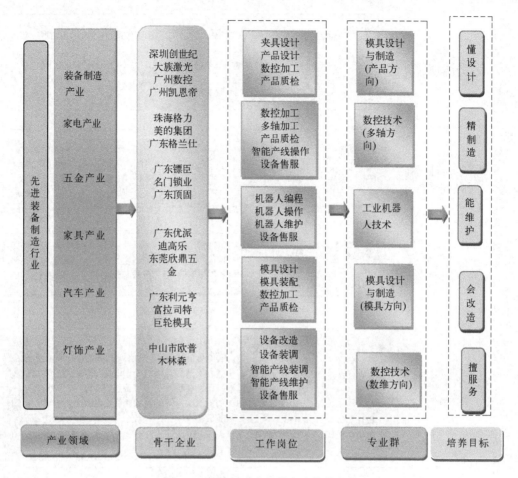

图 6-4 数控技术专业群人才培养定位

（三）专业群内专业逻辑性

1. 专业群建设内在逻辑

按照"产业相同、基础相通、技术相近、岗位相关、资源共享、核心引领"原则，通过集群治理体制机制的改革创新，使专业群的各类资源具有极强的相关性，共享优质教学资源、分享卓越师资、共建实训设施、共商校企合作，是数控技术专业群组群的内在逻辑（图 6-5）。群内各专业有紧密合作共享的合作企业，有共享的用人单位，有共享的专业课程，有共享的校内实训基地，有共享的校外实习实训基地，有共享的专任专业教师，有共享的校外兼职教师。以数控技术专业为引领，集合资源，集群发展，形成了专业之间分工协作、优势互补、相互促进、形成合力的专业人才培养格局，为服务先进装备制造产业高素质技术技能人才、能工巧匠、大国工匠需求彰显集聚效应。

2. 群内各专业相互关系

数控技术专业群以省级示范校重点专业数控技术专业为核心，以模具设计与制造专业、工业机器人技术专业为支撑，基于专业岗位群面向的高相关性，融合发展形成合力，共同服务于智能制造装备行业产业集群。群内各专业之间均具有相近的技术基础和基本技能，即共性技术基础（图 6-6），易于打破学科专业界限进而将相关专业有序组合形成交叉学科专业群,紧密对接以智能制造为特色的先进制造产业链、创新链、服务链。

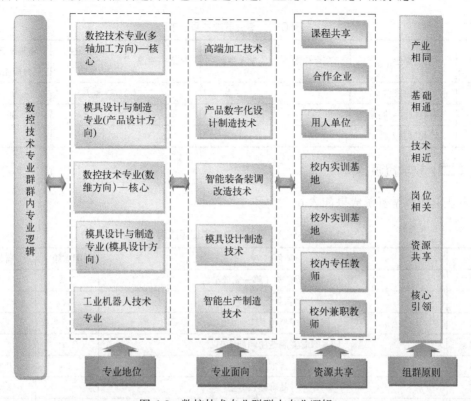

图 6-5 数控技术专业群群内专业逻辑

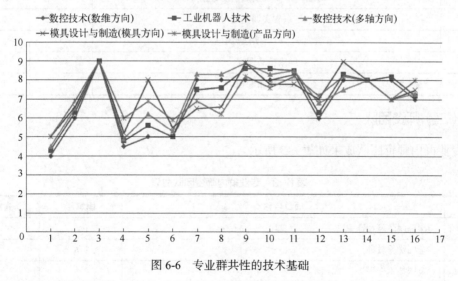

图 6-6 专业群共性的技术基础

三、建设基础

(一)生源规模与质量

各专业的生源形式多样,有普通高考生源、学业水平考试生源、3+证书生源、中高职三二分段生源，生源规模广泛（表6-1）。学生高考成绩较高。

表6-1 专业群内生源分布

序号	专业	高考生源	学考生源	3+证书生源	自主招生生源	中高职三二分段生源
1	数控技术	/	/	/	/	91
2	模具设计与制造	92	/	/	/	30
3	工业机器人技术	27	15	5	/	/

（二）教学资源

专业群内教学资源成果如表6-2所示。

表6-2 专业群内教学资源成果

序号	项目名称	国家级	省级
1	国家级教学成果奖（第一完成单位）	3项	
2	国家骨干专业	2个	
3	国家级虚拟仿真实训中心	1个	
4	国家级智能制造协同创新中心	1个	
5	广东省首批重点专业		1个
6	广东省品牌建设专业		2个
7	广东省一流高校重点建设专业		2个
8	广东省实训基地		2个
9	省级大学生校外实践教学基地		3个
10	国家精品课程	1门	
11	省级精品课程		1门

（三）师资团队

专业群内师资团队成果如表6-3所示。

表6-3 专业群内师资团队成果

序号	项目名称	国家级	省级
1	国务院政府特殊津贴	1人	
2	全国优秀教师	1人	
3	全国技术能手	4人	
4	全国优秀指导教师	3人	
5	荣获"广东省优秀教学团队"称号		1项
6	广东省高等学校教学名师、省南粤优秀教师		1人
7	教师参加2018年中国技能大赛第二届全国智能制造应用技术技能大赛（教师组）	国赛一等奖 3人	省赛第二名 3人

续表

序号	项目名称	国家级	省级
8	教师参加2019年中国技能大赛第三届全国智能制造应用技术技能大赛（教师组）	国赛二等奖 3人	
9	教师参加2014年中国技能大赛——第六届全国数控技能大赛高职组（师生组）项目	国赛第二名 1人	省赛一等奖 1人
10	广东省技术能手		1人
11	广东省技能大赛"优秀指导教师"		2人
12	广东省"特支计划"教学名师		1人
13	广东省"千百十工程"人才培养对象		2人
14	广东省农业科技特派员		4人
15	广东省职业院校信息化教学大赛一等奖		2项
16	广东省职业院校信息化教学大赛二等奖		3项
17	广东省职业院校信息化教学大赛三等奖		3项
18	教师参加全国技能大赛广东省选拔赛获得第一名		1人
19	教师参加全国技能大赛广东省选拔赛获得第二名		1人
20	广东省教育厅科研项目		1项
21	省级以上教研课题		3项
22	申请国家发明和实用新型专利	30余项	

数控技术专业群师资方面支撑条件如表6-4所示。

表6-4 数控技术专业群师资方面支撑条件

支撑条件		技术指标
师资水平	专任教师/人	36
	硕士及以上学位/人	24
	副高级及以上职称/人	12
	"双师型"教师比例/%	95.92
	兼职教师/人	40

（四）专业群建设与教学改革标志性成果

数控技术专业群成果如表6-5所示。

表6-5 数控技术专业群成果

序号	类别	项目名称	国家级	省级
1	专业群建设成果	国家级教学成果奖（第一完成单位）	3项	
2		国家骨干专业	2个	
3		国家级虚拟仿真实训中心	1个	
4		国家级智能制造协同创新中心	1个	

续表

序号	类别	项目名称	国家级	省级
5	专业群建设成果	广东省首批重点专业		1个
6		广东省品牌建设专业		2个
7		广东省一流高校重点建设专业		2个
8		广东省实训基地		2个
9		省级大学生校外实践教学基地		3个
10		国家精品课程	1门	
11		省级精品课程		1门
12	承办竞赛成果	承办全国职业院校技能大赛高职组"数控机床装调与技术改造"赛项	1项	
13		承办中国模具工业协会主办的全国职业院校技能大赛学生组"模具数字化设计"技能大赛	1项	
14		近四年承办广东省职业院校技能大赛高职组"数控机床装调与技术改造""工业设计大赛"赛项		4项
15		2018年承办广东数控铣工、模具工、焊工（技师级）职业技能竞赛暨创客湾区中山火炬开发区工匠大赛		3项
16	创新创业教育成果	学校获得"全国高等学校创新创业教育改革特色典型经验高校"称号	1项	
17		获得第三届中国"互联网+"大学生创新创业大赛微视频全国三等奖	1项	
18		学校获得"2008—2017年全国职业院校创业技能大赛突出贡献单位"称号	1个	
19	教学团队成果	国务院政府特殊津贴	1人	
20		全国优秀教师	1人	
21		全国技术能手	4人	
22		全国优秀指导教师	3人	
23		荣获"广东省优秀教学团队"称号		1项
24		广东省高等学校教学名师、省南粤优秀教师		1人
25		教师参加2018年中国技能大赛第二届全国智能制造应用技术技能大赛（教师组）	国赛一等奖3人	省赛第二名3人
26		教师参加2019年中国技能大赛第三届全国智能制造应用技术技能大赛（教师组）	国赛二等奖3人	
27		教师参加2014年中国技能大赛——第六届全国数控技能大赛高职组（师生组）项目	国赛第二名1人	省赛一等奖1人
28		广东省技术能手		1人
29		广东省技能大赛"优秀指导教师"		2人
30		广东省"特支计划"教学名师		1人

续表

序号	类别	项目名称	国家级	省级
31	教学团队成果	广东省"千百十工程"人才培养对象		2人
32		广东省农业科技特派员		4人
33		广东省职业院校信息化教学大赛一等奖		2项
34		广东省职业院校信息化教学大赛二等奖		3项
35		广东省职业院校信息化教学大赛三等奖		3项
36		教师参加全国技能大赛广东省选拔赛获得第一名		1人
37		教师参加全国技能大赛广东省选拔赛获得第二名		1人
38		广东省教育厅科研项目		1项
39		省级以上教研课题		3项
40		申请国家发明和实用新型专利	30余项	

（五）校企合作产教融合

专业群对接重点行业及企业分布如表6-6所示。

表6-6 专业群对接重点行业及企业分布

序号	专业	对接的重点行业企业
1	数控技术	对接重点行业：数控机床行业 对接重点企业：广东亚泰科技有限公司、广州超远机电科技有限公司、深圳市华亚数控机床有限公司、中山长准机电有限公司、中山迈雷特智能装备有限公司
2	模具设计与制造	对接重点行业：模具行业 对接重点企业：中山市华志精密模具设备科技有限公司 中山市钜泰硅胶科技有限公司、中山市富拉司特工业有限公司、中山市人和精密模具科技有限公司
3	工业机器人技术	对接重点行业：智能装备行业 对接重点企业：广东硕泰智能装备有限公司、广东亚泰科技有限公司、广东拓斯达科技股份有限公司、广东拓斯达科技股份有限公司

（六）社会服务

专业群参与社会服务工作情况描述如表6-7所示。

表6-7 专业群参与社会服务工作情况描述

序号	专业	参与社会服务的工作
1	数控技术	①承办2018、2019、2020年中山市职业技能竞赛机床装调维修工（高级工）培训，2017年高等职业院校省级骨干教师数控类专业教师综合技能提升培训班等培训项目 ②承办面向企业员工的2018、2019、2020年中山市职业技能竞赛机床装调维修工（高级工）竞赛

续表

序号	专业	参与社会服务的工作
1	数控技术	③承办 2019 年全国职业院校技能竞赛机床装调维修赛项 ④承办中山市第二十一届和第二十二届职业院校职业技能竞赛机床装调维修工（高级工）赛项 ⑤承办 2020—2021 年广东省职业院校技能大赛机床装调维修赛项 ⑥同广东丰凯机械股份有限公司等公司开展"MAZAK 卧式加工中心升级改造"等项目横向课题 5 项
2	模具设计与制造	①承办中山市第二十二届职业院校职业技能竞赛模具数字化设计与制造赛项 ②承办 2018 年全国职业院校职业技能大赛模具数字化设计与制造赛项 ③承办 2020—2021 年广东省职业院校技能大赛工业设计技术赛项 ④同佛山鑫匠机电有限公司等公司开展"LAM-A 型烤炉夹具的研发"等项目横向课题 4 项
3	工业机器人技术	①中国北方车辆研究所移动机器人研制 ②开展武藏精密汽车零部件中山有限公司培训班 ③同中山市格物智能科技有限公司等公司开展"KN95 折叠口罩连续一体机模切刀辊应用研发"等横向课题 3 项

（七）交流合作

专业群参与交流与合作如表 6-8 所示。

表 6-8 专业群参与交流与合作

序号	专业	参与交流与合作
1	数控技术	①与台湾昆山科技大学建立学生访学、教师研修渠道 ②与香港职业训练局建立了学生访学、教师研修渠道 ③与香港职业训练局合作开展师资培训 ④与德国客尼职业技术教育集团开展德国双元制职业教育课程改革项目 ⑤50%以上学生获得 SIMENS NX CAD 助理工程师证书 ⑥为"一带一路"共建国家开展"中文+职业技能"培训
2	模具设计与制造	①与台湾昆山科技大学建立学生访学、教师研修渠道 ②与香港职业训练局建立了学生访学、教师研修渠道 ③与香港职业训练局合作开展师资培训 ④50%以上学生获得 SIMENS NX CAD 助理工程师证书 ⑤为"一带一路"共建国家开展"中文+职业技能"培训
3	工业机器人技术	①与德国客尼职业技术教育集团开展德国双元制职业教育课程改革项目 ②与德国西门子工业技术培训中心开展西门子实训室建设 ③与台湾昆山科技大学建立学生访学、教师研修渠道 ④与香港职业训练局建立了学生访学、教师研修渠道 ⑤为"一带一路"共建国家开展"中文+职业技能"培训

四、建设目标

1. 总体目标

到 2025 年底，建成培养模式领先、课程体系先进、师资团队卓越、服务平台完善、体制机制创新、产教深度融合、教学资源优质的数控技术专业群，将核心专业——数控技术专业升格为职业教育的本科层次专业，数控技术专业群将服务于"粤港澳大湾区发展规划""中国制造 2025"和"一带一路"倡议，为培养高素质技术技能人才、能工巧匠、大国工匠提供有力支撑。

2. 具体目标

（1）构建先进装备制造产业人才培养新高地

面向粤港澳大湾区先进制造业，立足中山高端装备制造基地和专业镇智能制造产业基地，以创新能力为本的专业群人才培养模式，建成能够满足产业转型升级、技术创新需要的高素质技术技能人才、能工巧匠、大国工匠输出高地。

（2）建立特色镇专业学院运行新机制

依托小榄镇、三角镇特色产业，"镇、校、企、行"齐发力，完善创新专业学院管理运行模式，形成"特色镇专业学院+专业群管理"运行新机制。

（3）建成先进装备制造技术领域新资源

依托专业群教学资源库建设项目，通过视频、仿真软件、微课、动画等多种表现形式，囊括企业案例、国家标准、职业标准，建成不少于 5000 条颗粒化素材资源，能满足 1000 人同时在线学习的先进装备制造技术类全方位、立体化、数字型教学资源，为企业培训、学校教学、产品研发等提供技术和服务支持。

（4）打造高层次技术技能创新服务新平台

通过"中山市智能制造协同创新中心（国家级）""广东省工程技术研究中心""广东省技能大师工作室"的建设，打造专业群公共技术技能创新服务平台，为珠江西岸制造企业的产品智能化设计、智能制造创新创业等提供一站式服务；建立"珠江西岸西门子智能控制训练中心""3D 打印科普教育基地"，为院校师资培训、企业员工技能提升、社会科普教育等提供优质服务。

（5）贡献服务深度国际交流合作新示范

通过开展"专业群师资海外交流培训"项目、建设"国际职业资格培训中心"，为专业群教师国际交流和培训、学生国际视野培养等提供保障，形成示范效应。与国际知名企业西门子股份有限公司合作，建设国际职业资格培训中心，进行教师、企业员工或学生的本地化国际化职业资格培训和认证。

五、建设内容与实施举措

1. 专业群人才培养模式创新

（1）促进"镇、校、企、行"齐发力，完善多方协同育人体制

"镇、校、企、行"齐发力，在中山三角以及小榄先进装备制造产业园区，由政府和

行业协会牵头，学校主导实施，组建完善成立三角智能制造专业学院、小榄智能制造专业学院，完善创新专业学院管理运行模式，形成"特色镇专业学院+专业群管理"运行新机制，共建、共管、共用产教融合型生产型教学场所。

（2）创新"三场所五阶段"的人才培养体系

以"学校本部"场所为支撑点、"企业"场所为配合点、"特色镇专业学院"场所为助力点，根据学生能力掌握层进程度划分学习阶段，构建"三场所五阶段"的人才培养体系。

（3）依托"三场所"双向交替学习，实现工学交替、产教融合

实施"六对接"的培养方式，以真实的产品生产为项目融合教学过程与生产工程，通过"三场所"交替、理实结合、学做一体等，实现工学交替、产教融合。

（4）坚持"四融合"，落实立德树人根本任务，培养德才兼备的大国工匠

开展各类课程思政项目以及美德教育，将美德教育覆盖思政课堂、专业课堂、素质课堂全过程。

（5）推进"1+X 证书试点"工作，构建专业群职业等级证书体系，培养专业群高端人才

探索并实践本专业群"1+X"证书制度改革思路，开展"课证融通"工作，形成"1+X"证书体系。

2. 课程教学资源建设

（1）构建"共享+分立+互选"思政贯穿、课证融通的模块化课程体系

根据人才培养目标与规格，结合国家职业标准，遵循能力递进规律，构建"共享+分立+互选"思政贯穿、课证融通的模块化课程体系。

（2）推行大思政教育

课程思政贯穿每一门课，将"爱国情怀、工匠精神、职业道德"贯穿于课程教学全过程和全环节。

（3）建设优质教学资源

开发 1500 分钟的视频资源建设，建成 1 套多轴仿真实训教学软件、1 套机器人编程教学仿真软件。建设基于手机移动端的课程资源 3 个，150 个微课，1500 个动画。深化产教融合，建设与企业合作的现代学徒制岗位课程 3 门。

（4）打造一批精品在线开放课程

建成国家级、省级精品在线开放课程 3 门，线上线下相融通的优质在线开放课程 8 门。

3. 教材与教法改革

① 建设立体化教材 3 本、活页式学材 3 本、工作手册式学材 4 本，配套开发信息化资源，出版教材 3 部。

② 推行"双轨并行、分层递进"的教学方法改革，推动"帮课程"学习方法改革，实施线上线下混合式教法与学法改革。

4. 教师教学创新团队

① 依托"广东省优秀教学团队"和"校级科研创新团队"，开展青年教师、骨干教师、专业带头人、兼职教师四类教师培育工程。

② 加强专业群教师团队的改革精神、创新意识、创业能力、教研能力、科研能力、

操作能力、服务能力及信息化水平、国际化视野、高职教育理念等的培养，打造高水平教师教学创新团队。

5. 实践教学基地

① 完善建设虚拟仿真实训中心和生产性实训中心，建成校本部实训基础、专业综合和职业实训基地、"1+X"考证实训室和"校中厂""厂中校"实训基地，满足学生"通识能力培养、基础能力培养、核心能力培养、拓展能力培养、综合能力培养、职业能力培养"的需要。

② 在小榄镇和三角镇完善和建设智能制造教学工场，满足学生"专业技术能力、专业技术素养"培养的需要。

③ 根据智能制造人才培养需要，拓展智能制造相关校外实训基地10个，依托企业设备、技术和人才资源，形成设备先进、优势互补的企业实训体系，满足专业群顶岗或顶岗实习的需要。

④ 通过深化"6S"应用，规范实训基地的使用，营造实训基地教学、服务、管理的企业化实训环境，提高实训基地管理水平和人才培养质量。

6. 技术技能平台

（1）完善智能制造协同创新中心

通过软硬件的完善，升级智能制造协同创新中心，为中小型企业的产品智能化设计、智能制造等提供服务。

（2）创建多功能工程技术研究中心

依托三个市级工程技术研究中心，创建多层次工程技术研究中心，提供新技术应用、新工艺推广、新装备研发等服务。

（3）打造多层次技能大师工作室

通过省级、市级、校级工作室建设，建成广东省技能大师工作室，开展多轴加工技术、增材制造技术、工业机器人技术、智能制造生产装备、逆向设计研究等活动。

（4）构建智能制造科普体验基地

整合现有先进制造技术资源，通过虚拟与实物搭配融合的文化设计，同时配备服务机器人、工业机器人、3D打印、高端数控制造等装备，打造智能制造科普体验基地。

7. 社会服务

① 发挥智能制造专业群师资团队、智能制造协同创新中心优势，面向大湾区企业开展智能制造单元集成及改造、工业机器人集成应用、多轴加工技术、增材制造技术等领域咨询、交流、项目开发等技术服务，助力装备制造企业和生产企业转型升级，走向高端化。

② 多途径开展企业员工学历提升和岗位技能提升工作，为当地经济和社会服务提供人才支持。依托"西门子智能控制训练中心"，面向珠江西岸先进制造业，为企业开展工业自动化系统认知、基础训练、机器人操作和控制、现代自动化工程系统训练等。

③ 建成"智能制造体验基地"，整合科普教育资源，开展智能制造科普教育体验。

④ 加强专业群竞赛平台建设，开展各级各类竞赛的承办和集训工作，推进智能制造类专业技能竞赛水平的提高。

8. 国际交流与合作

以科学发展观为指导，解放思想，围绕学院发展大局，提高人才国际化水平，以提高学院竞争力、社会影响力和国际化水平。

① 引进国际职业技能证书，改革课程教学项目。与西门子股份有限公司、西门子工业技术培训中心等单位合作，建立"国际职业资格培训基地"，开展国际培训和认证。专业群与国内外企业合作开发国际通用的专业标准和课程体系。

② 拓展教师教学国际视野，提升人才培养质量。与境外相关院校建立合作关系，开展教师"请进来"和"派出去"双向交流项目，通过共建"海外人才培养培训基地"为专业群教师国际交流、培训和学生国际视野的培养等提供保障，推动教学水平、科研工作的发展。

③ 开发一批"中文+职业技能"课程，为"一带一路"共建国家培养急需的技术技能型人才。合作开发国际通用的专业标准和课程体系，推出具有一定影响力的高质量专业标准、课程标准、教学资源。

9. 可持续发展保障机制

成立专业群相关管理机构，制定相关管理制度，明确相关工作职能，推动构建由专业群主任牵头、由工作职能约束、由管理机构执行、由管理制度监督的，确保专业群可持续发展的保障机制。

- 成立专业群管理委员会；
- 成立专业群办公室；
- 成立专业群建设指导委员会；
- 成立专业学院管理委员会；
- 成立专业群顾问委员会。

六、预期成果

经过 5 年建设，专业群将在人才培养、课程资源、"三教改革"、基地建设、平台建设等方面取得一系列省级、国家级标志性成果。

1. 国家级成果

- 建成国家级协同创新中心；
- 承办国家级职业院校技能大赛；
- 获得国家级职业院校技能大赛奖项；
- 教育部"1+X"证书制度试点；
- 发表核心期刊；
- 出版多本教材；
- 教师获得国家级荣誉称号；
- 获得多项发明专利；
- 与境外有关院校或机构开展合作交流项目；
- 考取西门子原厂认证证书。

2. 省级成果

- 获得省级教学成果奖；
- 获得"互联网+"大学生创新创业大赛、大学生职业生涯规划大赛等创新创业类竞赛奖项；
- 开发一批省级精品在线开放课程；
- 立项若干课程思政建设项目；
- 开发多本活页式教材；
- 开展中高本协同育人试点；
- 创建广东省普通高校工程技术研究（开发）中心；
- 创建"大师工作室"等各类工作室；
- 建成大学生校外实践教学基地；
- 获得教学能力大赛奖项；
- 建设科研创新平台；
- 创建公共实训中心；
- 创建工程技术研究中心；
- 立项一批科研和产学研合作项目；
- 承办省级骨干教师培训项目。

七、建设进度

建设进度年度目标如表 6-9 所示。

表 6-9 建设进度年度目标

序号	建设内容	年度目标				
		2021 年	2022 年	2023 年	2024 年	2025 年
1	人才培养模式创新	1. 创建多方协同育人体制	"镇校企行"共同探索组建三角专业学院	构建三角专业学院运行实施方案及机制	进一步创新办学体制机制；开展群内相关专业现代学徒制工作	创建专业学院教学管理机制	完善"四方协同"的多元主体办学体制
		2. 构建"三场所五阶段"的人才培养体系	成立专业群建设指导委员会；探索学生通识能力及基础能力培养途径	依托学校和企业探索学生核心能力培养途径	依托"专业学院"及"企业"实践场所，探索学生综合能力及创新能力培养途径	立足"企业"，探索学生职业能力培养途径	总结、完善"三场所五阶段"的人才培养体系
		3. 实现工学交替、产教融合	通过"学校和企业"培养，培养高素质技术技能人才、能工巧匠、大国工匠	通过"学校和专业学院"培养，培养高素质技术技能人才、能工巧匠、大国工匠	通过"专业学院和企业"培养，培养高素质技术技能人才、能工巧匠、大国工匠	以生产过程项目为导向，以典型工作任务为驱动，实现工与学的双向交替	通过场所交替、理实结合、学做一体等，实现工与学的双向交替

续表

序号	建设内容		年度目标				
			2021年	2022年	2023年	2024年	2025年
1	人才培养模式创新	4. 落实立德树人根本任务	构建课程思政的课程建设理念、措施、保障机制	构建思政教育下的课程建设标准和教学手段	构建思政教育下的专业课程教学内容	开展群内相关课程思政项目研究	总结课程思政工作的做法、措施等，完善思政教育元素下课程建设的保障机制
		5. 构建专业群职业等级证书体系	联合行业协会和龙头企业，开展证书研制	①按照证书要求完善考证现场的软硬件环境建设；②对标国际职业资格标准，对接企业，制订开发证书的工作方案和管理办法	在专业群内至少两个专业开展"1+X"考证制度；鼓励群内其他专业学生也参与考证	专业群内优化、完善、全面实施"1+X"证书制度	完善专业群"1+X"证书制度
2	课程教学资源建设	1. 优化课程体系	制定课程体系优化实施方案，制定计划；调研分析后搭建"共享+分立+互选"思政贯穿、课证融通的模块化课程体系	①实施"共享+分立+互选"思政贯穿、课证融通的模块化课程体系；②开发专业核心课程思政融合、课程融合的课程标准	①优化人才培养体系；②开展"1+X"证书培训及考证项目；③完善专业核心课程的课程标准，同步开展课程资源建设	①以《企业管理》《市场营销》《创新创业实务》等课程为抓手，开展"双创"教育。②完成5门核心课程数字资源建设	①以"爱岗敬业、敢于担当、勇于奉献、精益求精"等工匠精神为核心内容，加强学生相关职业素养培养。②完成5门核心课程数字资源建设
		2. 推行大思政教育	推行素质教育课程改革，加强社会主义核心价值观教育	深化课程思政教学改革，实施"大思政"工作	推进职业精神和职业素养教育融入课程体系	推动社会主义核心价值观内化于心、外化于行	素质教育自觉性极大增强
		3. 建设优质教学资源	加强教学资源库管理和学习平台建设	加强图片、视频、动画演示、操作仿真、虚拟互动等数字资源开发	加强教学资源库课程标准、讲义、电子教案、课件等素材研制	扩大教学资源覆盖面，实现专业教育与网络数字技术相融合	建成数控技术专业优质教学资源库
		4. 建成一批精品在线开放课程	建设优质课程资源	推进虚拟仿真实训中心等虚拟教学资源建设	建好网络教学平台，开展线上线下教学	建成一批企业培训资源包	建成线上线下相融通的优质在线开放课程

续表

序号	建设内容		年度目标				
			2021年	2022年	2023年	2024年	2025年
3	教材与教法改革	1. 教材、学材改革	校企共建教材1本、"1+X"课程开发活页式教材1本	校企共建教材1本、"1+X"课程开发活页式教材1本	校企共建教材1本、"1+X"课程开发活页式教材1本	校企共建教材1本、"1+X"课程开发活页式教材1本	校企共建教材1本、"1+X"课程开发活页式教材1本
		2. 教法、学法改革	建设专业能力模块，推行模块化教学方法改革	推行优生免考，实施过程化、多元化考核教法改革	以课堂为主向课内外结合转变，以结果评价为主向结果过程评价结合转变，打造一批金课	校企合作推进5门课程实施线上线下混合式教法改革	引导学生开展自主学习、探究学习、泛在学习
4	教师教学创新团队	1. 全面提升青年教师教学创新能力	①启动青年教师培养计划，开展青年教师"校内+校外"培训；②指导青年教师参加科研项目与课题研究；③教学能力大赛获奖2人	①培养2名青年教师，2人次4个月企业顶岗锻炼；②参加科研项目5项，提升青年教师教学和科技服务能力；③技能大赛获奖2人	①继续培养3名青年教师，2人次行业培训、技术培训；②参与2门专业核心课程的开发及教材编写；③青年教师职称晋升1人；④访问学者1人	①继续培养青年教师2名；②职称晋升1人；③学历提升2名，5人次行业培训、技术培训；④技能大赛获奖2人	①持续加强青年教师培养，选派5人参加国内外高职教育培训进修；②参与教科研课题3项；③教学能力大赛获奖2人
		2. 培养技术精湛的"双师型"骨干教师	①启动骨干教师培养计划，确定8名骨干教师为培养对象；②培养全国优秀指导教师1名	①继续培养3名骨干教师，2人次4个月企业顶岗锻炼；②2人次行业培训、技术培训；③参与1门专业核心课程的开发及教材编写；④培养全国优秀指导教师1名	①骨干教师参与教科研课题2项；②5人参加国内外高职教育培训进修，指导青年教师2人；③骨干教师职称晋升1人；④培养领军人才1名	①继续培养骨干教师6名；②职称晋升3人；③学历提升1名，5人次行业培训、技术培训	①参与5门专业核心课程的开发；②参与教科研课题5项；③5人接受国内外培训进修；④指导青年教师2人；⑤培养技术能手1名

续表

序号	建设内容		年度目标				
			2021年	2022年	2023年	2024年	2025年
4	教师教学创新团队	3. 培育名师大师和专业群建设带头人	①聘用行业领军人物担任专业群兼职带头人1人；②制定专业群带头人培养计划，参加学术研讨、培训、进修各1次；③打造名师1名	①兼职带头人参与专业建设；②完善专业群带头人培养计划，参加学术研讨、培训各1次；③打造大师1名	①加强"教练型"专业带头人、名师、大师的培养，培养市级以上"能手"1名；②建立1个"技术技能大师工作室"	①兼职带头人引进专业技术新标准；②加强"教练型"专业带头人的培养；③建立1个"名师工作室"	①持续加强"教练型"专业带头人培养；②带头人推进教学、科研创新，引领专业发展
		4. 融聚企业优秀人才，造就高水平兼职教师队伍	①聘请兼职教师3名，承担的课时数达到10%；②对兼职教师开展6人次教学技能培训；③实施兼职教师的考核与管理	①聘请2名"企业技术能手"作为兼职教师，承担的课时数达到15%；②兼职教师参与开发优质核心课程；③完善兼职教师的考核与管理	①继续聘请6名兼职教师，承担的课时数达到20%；②兼职教师参与教材开发2本；③培养高层次技能型兼职教师2名	①继续聘请6名兼职教师，承担的课时数达到30%；②兼职教师参与课题研究2项；③培养高层次技能型兼职教师2名	①继续聘请具有行业、企业工作经历的兼职教师8人，兼职教师比例达到25%；②培养高层次技能型兼职教师2名
5	实践教学基地	1. 虚拟仿真中心	先进技术虚拟仿真中心	工业机器人虚拟仿真实训室、数字孪生仿真实训室	模具虚拟仿真实训室	智能制造应用技术仿真实训室	CAD/CAM实训室
		2. 生产性实训中心	数控设备装调实训室	智能制造自动化生产线实训室	智能制造综合实训室	高端数控加工实训室	
		3. "1+X"考证实训室	《机械产品三维模型设计》考证实训室	完善《机械产品三维模型设计》考证实训室	建设《机械工程制图》考证实训室	完善《机械工程制图》考证实训室	完善实训室环境建设
		4. "校中厂""厂中校"与产业园区教学工场	教学工场建设调研	教学工场建设调研	建成智能制造学院教学工场	深圳市创世纪机械有限公司"厂中校"实训基地	珠海三地有限公司"校中厂"实训基地

续表

序号	建设内容	年度目标				
		2021年	2022年	2023年	2024年	2025年
5	实践教学基地	5.校外职业教育实践教学基地	深圳市华亚数控机床有限公司实训基地、中山长准机电有限公司实训基地	广州超远机电科技有限公司实训基地、广东亚泰科技有限公司实训基地	广东利元亨智能装备有限公司实训基地、广东顶固集创家居股份有限公司实训基地	中山市捷程数控机床有限公司实训基地、中山市富拉司特工业有限公司实训基地	广州五所环境仪器有限公司实习实训基地、广东拓斯达科技股份有限公司实训基地
6	技术技能平台	1.专业群"智能制造协同创新中心"	稳定组织机构	横向课题3项	横向课题3项	横向课题3项	横向课题3项
		2.创建高层次工程技术研究中心	稳定组织机构	智能制造工程技术研究中心业务开展横向课题3项	机电技术及智能装备工程技术研究中心业务开展横向课题3项	材料工艺工程技术研究中心开展业务横向课题3项	
		3.打造多层次技能大师工作室	技能大师工作室	技术能手工作室	双师工作室	创新工作室	教授工作室
		4.智能制造科普体验基地	整合资源,规划智能制造科普体验基地	完成智能制造科普体验基地建设	开展智能制造常识及案例运行体验式科普教育2场;接待100人次以上	开展智能制造常识及案例运行体验式科普教育4场;接待200人次以上	开展智能制造常识及案例运行体验式科普教育6场;接待300人次以上
7	社会服务	1.立足粤港澳大湾区先进制造类企业,提供技术服务	面向智能制造企业开展智能生产装备设计、研发	参与企业装备研发;开展新型智能制造装备改造与研发	开展智能制造单元集成及改造、多轴加工技术等技术服务	利用专业群实训中心和高层次人才资源,面向企业员工开展先进技术培训	针对数控加工、数控装备调等技术进行前瞻性和突破性的定向技术应用、信息咨询等服务

续表

序号	建设内容		年度目标				
			2021年	2022年	2023年	2024年	2025年
7	社会服务	2. 多途径开展社会人员学历提升和培训工作	开展学徒制人才培养30人，开展技能培训100人次；建成"西门子智能控制训练中心"	开展学徒制人才培养30人，开展技能培训100人次；开展工业自动化训练系统认知训练、基础训练	开展学徒制人才培养30人，开展技能培训100人次；开展机器人操作等综合与创新训练项目	开展学徒制人才培养30人，开展技能培训100人次；为企业培训员工200人次	开展学徒制人才培养30人，开展技能培训100人次；为企业培训员工200人次
		3. 利用智能制造科普体验基地，开展智能制造科普教育体验	整合资源，规划智能制造科普体验基地	完成智能制造科普体验基地建设	开展智能制造常识及案例运行体验式科普教育2场；接待100人次以上	开展智能制造常识及案例运行体验式科普教育4场；接待200人次以上	开展智能制造常识及案例运行体验式科普教育6场；接待300人次以上
		4. 加强专业群竞赛平台建设，开展各级各类技能竞赛承办	建设专业群技能竞赛平台，承办省市级技能竞赛2场	承办省市级技能竞赛2场；开展技能竞赛培训100人次	承办省市级技能竞赛2场；开展技能竞赛培训100人次	承办省市级技能竞赛2场；开展技能竞赛培训100人次	承办省市级技能竞赛2场；开展技能竞赛培训100人次
8	国际交流与合作	1. 建立国际职业资格培训中心	建立西门子原厂认证证书考点，组织学生培训，进行NX CAD助理工程师考证	组织学生或者企业员工进行培训及NX CAD助理工程师考证	组织学生或者企业员工进行培训及NX CAD助理工程师考证	组织学生或者企业员工进行培训及NX CAD助理工程师考证	组织学生或者企业员工进行培训及NX CAD助理工程师考证
		2. 拓宽教师教学国际视野	走访境外高校或者机构，初步达成合作意向	与海外高等职业院校建立人才培养培训基地	派出1名教师赴境外学习交流	派出2名教师赴境外学习交流	派出1名教师赴境外学习交流

续表

序号	建设内容	年度目标				
		2021年	2022年	2023年	2024年	2025年
9	可持续发展保障机制					
	1. 成立专业群管理委员会	成立专业群管理委员会	制定质量制度	落实质量制度并不断完善	落实质量制度并不断完善	开展学生综合素质评价的诊断与评估
	2. 组建专业群办公室	组建专业群办公室	制定规章制度	落实规章制度并不断完善	落实规章制度并不断完善	开展国内外交流合作、师资培训、技术服务
	3. 成立专业群建设指导委员会	成立专业群建设指导委员会	制定规章制度	落实规章制度并不断完善	落实规章制度并不断完善	根据产业环境变化，对群内专业、人才培养方向及课程体系进行动态调整
	4. 成立专业学院管理委员会	开展专业群与企业共建模式的调研工作	实施与企业联合办学，并研究实施相应评价机制	完善兼职教师的聘用机制，并制定灵活的校企双向交流机制	完善兼职教师的聘用机制，并制定灵活的校企双向交流机制	对人才培养模式的效果开展评估工作
	5. 成立专业群顾问委员会	开展专业群面向产业的调研工作	专业群专业设置，人才培养方案制定情况的检查	根据新的专业群专业设置、新的人才培养方案和课程设置，全面开展人才培养工作	根据新的专业群专业设置、新的人才培养方案和课程设置，全面开展人才培养工作	对毕业生开展跟踪调查，对行业企业开展调研，分析毕业生相关数据，对人才培养质量进行比较评估

八、专业群经费预算

专业群经费预算如表6-10所示。

表6-10 专业群经费预算

序号	建设内容		经费预算/万元				
			2021年	2022年	2023年	2024年	2025年
1	人才培养模式创新	1. 创建多方协同育人体制	2	2	2	2	2

续表

序号	建设内容		经费预算/万元				
			2021年	2022年	2023年	2024年	2025年
1	人才培养模式创新	2. 构建"三场所五阶段"的人才培养体系	2	2	2	2	2
		3. 实现工学交替、产教融合	2	2	2	2	2
		4. 落实立德树人根本任务	2	2	2	2	2
		5. 构建专业群职业等级证书体系	2	2	2	2	2
2	课程教学资源建设	1. 优化课程体系	2	2	2	2	2
		2. 推行大思政教育	2	2	2	2	2
		3. 建设优质教学资源	15	20	15	15	10
		4. 建成一批精品在线开放课程	2	2	2	2	2
3	教材与教法改革	1. 教材、学材改革	10	10	10	10	10
		2. 教法、学法改革	5	5	5	5	5
4	教师教学创新团队	1. 全面提升青年教师教学创新能力	2	2	2	2	2
		2. 培养技术精湛的"双师型"骨干教师	10	10	10	10	10
		3. 培育名师大师和专业群建设带头人	5	5	5	5	5
		4. 融聚企业优秀人才，造就高水平兼职教师队伍	2	2	2	2	2
5	实践教学基地	1. 先进技术虚拟仿真中心	50	/	/	/	/
		2. 智能制造应用技术仿真实训室	/	/	50	/	/
		3. 工业机器人虚拟仿真实训室	/	/	50	/	/
		4. 数字孪生仿真实训室	/	50	/	/	/
		5. CAD/CAM实训室	/	/	/	/	40
		6. 数控设备装调实训室	/	66	/	/	/
		7. 高端数控加工实训室	/	151	/	/	/
		8. 智能制造综合实训室	/	/	/	90	/
		9. "1+X"考证实训室	70	/	/	/	/

续表

序号	建设内容		经费预算/万元				
			2021年	2022年	2023年	2024年	2025年
6	技术技能平台	1. 专业群"智能制造协同创新中心"	2	2	2	2	2
		2. 创建高层次工程技术研究中心	2	2	2	2	2
		3. 打造多层次技能大师工作室	2	2	2	2	2
		4. 整合科普教育资源，打造智能制造科普体验基地	2	2	2	2	2
7	社会服务	1. 立足粤港澳大湾区先进制造类企业，提供技术服务	0.5	0.5	0.5	0.5	0.5
		2. 多途径开展社会人员学历提升和培训工作	0.5	0.5	0.5	0.5	0.5
		3. 利用智能制造科普体验基地，开展智能制造科普教育体验	0.5	0.5	0.5	0.5	0.5
		4. 加强专业群竞赛平台建设，开展各级各类技能竞赛承办	0.5	0.5	0.5	0.5	0.5
8	国际交流与合作	1. 建立国际职业资格培训中心	5.5	5	5	5	5
		2. 拓宽教师教学国际视野	/	5	5	5	5
9	可持续发展保障机制	1. 成立专业群管理委员会	0.5	0.5	0.5	0.5	0.5
		2. 组建专业群办公室	0.5	0.5	0.5	0.5	0.5
		3. 成立专业群建设指导委员会	0.5	0.5	0.5	0.5	0.5
		4. 成立专业学院管理委员会	0.5	0.5	0.5	0.5	0.5
		5. 成立专业群顾问委员会	0.5	0.5	0.5	0.5	0.5
	小计		203	359.5	187.5	177.5	122.5
	合计		1000				

第七章
国家教学资源库建设
——电梯工程技术教学资源库建设研究

本方案是依据教育部《关于做好职业教育专业教学资源库 2017 年度相关工作的通知》(教职成厅函〔2017〕23 号)、《现代职业教育体系建设规划（2014—2020 年）》《高等职业教育创新发展行动计划（2015—2018 年）》《关于实施国家示范性高等职业院校建设计划加快高等职业教育改革与发展的意见》（教高〔2006〕14 号）等文件及职业教育专业教学资源库建设指南编制的。

截至 2023 年底，全国电梯保有量 1062.98 万台，同比增长 10.22%，位居世界第一，且电梯产量每年仍以近 20%速度增长，电梯从业人员数量增长量远远跟不上电梯产业的发展速度，且从业人员的素质也满足不了电梯智能化的要求。同时，电梯事故频繁发生。据 2023 年国家市场监管总局统计，电梯安装调试、日常维护维修与使用管理等原因导致电梯事故的占比高达 84.44%，电梯及时维保和安全运行已成为大众共同关注的焦点。

"一带一路"倡议对我国电梯产业进一步国际化提供了难得的历史机遇期，培养拥有国际化素质且熟悉国家电梯行业标准与技术的专门电梯安装维保人才，变得极为迫切。

为此，中山职业技术学院、杭州职业技术学院和济南职业学院立足各自优势资源，牵头汇集中国建筑科学研究院建筑机械化研究分院、中国电梯协会、浙江省特种设备检验研究院、16 所高职院校、19 家电梯企业，以"一体化设计、结构化课程、碎片化资源"的逻辑思路为宗旨，以现代信息技术应用为抓手，按照"一馆、二园、四中心"的架构，建成"能学、辅教"的具有国际水平、国内领先、资源丰富、开放共享、持续发展、应用广泛、行业特色鲜明的电梯工程技术专业教学资源库，填补了电梯行业专业教学资源库的空白，让学者乐学，教者乐教。

该资源库于 2016 年荣获广东省教学资源库建设立项，次年成功跻身国家教学资源库备选行列，并于 2023 年顺利通过国家教学资源库的验收，实现了从省级到国家级的跨越发展。

一、项目建设背景、必要性与意义

1. 项目建设背景

（1）各地电梯事故频发，凸显电梯维保业存在问题的严重性据中国电梯协会安装维修委员会统计数据显示，2022 年全国发生重大电梯事故 22 起，死亡 17 人；2023 年全国发生重大电梯事故 14 起，死亡 13 人。造成这些事故的绝大部分原因是电梯维保人员技能水平不够导致维保不到位。经国家市场监督管理总局统计分析得出：电梯事故频发的主要原因是电梯维保质量低、维保人员技术能力不高。

（2）电梯保有量急剧增加，造成电梯维修保养人才严重短缺

公开资料显示，我国目前从事电梯安装调试和维修保养岗位的专业人员缺口达到 50 万人。

截至 2023 年底，全国电梯保有量 1062.98 万台，位居世界第一。按正常保养工作量测算，一个维保人员每月能保养电梯最多 20 台（不含维修），仅全国的在用电梯就需要 28 万名有资质的专业人员，但国内目前有资质的维保人员不到 10 万人，电梯维修保养人才严重短缺。仅广东省中山地区而言，由于专业人员的缺乏，电梯维保人员人均负责 30 台以上的电梯维保任务，个别地方甚至还出现 1 个维保人员每月负责 60 台电梯维保的超负荷案例。同时，由于作业环境相对艰苦，具有一定的危险性，收入待遇不高，目前已经出现了较为严重的人员流失现象。

（3）"智慧电梯"新时代来临，亟待提高电梯业从业人员素质

随着"云物大智"时代的来临，近几年来，云计算、物联网、大数据、人工智能等新技术日益成熟，我国电梯行业也逐渐进入了"智慧电梯"的新时代，传统电梯开始转型升级，新兴的"智慧电梯"迎来了行业的黄金发展期，需要建立一支技能水平高、管理严格的电梯维护与管理人才队伍；同时，由于从业人员大多学历不高，最初由师傅引领入行，未经历过系统完整的理论与技能培训，后期业务水平的提升发展受到限制，他们往往有较强的学习深造愿望，但苦于没有充足的、适合的教学资源可供学习。因此，电梯维修保养从业人员素质亟待提高。

（4）高职院校人才供给，远远满足不了电梯业蓬勃发展的需要

据历年高等职业教育专业设置备案结果显示，目前电梯工程技术专业备案数年均超过 20%，处于蓬勃发展期。但由于电梯是特种设备，实战性要求高，且起步也比较晚，所以截至 2023 年 6 月，全国 1500 多所高职院校中，开设电梯工程技术专业的仅有 90 余所，且区域分布极不平衡。全国每年向社会输送高职层次电梯专业学生不到 8000 人，远不能满足电梯行业的用人需求。

（5）专业起步晚、建设不充分、发展不平稳，导致电梯行业教育培训领域优质教学资源相对缺失

一方面，在我国的南部、东部地区，早在 2007 年就开办了电梯工程技术专业，专业综合实力相对较强；而在中西部院校，因经济、环境等诸多因素，在近两年内才逐步开设了电梯工程技术专业，导致电梯职业教育领域教学资源不足、软件教学资源严重不足。另一方面，因人员流动性强，导致了电梯企业不愿在人员培训上投入过多精力财力，且即使电梯企业内部对员工有培训，都是采用师傅带徒弟的方式，几乎没使用专门的教学设备、仿真教学软件、网络学习资料，线上线下教学资源相对缺失。

目前，企业和学校间，以及学校和学校间在电梯教学资源方面无法实现有效信息共享，共享效率低、成本高。据"国家级职业教育专业教学资源库项目管理与监测平台"显示，

目前全国职业教育领域没有用于电梯安装调试、现场检测、维修与保养技术人才培养的教学资源库。

2. 建设必要性

（1）建设电梯工程技术专业教学资源库是满足社会对电梯需求量与日俱增的需要

我国已经成为全球最大的电梯生产和消费市场，是电梯领域的世界工厂和制造中心。世界上主要的电梯品牌企业均在我国建立独资或合资企业，全球 3/4 的电梯在中国制造，2/3 的电梯在中国使用。仅 2017 年，全行业共生产制造电梯 81 万台，占全球总量的 75% 以上；其中保有量达到 52 万台，占全球保有量 35% 以上，出口电梯 7.8 万台。虽然我国电梯保有量快速增长，但我国电梯人均保有量约为 32.2 台/万人，仅仅为日本的 1/6，德国的 1/4，与城镇化率较高的欧美发达国家相比，仍有很大差距。随着我国经济的持续发展，在未来较长时间内我国电梯需求仍呈增长趋势。

在社会、行业的迫切需求下，近几年开设电梯专业的学校数量在以每年超过 30% 的增速不断增加。但由于电梯工程技术专业是高职新兴的特色专业，教学资源稀缺。同时电梯属于特种设备，培养门槛高，教学硬件设备投资大，急需数量大、质量高的教学资源补充实践教学。因此，建设一个高质量的电梯工程技术专业教学资源库，支持电梯工程技术专业人才培养与从业人员继续学习，使得专业人才数量与质量得到提升，非常有必要。

（2）建设电梯工程技术专业教学资源库是服务"一带一路"倡议的需要

建设电梯工程技术专业教学资源库，不仅是为了满足当前社会对电梯工程技术人才的需求，更是为了服务"一带一路"倡议的长远考虑。构建工程技术专业教学资源库，为沿线国家提供高质量的电梯工程技术教育资源，促进技术交流与合作，进而推动区域经济的共同繁荣。这不仅有助于提升沿线国家的基础设施建设水平，还能加强各国在电梯工程技术领域的合作，共同解决技术难题，提高安全标准，确保人民生命财产安全。此外，通过电梯工程教学资源库建设，可以培养出更多具有国际视野和专业技能的工程技术人才，为"一带一路"建设提供坚实的人力资源保障。

"一带一路"沿线上，东南亚地区的人口密度较大、城镇化率较低、经济增速较快，随着当地公共设施的新建、房地产市场的开发，对电梯的需求量很大。但东南亚地区大部分都是发展中国家，电梯设备相对落后，电梯安装、维保的人员数量较少，同时对专业人才的培养资源几乎是空白的，无法满足社会对电梯安装、维保的需求。因此，东南亚地区成为了国内电梯产品以及电梯相关专业人才的重要出口流向。近几年，越来越多的中国电梯企业亮相马来西亚国际电梯展、印度尼西亚国际电梯展览会、印度国际电梯展览会等东南亚重要电梯展览会，展现出世界领先水平的电梯产品、技术以及专业的高素质电梯从业人员风采，如新加坡 50% 以上的国民出行都会使用中国出口的电梯，印度德里地铁交通设施中引进的是中国扶梯等。综上，伴随着电梯产品在东南亚的大量出口，要求电梯安装调试、现场检测、维修与保养技术人才必须在掌握专业知识与技能的基础上，具备国际化素质和国际电梯行业维保技能。

在全国范围内，没有专门教学资源库支撑培养具有国际化素质的电梯安装调试、现场检测、维修与保养技术人才，因此，亟须建立电梯工程技术专业教学资源库，服务国家"一带一路"倡议。

（3）建设电梯工程技术专业教学资源库是带动"中部西部"高职教育发展的需要

据高等职业教育专业设置备案结果，东部地区早在2007年就开办了电梯工程技术专业，中西部院校在近几年内才逐步开设该专业，东部院校电梯工程技术专业建设经验相对丰富、专业综合实力相对较强，对用于人才培养的专用设备、实训仪器、企业实训基地等投入较大，而中西部地区因经济、环境等诸多因素，很难组织起专业且高质量的教学条件，用于培养电梯专业人才，即使组织学生到东部院校进行实习或培训，也仅是短时间的强化训练，难以起到根本性的作用。再加之东部地区的电梯市场相对成熟，人才需求量大，东部地区高职院校培养的电梯专业人才，多集中在东部地区就业，不愿意去往中西部城市进行就业，也无法解决中西部地区的市场需求问题。建立一个高质量的电梯专业资源库，整合多方资源，支持在线学习，带动中西部院校提高教学质量和人才培养质量，解决跨地域的专业人才培养问题，已迫在眉睫。

除了在校学生培养存在跨地域问题外，已就业人员的培训、职业鉴定、继续教育同样存在跨地域的问题。国内外知名电梯企业大多设在东部地区，其对企业员工的培训与职业技能鉴定要求严格，重视从业人员的技能素质培养，而中西部地区电梯企业实力相对较弱，在员工培训、职业鉴定方面的资源相对较少，导致电梯安装、场检、维保从业人员技能水平相对较弱。综上，建立一个高质量的电梯工程技术专业资源库，向中西部地区已就业人员提供系统、高质量的学习资源，搭建继续教育在线教学资源共享平台，十分必要。

3. 项目建设意义

（1）为促进电梯专业人才培养提供优质的教学资源服务

电梯工程技术专业教学资源库将汇聚国家骨干、示范院校在工学结合人才培养模式改革、专业建设、课程建设等方面形成的一大批成果，集成大量的高质量教学资源，为广大同类院校在教学实践中提供教改经验，解决高职院校电梯工程技术专业人才培养共性需求，带动各高职院校电梯工程技术专业教学模式及方法的改革，整体极大地提升电梯工程技术专业人才培养质量。

（2）为推进电梯产业健康发展提供优质的培训资源服务

电梯资源库除了服务全日制学生的教学需要外，还将大力建设符合企业员工技能提升的培训资源，资源涵盖电梯曳引、控制等八大系统，形成"学电梯技术，上电梯教学资源库"的共识。为行业从业人员开展技术培训、技能提升提供资源支撑。电梯企业可以借助资源库，开展内部员工在职培训及技能等级鉴定。通过开发标准化双语教学资源，进一步服务国家"一带一路"倡议，提升国内电梯企业走出去的能力。

（3）为社会自主学习者提供优质的数字化网络资源服务

针对不同的社会学习者，对电梯颗粒化资源进行逻辑整合，满足不同对象、不同层次的学习需求。为物业单位管理人员提供日常巡查内容、维保确认要素、应急处理方法等学习内容，提升管理能力。建立电梯安全使用案例库，引导老百姓树立文明规范乘梯行为，帮助居民提高电梯突发事件应急处置能力，并为其他从业人员开展资源检索、信息查询、资料下载、学习咨询等提供资源服务。

二、建设优势与基础

1. 项目建设优势

（1）项目第一主持单位——中山职业技术学院办学特色突出，专业优势明显

① 基于专业镇相关产业所开办的各类"产业学院"创新了办学体制机制。中山职业技术学院是广东省省级示范院校、广东省一流高职院校建设单位。学院以"镇校企"合作为突破口，吸引了镇区政府、行业、企业参与办学，争取到市政府专项投入1500万元（分3年拨付）前期运行资金、5000万元配套建设资金（除土地、设备等），扎根产业园区办学，分别在小榄镇、古镇镇、沙溪镇和南区4个专业镇（区）建立了与当地产业密切相关的小榄学院、古镇灯饰学院、沙溪纺织服装学院、南区电梯学院、大涌家具学院5个产业学院，产业学院建设被写入中山市"十三五"发展规划。

② 创新创业教育示范引领全国高职院校。中山职业技术学院是广东省首批大学生创新创业教育示范学校、中国职业技术教育学会创业教育专业委员会副主任单位、广东省高职教育创业教育教学指导委员会主任单位。学校创新创业教育先后获得"国家级精品课程"（《创业实务》）、"国家级教学成果二等奖"等大批标志性成果，2016年被科技部评选为"国家级众创空间"，2015年荣获"广东省众创空间试点单位"，2014年10月荣获"全国创业孵化示范基地"。中科招商集团和中山职业技术学院设立基金规模为5亿元的"中科中山创新创业投资基金"，这是全国高职院校中首次成立中科创业学院，优先用于中山职业技术学院师生及校友创新创业、项目孵化、成果转化等，为师生创新创业项目提供人才培养、技术支持、孵化加速、投资融资、市场营销、咨询顾问等系统支持服务，促进"金产学研创"一体化发展。

③ "一镇一品一专业"专业布局建设理念与成效叫响全国。依托专业镇产业学院，中山职业技术学院实施"一镇一品一专业"专业布局，建成了与珠三角区域专业镇先进制造业、现代服务业、战略性新兴产业等高度对接的34个专业和5大专业群，其中中央财政支持重点专业2个、广东省一类品牌专业1个、省级二类品牌专业4个、省级重点专业11个、中外合作办学专业2个、专升本联合培养专业2个；中央财政支持实训基地3个、省级重点实训基地5个，生均教学科研仪器设备值达18589.23元/生、生均校内实践教学工位数（0.87个/生）高于国家示范校平均数（0.55个/生），建成国家级精品课程1个、省级精品课程2个、省级精品资源共享课9门；获国家级教学成果奖二等奖1项、省级教学成果一等奖4项、省级教学成果二等奖1项、省级教学质量工程项目50多项、省级立项建设的精品资源共享课14门。

④ 在市属高职院校教师能力提升考核中全省排名第1。学校打破人事政策壁垒，大量引进大师名师、职教专家、企业技术骨干、能工巧匠等，构建了一支专兼结合、结构合理、素质优良的"双师型"教学团队，拥有一批全国技术能手、中国工艺美术大师、广东省工艺美术大师、广东省技术能手、广东特支计划教学名师、省级教学名师、"千百十工程"人才培养对象、中山市优秀专家、拔尖人才等。2015年，学校在市属高职院校教师能力提升计划项目工作成效考核中全省排名第1，学校教师参加教学竞赛、信息化教学大赛、说专业比赛、说课比赛获省级以上奖励200多项。

⑤ 人才培养质量各项指标位列全省高职院校之首。至 2017 年底，学生参加全国职业院校技能大赛获国家级奖项 21 项、省级奖项 191 项，连续 3 年总分均列全省高职院校前 5 名；毕业生连年就业率均超过 98%，位居广东省高校前列，其中 2015 年以高达 99.53% 的初次就业率位列全省高职院校之首；根据麦可思调查，学校 2015 届毕业生就业现状满意度为 64%，高于全国高职平均水平 61%，对母校满意度高达 96%，比全国高职平均水平高 8 个百分点，母校推荐度的比例为 73%，比全国高职平均水平高 9 个百分点；《广东省高职院校毕业生培养质量、专业预警和产业需求报告（2013 年度）》显示，学校在用人单位最满意院校中全省排名第 2，毕业生自主创业率保持在 3.2%，高于全国、全省同类院校。中山职业技术学院人才培养指标与全国高职平均水平对比如图 7-1 所示。

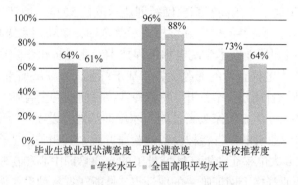

图 7-1　中山职业技术学院人才培养指标与全国高职平均水平对比

⑥ 主动服务中山市专业镇产业转型升级和中小微企业技术创新。依托专业镇产业学院拓宽了学校与政府、行业和企业的联系机制，长年派出科技特派员教师入驻企业，为企业解决技术难题、开发新产品、改进生产工艺等，取得了一大批社会服务成果；2016 年获批国家发改委"十三五"产教融合发展工程项目（全国百强，全省仅 5 所高职院校立项），与中山装备制造研究院、中山北京理工大学研究院、武汉理工中山研究院及相关企业等组成"中山市产学研战略联盟"；成立中山市自动化研究所、超星中山研究院等 10 个研究院所（中心）和中山市游戏游艺无损检测中心等 4 个检测服务中心，协同解决行业共性技术问题和企业新产品技术开发难题；师生专利授权量自 2008 年以来连续数年位列全省高职院校之首，12 项国家发明专利成为推动中山企业上市的利器，70 多项科技成果逐步实现技术转移，并形成产业化生产；开办市内首个社工专业，成立市内首个依托高校运作的社会工作服务机构——中山市心苑社会工作服务中心，荣获"首批全国社会工作服务标准化建设示范单位"；学校教师参与《中华人民共和国职业教育法》的修订和《中国职业教育 2030》的草拟工作，大批人文社会科学人才为市镇两级政府、中小微企业提供政策研究、决策咨询、规划拟定等服务；搭建面向专业镇人口素质提升的继续教育服务平台，积极开拓多样化短期培训和技能鉴定渠道，为社会培训了各种技术人才，为区域经济的发展提供了充足的人才资源保障。

⑦ "政、校、行、企"合作成立理事会形式电梯学院实现专业办学体制机制创新。中山职业技术学院电梯工程技术专业是依托国家火炬计划中山电梯特色产业基地，联合中国电梯行业协会和国家电梯质量检验检测中心（中国建筑科学院机械化研究分院），在国内率先开设的电梯专业。由中山市南区政府、学校、中国电梯协会、中山区域主流电梯企业

合作，共同成立了理事会形式的"中山职业技术学院南区电梯学院"，组建了由中国建筑科学院机械化研究分院院长、中国电梯协会理事长担任主任和《中国电梯》杂志社主编担任副主任的专业教学指导委员会。

（2）项目联合主持单位——杭州职业技术学院、济南职业学院综合实力强劲

① 杭州职业技术学院。

· 学校优势。杭州职业技术学院是杭州市人民政府主办的全日制高职院校。学校先后获得全国高职高专人才培养工作水平评估优秀学校、全国黄炎培职业教育奖"优秀学校奖"、全国职业院校就业竞争力示范校、全国职工教育培训示范点、全国教育信息化试点单位、首批国家职业院校文化素质教育基地建设单位、国家优秀骨干高职院校、全国高等职业院校服务贡献50强、全国高职院校创新创业示范校50强、浙江省"十三五"高职优质校建设单位。学校"校企共同体"办学模式示范全国，荣获国家级教学成果一等奖。

· 专业优势。杭州职业技术学院电梯工程技术专业是杭州职院集聚浙江省特种设备检验研究院、全球六大电梯企业的资源优势，基于行业人才紧缺而重点打造的特色专业，是国家骨干专业、浙江省高校"十三五"特色专业。目前拥有全省唯一的电梯评估与改造应用技术协同创新中心、建有国家级高技能人才培训基地建设项目2个，本专业是同行示范，产业高度认可。专业与浙江省特种设备检验研究院及其相关企业合作，成立特种设备学院，该学院是全球6大电梯企业浙江区域员工的入职培训中心和在职员工能力再提升基地，是浙江省电梯从业资格上岗证唯一的取证点，是浙江省特种设备协会唯一来自高校的副理事长单位。与全球电梯龙头企业奥的斯（中国）共建华东区域职工培训中心，是国内唯一一个与全球电梯前三强（奥的斯、迅达和通力）都有项目合作的专业。建有投资3亿元的杭州市公共实训基地，在此基础之上校企合作先后投资1900万元共建国内规模最大的电梯实训基地，该基地是目前浙江省内唯一一家能对电梯进行安装、改造、维保、大修及调试的生产性实训基地。本专业引入新加坡南洋理工学院"学期项目课程"理念，打破传统的成建制班级上课、平行班上课的形式，以项目载体为核心重组教学内容，解决了以往在黑板上和实验室讲授电梯装调和维修的问题。

② 济南职业学院。

· 学校优势。济南职业学院是国家示范性（骨干）高职院校、山东省示范性高职院校，山东省首批优质高等职业院校建设工程建设单位。

· 专业优势。济南职业学院在山东省高职院校中率先开设电梯工程技术专业，坚持"与巨人同行、与品牌为伍"的校企合作理念，济南职业学院与迅达（中国）电梯有限公司合作共建迅达（中国）电梯有限公司鲁豫区域技术培训中心，成立集专业教学、研发、培训、职业鉴定四位一体，实施全方位、全过程育人模式，创新校企一体化的长效机制。

学院师资力量强、教学资源丰富、管理规范、人才培养质量高，注重选取具有先进设备、规范管理、领先技术和优质产品的济南二机床集团有限公司、迅达（中国）电梯有限公司、海信集团等企业，在人才培养、实习就业、产品研发、技术培训等方面开展长期、稳定、全方位合作。这些合作起点高，示范性强，具有引领效应和推广价值。

（3）项目联合申报单位——政校行企协同、地域分布合理、优势互相补充

① 本项目得到了电梯行业的鼎力相助。

· 中国建筑科学研究院建筑机械化研究分院。中国建筑科学研究院建筑机械化研究分院隶属于中国建筑科学研究院，成立于1956年，是我国从事建设机械、电梯和机械化施工新技术应用研究和新产品开发的专业研究机构，其研究领域包括：钢筋机械连接技术与设备、钢筋加工机械及施工技术、电梯技术、建筑装修机械、高空作业机械、施工升降机械、起重机械、建筑扣件和模板脚手架、电梯和建设机械检测技术、电梯和建设机械安全技术、电梯和建设机械标准研究。分院在科研方面取得了显著成就，拥有包括国家级有突出贡献的专家、国务院政府特殊津贴专家、省市级专家、教授级专家以及一大批中青年科技骨干在内的人才队伍。多年来共完成科技成果300多项，制定、修订国家和行业标准230多项，有65项成果获国家及省、部级科技进步奖。国家标准SAC/TC 196全国电梯标准化技术委员会、《中国电梯》杂志社、中国建设教育协会建设机械职业教育委员会都设立在中国建筑科学研究院建筑机械化研究分院，该分院具有整合所有电梯企业继续教育、在职培训考证、技术交流的能力，为电梯工程技术专业教学资源库建设的可持续发展提供保障。

· 中国电梯协会。中国电梯协会的前身成立于1984年，当时隶属于中国建筑机械化协会。随着中国电梯行业的快速发展和协会的不断壮大，1991年正式成立中国电梯协会。

· 浙江省特种设备检验研究院。浙江省特种设备检验研究院是浙江省质量技术监督局直属公益性事业单位，主要从事质量技术监督领域的特种设备检验检测、技术鉴定、许可评审和教育培训等工作，是浙江省专业的特种设备节能检测单位。具有6个类别电梯整机和24个类别电梯部件检测能力，是目前全国同行中唯一拥有三位一体检测能力的单位。浙江省特种设备检验研究院培训部目前建有海宁与下沙两大培训基地。培训部所属电梯实训中心目前是浙江省内唯一一家专业从事电梯作业人员技能培养的培训基地，也是浙江省首家具备电梯安装工和维修工初、中、高级及技师培训和技能鉴定的机构，被列为杭州市示范性职工培训中心建设项目。

② 本项目得到了东南西北各方院校的大力支持。项目建设院校分布于我国华北、中原、华中、华南、华东、西北等地区，其中有国家示范院校2所、国家骨干院校高职院校6所、省示范院校3所。电梯工程技术专业均为各学校重点建设专业，联合申报院校围绕电梯工程技术专业人才培养，形成了一批国家精品课程、省级、校级在线开放课程资源，项目建设内容具有代表性，具体如表7-1所示。

表7-1 项目参与建设精品课程统计情况（排名不分先后顺序）

序号	项目参与建设院校	国家级/省级精品在线开放课程	备注
1	成都纺织高等专科学校	15门	国家骨干院校 省示范院校
2	河南工业职业技术学院	19门	国家骨干院校 省示范院校
3	济南职业学院	61门	国家骨干院校
4	宁夏职业技术学院	8门	国家示范院校
5	天津轻工职业技术学院	6门	国家示范院校

续表

序号	项目参与建设院校	国家级/省级精品在线开放课程	备注
6	四川信息职业技术学院	22门	省示范院校
7	苏州职业大学	8门	—
8	重庆能源职业学院	—	—
9	咸宁职业技术学院	7门	—
10	梧州职业学院	—	—
11	甘肃建筑职业技术学院	—	省示范院校
12	广东理工职业学院	1门	—
13	贵阳职业技术学院	—	省示范院校
14	茂名职业技术学院	1门	—
15	杭州万向职业技术学院	9门	—
16	中山火炬职业技术学院	3门	国家骨干院校、省示范院校

③ 本项目获得了各类电梯企业的积极参与。多年来，与广东菱电电梯公司等19家知名企业长期紧密合作，企业技术骨干人员参与电梯专业教学资源开发与平台建设，共建共享资源、共推行业技术升级和制定行业标准等，为资源库建设提供了大量生产一线的案例和技术支持，使项目建设内容更具前瞻性、先进性、普适性、推广性。联合申报企业如表7-2所示。

表7-2 联合申报企业（排名不分先后顺序）

序号	企业名称	为资源库建设提供的支持	备注
1	广东菱电电梯有限公司	电梯制造类企业标准、规范、案例	合资企业
2	杭州容安特种设备职业技能培训有限公司	电梯技能培训标准、规范、案例	民营企业
3	杭州容创电梯有限公司	电梯安装工艺规范、安装工程案例	民营企业
4	住友富士电梯有限公司	电梯安装工艺规范、安装工程案例	合资企业
5	上海三菱电梯有限公司中山分公司	培训教程、题库	合资企业
6	中山市广日电梯工程有限公司	电梯保养案例	民营企业
7	中山市一爽电梯有限公司	电梯施工案例	民营企业
8	广东东日电梯有限公司	电梯工程案例	民营企业
9	广东康力电梯有限公司	电梯安装、保养案例、现场视频	民营企业
10	美迪斯电梯有限公司	电梯工程案例	民营企业
11	深圳市德奥电梯有限公司	乘客电梯、载货电梯、观光电梯、别墅电梯工程案例	民营企业
12	樱花电梯(中山)有限公司	电梯安装、保养案例、现场视频	民营企业
13	化学工业出版社	成果出版	国家级出版社
14	中山南区电梯工程研究院有限公司	电梯制造案例	民营企业

续表

序号	企业名称	为资源库建设提供的支持	备注
15	领航未来（北京）科技有限公司	平台技术支持	高新技术企业
16	广东京通资讯科技有限公司	技术指导	高新技术企业
17	广东力拓网络科技有限公司	平台技术支持	高新技术企业
18	广东非凡教育设备有限公司	平台硬件	高新技术企业
19	中山众方网络科技有限公司	平台技术支持	高新技术企业

2. 项目建设基础

作为主持单位的中山职业技术学院与杭州职业技术学院、济南职业学院，经过多年电梯工程技术专业办学的积累，在课程、实训、技能竞赛、社会服务等方面形成了大量的能满足教师教学需要、企业员工学习需要、学生与社会学习者自主学习需要的各类教学资源，为建设电梯工程技术专业教学资源库打下了坚实的基础。

（1）专业建设基础扎实

中山职业技术学院电梯工程技术专业是在全国高职院校中率先开设的电梯类专业。

① 拥有一支广东省优秀教学团队。中山职业技术学院电梯工程技术专业是广东省优秀教学团队，现有专任教师20名，其中硕博士11人，教授4人，副教授、高级工程师8人，高级技师10人，聘有兼职教师20人，全部为有丰富实践经验的一线工程师。

② 拥有众多国家级、省级电梯行业身份和专业建设成果。国家电梯行业职业资格标准和培训教材编写的副组长单位；全国电梯行业首批特有工种职业技能鉴定站；广东省电梯维护与管理专业教学标准的主持单位；广东省大学生校外实践教学基地立项建设单位；广东省级优秀教学团队立项建设单位；广东省专业教学资源库立项建设单位；中央财政支持的实训基地建设单位；市电梯行业协会秘书长单位；广东省首批重点专业；广东省一类品牌建设专业；广东省示范性重点建设专业；广东省一流高校高水平建设专业。

③ 拥有众多教育教学改革研究和科学研究成果。完成了7门专业核心课程的项目化教学改革；建成了《电梯安装工程》等5门精品课程及微课资源，其中《电梯构造与原理》获得2015年度广东省精品在线开放课程立项；公开出版《电梯专业英语》《电梯构造与原理》《电梯安装工程》《电梯零部件设计》4部教材；完成了《电梯三维数字化模拟教学平台》的研发，填补了国内电梯教育培训行业数字化教学资源空白；中山职业技术学院电梯工程技术专业教师的《政府有效介入下的职业教育校企合作长效机制研究》获得了国家社科基金"十二五"规划教育学一般项目课题立项；《基于计算机技术的电梯专业三维数字仿真共享型教学资源平台的研发与应用》《电梯维护与管理专业教学标准的制定》《基于现代学徒制的电梯专业教学标准研制》等10余项课题获广东省教育教学改革研究项目立项；《中山电梯产业基地电梯零部件检测创新平台的研发》等8项科研项目获广东省和中山市科技计划项目立项；发表科研与教学论文100余篇，申请电梯技术专利30余项。

④ "2+1"或"1+2"办学模式支持中西部职教扶贫。按照"改革、创新、开放、合作、共享"的理念，加强与中、高职院校的交流与合作，初步建立了"中、高职院校电梯专业人才合作培养基地"，实现了资源共享。分别与邵阳职业技术学院、宁夏职业技术学院、贵阳职业技术学院、福建省三明市职业学校等中高职院校签订校校合作协议，通过"2+1"

"1+2"人才培养模式,为兄弟中高职院校开展了 300 余人次的电梯专业普通学历教育人才培养,并安排了顶岗实习与就业服务;帮助中山市启航技工学校、韶关市交通技术学校等多家中职学校开设电梯专业,做好电梯专业规划与建设;同时为相关高职院校电梯专业 47 人次的专业教师提供了专业培训服务。

⑤ 人才培养质量得到高度认可。近年来,本专业在校生获得全国职业院校技能大赛国家级一等奖 1 项、二等奖 1 项、三等奖 2 项,省级一等奖 4 项、二等奖 5 项、三等奖 4 项;麦可思公司对毕业生调查分析报告显示,本专业毕业生专业竞争力在我校 33 个专业中名列前茅,毕业就业对口率连续三年全校第一,毕业生对母校的满意度达 100%,对母校的推荐度达 95%,连续三年就业率达到 100%。

⑥ 成功办学经验获得广泛关注。理事会形式"中山职业技术学院南区电梯学院"和与中国建筑科学院建筑机械化研究分院、广东省不止投资实业有限公司、中山市政府南区办事处共同注资 770 万元,成立的混合所有制形式的中山电梯工程研究院等成功办

图 7-2　办学经验被多次报道

学经验,分别被《中山日报》《中国教育报》《中国青年报》《南方都市报》等多家媒体进行了多次报道,入选了教育部 2013 年人才培养质量年报,如图 7-2 所示。

(2)资源积累初具规模

① 课程资源建设。为开发核心课程资源,中山职业技术学院牵头 16 所高职院校,与国家电梯行业和技术管理的归口单位中国建筑科学院机械化研究分院(中国电梯协会、国家电梯质量检验检测中心的依托单位)一起历时两年,先后走访调研了全国电梯行业的 58 家电梯企业、行业协会,涉及电梯设计、制造、营销、安装、维修、保养和监督检测等 50

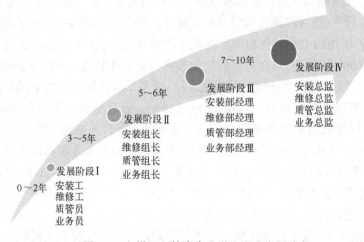

图 7-3　电梯工程技术专业学生职业发展阶段

个岗位，收集整理了3200份岗位描述表、580份职业发展历程表、420份典型工作任务描述表。同时，中山职业技术学院与麦可思公司合作开展了"毕业生跟踪调研"，明确电梯工程技术专业学生职业生涯规划，如图7-3所示。

通过调研数据的深入分析与专家论证（图7-4），精准瞄准了电梯工程技术专业面向电梯安装、现场安检、维修与保养、电梯销售的四类岗位群，基于专业面向的四类岗位群，分析了岗位能力要求，形成了电梯工程技术专业课程体系。

图7-4 电梯工程技术专业教学资源库建设专家研讨会

为了推进电梯工程技术专业教学资源库（图7-5）建设，项目团队定期组织研讨会，分析资源库建设和应用中存在的问题，并集思广益，为今后的工作提出方向和具体的工作部署。

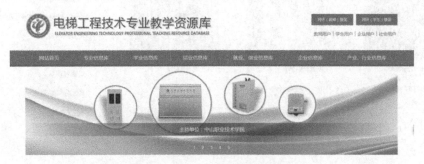

图7-5 电梯工程技术专业教学资源库首页示例

在课程体系（图7-6）的基础上，建成了《电梯安装工程》《电梯维护与维修》等8门核心课程（图7-7）；公开出版《电梯专业英语》《电梯构造与原理》《电梯安装工程》《电梯零部件设计》4部教材，自编《电梯零部件设计》《电梯标准与检测》《智能大厦控制系统》《电梯安装维修考证培训》《PLC编程与变频调速技能综合训练》《电梯控制技能综合训练》《电梯装饰技术》《电梯营销》8门校本教材，形成了"电梯导轨安装""电梯门系统故障排除""电梯厅门保养"等自主学习典型工作任务和重点技能训练模块40个；建成了电梯安全回路故障排除、电梯样板架尺寸计算、层门的锁紧与闭合等300个优质微课（图7-8）；目前已上线资源数近4600条。各类资源除图文素材外，其他视频、音频、动画、虚拟等资源数量占资源总量的52%，如图7-9所示。

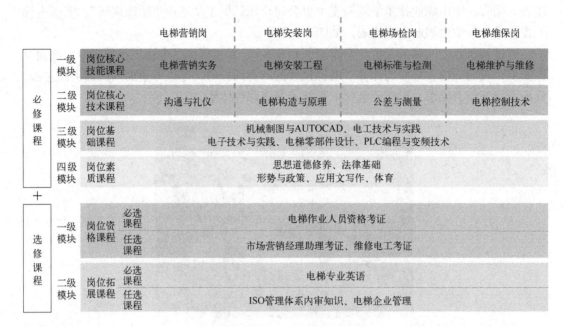

图 7-6 电梯工程技术专业课程体系

图 7-7 电梯工程技术专业教学资源库核心课程部分示例

图 7-8 电梯工程技术专业教学资源库微课资源部分示例

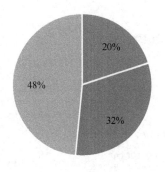

■ 动画素材　　■ 视频素材　　■ 图文素材

图 7-9　教学资源库素材类型分布情况

② 实训资源建设。

· 中山职业技术学院通过引进企业电梯设施设备和自主研发,建成中山电梯产业基地电梯零部件检测创新平台和电梯新技术学习中心,如图 7-10 所示。制定了《制图测绘实训标准》《电梯金工实训标准》《职场认知实习标准》等 9 门实训课程标准,如图 7-11 所示。

图 7-10　中山职业技术学院电梯实训基地

· 杭州职业技术学院建有投资 3 亿元的杭州市公共实训基地用于电梯专业基础理论课和实践课。与浙江省特种设备检验研究院及其关联公司以协议的形式共建特种设备学院,同时将国家电梯检验中心(浙江)纳入学院托管;与浙江省特检院、合作企业共建了国内规模一流的电梯实训基地用于电梯技能培训提升和实训,该基地是目前浙江省内唯一一家能对电梯进行安装、改造、维保、大修及调试的生产性实训基地。与全球电梯龙头企业奥的斯(中国)建成了华东区域职工培训中心,中心具有行业龙头企业奥的斯先进的电梯技能实训体系。电梯专业教学根据电梯维护保养项目、位置、频次和难度不同,将不同型号

图 7-11 电梯工程技术专业实训课程标准

《电梯安装工程》(一体化教学)课程标准

课程名称：电梯安装工程，代码：5205012
总学时数：126　理论课学时数：36　实践课学时数：90
学分数：7
适用专业：电梯维护与管理、电梯工程技术
本标准由电梯专业教师陈秀和与中山市诺宏机电工程有限公司谢益忠合作编写。

一、课程性质

《电梯安装工程》属于电梯维护与管理、电梯工程技术的专业核心课程。通过本课程内容的学习，使学生掌握电梯安装的基本规程、安装的要求、质量要求和验收标准；掌握电梯安装的程序及各部件的安装工艺，电梯安装调试的具体内容及要求；掌握电梯调试常见故障的产生原因及排除方法等重要理论知识及实践经验，为取得电梯安装或电梯维护保养特种作业证书，为将来从事电梯安装等工作打下基础。

二、课程教学目标

总体目标： 通过本课程的学习，使学生能熟知电梯安装标准与验收规范，掌握电梯各部件的安装方法及调试方法，具备安装常用电梯的能力和相应的安全知识与能力，建立并强化安全生产意识，规避电梯安装过程中的风险。

能力目标：
1. 能根据电梯安装《吊装作业规程》《高空作业规程》和《井道作业规程》的要求，做好电梯安装工作中的安全保护工作。
2. 能根据电梯安装准备工作的要求，做好开箱验收、资料收集、工具及安全防护用具准备和井道勘测的准备工作。
3. 能根据井道布置图形式和样板架制作要求，制作样板架并布放基准线。
4. 能运用工程进度表格知识，编制电梯安装工程进度表。
5. 能根据井道脚手架搭设标准，搭设井道脚手架。
6. 能根据电梯不同作业区域的安装内容及安装标准要求，进行电梯各

《电梯控制技术》课程标准

一、课程的性质

《电梯控制技术》是电梯维护与管理专业的专业核心课程之一，计划课时72 (32+40)，4学分。本课程以理论教学和实践操作为结合的一体化教学方法，通过对电梯控制基本知识和技能的学习，使学生会做电机自学习、电梯的慢车调试；会按照原理图完成电路任务要求的安装与接线任务；能根据原理图和电路任务要求完成电梯的电气调试与故障排除。并通过具体学习电梯的电气部件的选型、交流单速杂物梯的电气图纸分析、交流及速电梯的PLC编程与电气调试、微机控制系统的电机自学习以及慢车调试等内容，使学生掌握在掌握电梯控制技术基本理论和基本知识的基础上，重点加强实践动手能力的培养。本课程为职业技能核心课程，先期的课程有《电工技术与实践》《电子技术与实践》《PLC编程与变频技术》，后续的课程有《电梯维护与维修》等课程。

在本课程的教学过程中，必须安排4~6课时的职业道德教育内容。

二、课程思路

本课程总体设计思路是以项目教学和情景模拟为主要教学方法，和广东菱电电梯有限公司技术总监黄一老讨论，围绕一般企业电梯电气技术岗位工作技能要求及工作任务设计教学内容。其总体设计思路是，打破以知识传授为主要特征的传统学科课程模式，转变为以工作任务为中心组织课程内容，并让学生在完成具体的项目中掌握相应的工作任务，并构建相关理论知识，发展职业能力。课程内容设置必要的电梯控制技术的基本理论，突出电气调试操作技能的训练。教学过程中，以课堂教学、课内实操为主，通过工学结合形式，充分开发和利用各类学习资源，给学生提供丰富的实操、实践机会。

项目设计以典型电梯控制技术岗位的工作流程为线索来进行。在教学过程中，结合具体项目要求，每位学生必须独立完成给出的工作项目，并能够完成电气部件的安装与调试、电梯的电气调试与故障排除等问题。其目的是使学生在真正了解电梯安装与故障排除工作任务的具体内容同时，基本掌握一般电梯系统中电气控制的检测、调试与故障排除的程序、一般

部件维护保养工作建设成教学实训室 5 个，主要包括电梯重要部件实训室、扶梯部件及安全展示实训室、电梯故障模拟器及重要部件实训室、厅轿门模拟器实训室和电梯控制实训室。建立专门用于学徒实训的"0号实训室"和"0号井道"，每个"0号实训室"不超过12人，每个"0号井道"不超过6人。采用现代化的可视头盔教学系统，让每个学徒都能清晰地看清和理解师傅的每步操作动作，并能和在井道内部进行技能讲解的师傅进行实时对话，提高学徒培养效率。如图 7-12~图 7-18 所示。

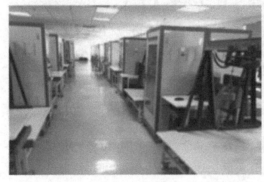
图 7-12　电梯电气控制与 PLC/变频器实训室

图 7-13　电工电子技术实训室

· 作为牵头单位，吸纳省特检院、省特种协会、中国计量大学、容创电梯为核心组成单位，以"资源共投、利益共享、风险共担"为纽带，通过任务牵引联合国家电梯中心、市处置中心、奥的斯、西奥等创新力量，建立了浙江省电梯评估与改造应用技术协同创新

中心,将中心所做评估改造项目运用到电梯专业学生的教学当中,教学现场如图 7-19 和图 7-20 所示。专业教师协助政府出台《浙江省电梯主要零部件判废标准》《在用电梯风险评价规则》等行业标准,并将其作为《电梯法规及标准》课程教学资源,如图 7-21 所示。

图 7-14 电梯实训基地

图 7-15 实训基地实训教学场景

图 7-16 电/扶梯故障模拟器实训室部分场景

图 7-17 学徒在"0 号实训室"上课

图 7-18 可视化教学模式上课场景

图 7-19　曳引机性能评估与改造教学现场　　图 7-20　缓冲器性能评估与改造教学现场

图 7-21　专业教师协助出台的行业标准

③ 仿真资源建设。在电梯工程技术专业资源库建设整体架构下，中山职业技术学院与广东京通资讯科技公司合作联合开发了电梯三维数字化模拟教学平台，如图 7-22 所示。该平台包括用于课程教学的电梯零部件工作原理动画软件、电梯零部件拆装和电梯安装模拟练习系列软件和职业资格和技能等级考评软件，如图 7-23 所示，初步满足了教师教学、学生学习、企业员工考证培训、社会学习者继续教育等需要。在此基础上，建成了基于三维数字技术的全仿真环境下的电梯模拟实操室，学员可进行电梯工作原理、模拟安装、模拟检测等环节的互动学习，而且学习结果能够达到可控可测，从而抛弃了传统学习方式下呆板的纸质教材，改革了"老师讲学生听"的传统课堂授课方式，而且可以节省大量昂贵的实训设备投入，学员可以进行身临其境的实战演练，使学习和实战无缝结合。

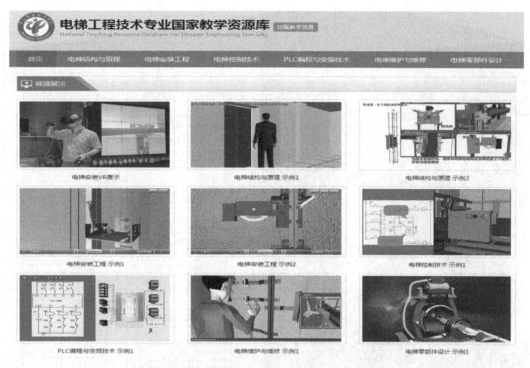

图 7-22　电梯工程技术专业教学资源库三维数字化模拟平台资源示例

图 7-23　三维数字化模拟平台资源——电梯运行展示示例

④ 竞赛资源建设。中山职业技术学院通过企业捐赠设备、现有场地改造、功能整合，建成了 1 个"省级职业技能竞赛场地"，面向本专业学生和电梯企业员工，开展电梯导轨安装和模型电梯控制系统的安装与调试等相关职业技能竞赛；杭州职业技术学院通过承办省级电梯维修工技能大赛、全国电梯维修工技能大赛等重要技能赛项，在人才培养、大赛培训、资格鉴定等方面，积累了大量可用资源。而丰富的已建资源（图 7-24），将通过数

图 7-24　技能竞赛资源展示示例

字化的手段，被逐步融入电梯工程技术专业教学资源库中，极大地扩充了资源库的内容与功能，从而更好地服务于学生、教师、企业以及社会。

⑤ 社会培训、继续教育资源建设。近年来，中山职业技术学院开展了大量的电梯行业上岗资质培训、"门座式起重机"考证等职业技能培训及鉴定服务；杭州职业技术学院作为各大电梯企业员工技能培训、电梯行业技能鉴定和省市电梯安装维修工比赛的指定地点，常年承担全球电梯前三强（奥的斯、迅达和通力）等知名企业员工培训、技能鉴定、员工技能比赛等。两所项目主持单位，通过长期积累，已形成了丰富的员工培训、继续教育资源。

（3）注册用户高度认可

① 应用复合教材。本项目借助资源库运行平台的图文建模技术与 AR/VR 数字交互技术，将《电梯安装工程》教材中的静态图文（自手机/平板摄像头实时抓取）与深度关联的数字资源（自资源库中即时调用）有机叠加，使"书网融合"同步呈现于手机/平板显示屏中，这种在书页中插播"电影"的教材为学生带来了全新的阅读体验，提升了教材的趣味性、可看性，增强了学习黏度，从而实现"书网融合"，通过即时交互激发探究式学习兴趣，依托海量资源提供个性化学习路径，提升职教教学效果。

② 采用探究课堂。依托资源库运行平台，借助互联网+线上线下互动教学功能，通过设计一些体验式、闯关式的学习环节，充分调动学生好奇心，激发学生的学习兴趣，实现以学习者为中心的"探究式"课堂。首先可借助资源库运行平台与移动 APP 技术，实现实名学生手机二维码签到和位置签到功能。同时，学生可以将纸张书页与数字内容有机叠加，打破纸张书页的空间局限，呈现内容丰富、形式多样、自己专属的"魔法笔记"。当

学生任何时间再次翻开同一书页时，可以通过平板、手机再现"魔法笔记"，实现随时调用，使薄书变厚，并永远保存在学生的学习空间中。

③ 实施直观实训。本项目依托资源库运行平台互联网+实训功能，有机融合 AR/VR 增强现实技术，可有效降低电梯专业实训教学中的安全隐患。将电梯维修保养、电梯安装技能中需要熟练掌握的实训任务转化为"直观化、沉浸式、可触摸、能反复操练"的虚拟实训，做到先模拟，后上设备，增强了学生的学习兴趣，大幅降低了实训成本和安全隐患。

④ 实现泛在课余。本项目依托资源库运行平台，使学生随时随地调用资源库中的优质课程资源，利用课余时间在线学习。遇有问题，学生可通过手机 APP 在论坛、贴吧、交流群中发布问题即时求助。通过平台的交流、互动功能，师生也可以随时交流，提升教学效果。

⑤ 应用前景广阔。为了方便学习，利用信息技术，通过二维码或 RFID 实现与资源库联动，学习者可随时随地扫描调出数字资源，进行个性化学习，提高了资源库应用效率，如图 7-25 所示。

图 7-25　学生通过扫描实训设备，调出数字学习资源

截至 2024 年 7 月 10 日，电梯专业教学资源库注册用户 7563 人，其中教师用户 343 人、学生用户 6712 人、企业用户 166 人、社会用户 336 人；活跃用户 6002 人。2024 年 2~7 月用户人数持续增长，见表 7-3。各共建单位资源数和资源库课程详情分别见表 7-4 和表 7-5。

表 7-3　2024 年 2~7 月教学资源库用户人数持续增长情况

序号	月份	新增学生用户	新增教师用户
1	2024.02	162	20
2	2024.03	2537	49
3	2024.04	1041	19
4	2024.05	195	15
5	2024.06	364	13
6	2024.07	3	4

表 7-4　各共建单位资源数

序号	单位名称	资源总数量
1	中山职业技术学院	2490
2	杭州职业技术学院	459
3	济南职业学院	433
4	成都纺织高等专科学校	330
5	江苏溧阳中等专业学校	236
6	广东理工职业学院	158
7	潍坊职业学院	156
8	邵阳职业技术学院	107
9	江苏安全技术职业学院	63
10	四川信息职业技术学院	55
11	河南工业职业技术学院	48
12	贵州装备制造职业学院	25
13	重庆航天职业技术学院	19

表 7-5　资源库课程详情

序号	课程名称	主持教师	资源数	学生总数	日志总数
1	电梯维护与维修	张书	267	1221	8047
2	PLC 与变频技术	孙玉峰	170	121	1749
3	电梯控制技术	肖炜	107	154	1246
4	电梯结构原理	张旭涛	80	73	407
5	电梯安全与管理	李晓娜	26	206	4601
6	电梯检测技术	王正伟	137	3180	36247
7	电梯运行与维护	张倩倩	61	250	13465
8	自动扶梯原理及维护	李晓娜	123	7	149
9	电梯安装与调试	张善平	99	450	13388
10	机械制图（机电）	王丽	129	28	4766
11	电梯安全使用与管理	李海玉	101	33	2225
12	电梯安装工程	凌黎明	225	968	2956
13	电梯控制技术（二）	屈省源	238	267	61106
14	安全教育与 6S 管理	金志刚	45	864	38425
15	电梯安装与维修保养	方鹏	233	10	1182
16	电梯营销	魏宏玲	154	5	111
17	金工实习	陈文源	152	1470	19760
18	PLC 编程与变频技术	潘斌	266	429	2139
19	电机与电气控制技术	王海旭	44	724	11235

续表

序号	课程名称	主持教师	资源数	学生总数	日志总数
20	可编程控制技术（三菱 5U）	侯绪杰	51	93	8433
21	电梯标准与检测	张云峰	178	128	5480
22	电梯零部件设计	殷勤	188	800	1693
23	电工技术	宣峰	48	925	2677
24	机械制图	谢波	130	603	5237
25	电梯作业人员资格考证实训	王青	13	1089	1728
26	电梯构造与原理	吕晓娟	359	415	2169

（4）国际合作全面展开

本专业分别与日本"三菱"电梯公司、德国电梯协会（VFA）等合作，建立了师资队伍国际交流培训中心，并选派了 8 名骨干教师在该中心进行了为期半月的培训交流学习，学到了国际先进、成熟适用的职业标准，并用于本专业教学标准的研制过程中；与马来西亚国家电梯协会合作建立"东南亚电梯行业人才培训基地"：已与马来西亚国家电梯协会、日邦科技有限公司、槟城理工大学考察交流，达成了在槟城共建"东南亚电梯行业人才培训基地"的意向，建成后将面向马来西亚等东南亚国家和地区电梯行业作业人员，开展电梯安装、维修、保养等方面的培训工作；通过互认学分，与槟城理工大学开展互派交换生项目；与韩国升降机学院合作建立"中韩电梯行业人才培训交流协作中心"：已与韩国升降机学院达成了在我校共建"中韩电梯行业人员培训交流协作中心"的合作意向。建成后，一方面将本校电梯专业的高职生送至韩国升降机学院，参加专升本学习深造；另一方面，针对通过该中心前往韩国升降机学院参加专升本学习的其他兄弟院校的高职生开展专项技能培训活动；同时，与韩国升降机学院联合面向国内中、高职院校电梯专业教师开展师资专项培训活动。目前，已送 6 名专业教师前往韩国升降机学院进行了考察交流、业务培训。

三、建设目标与思路

1. 建设目标

（1）总体目标

立足于支撑电梯行业人才培养培训、服务"一带一路"倡议、带动"中部西部"高职教育发展，以实现不同起点、不同身份的系统化、个性化学习为原则，以"政、校、行、企"多领域协同创新为驱动，以电梯企业"新技术、新工艺、新标准、新设备"应用为重点，以创新创业教育、国际交流合作、产业行业发展等融入资源库为特色，以"一体化设计、结构化课程、碎片化资源"的逻辑思路为宗旨，并以现代信息技术应用为抓手，按照"一馆、二园、四中心"的架构，建成"能学、辅教"的具有国际水平、国内领先、资源丰富、开放共享、持续发展、应用广泛、行业特色鲜明的电梯工程技术专业教学资源库，填补电梯行业教育领域中电梯工程技术专业教学资源库的空白。

（2）具体目标

① 推动资源共建，建成能学辅教的专业教学资源库。经过 2 年建设，开发出 16 门标准化课程、10 门个性化课程，形成 10000 分钟的视频资源，建成 1 套三维仿真实训教学软件，180 个微课，1500 个动画，完成 90 条电梯企业案例，汇集 10 个国家标准、职业标准、行业标准建成 12000 条颗粒化素材资源，其中非文本资源达到 8000 条以上，占比达到 67%；实现线上和线下教学，建成 6 门以上电梯企业培训课程和电梯行业职业工种培训包，资源年度更新率达到 10%，满足 10000 人同时在线，最大限度地提升资源库的利用率，最终建成满足能学辅教、行业特色鲜明的电梯工程技术专业教学资源库。

② 推动资源共享，建成二园、三馆、四中心资源平台。推动资源共享，建成"一馆"——电梯博物馆（国际电梯展览厅、电梯常识科普厅、电梯安全体验厅）；"二园"——电梯产业园、电梯专业园；"四中心"——专业课程学习中心，三维仿真实训中心、创新创业教育中心、国际国内培训中心，将电梯工程技术专业教学资源库建成灵活开放共享的学习平台。

③ 推动持续更新，满足各类用户的个性化学习需求。在专业教学资源库建成后，随着信息化技术的日益发展和电梯新技术的广泛应用，持续更新、不断完善电梯工程技术专业教学资源库的形式和内容，全面促进专业教学资源库的推广应用，满足教师、学生、企业和社会学习的个性化需要，实现总注册用户 15000 人，社会学习用户≥1200 人，活跃用户占比≥72%，合格资源占比≥75%，活跃资源占比≥75%。

2. 建设思路

（1）多方吸纳优质教学资源，确保资源建设的先进性

聘请中国电梯协会理事长为项目建设首席顾问，由具有国际水准的行业、企业业务骨干与学校教学骨干、技术支持企业技术骨干组成资源协同开发团队，根据电梯工程技术专业人才培养目标及企业员工的职业发展需求和终身学习需求，整合高职院校精品课程建设成果，充分吸纳企业优质资源，在形成高质量高职专业课程和创新创业教育课程的同时，通过合作开发在岗人员继续教育培训课程、先进施工技术推广与培训课程等途径，不断丰富与完善专业教学资源，满足教师、学生、企业员工、自主学习者多元学习需求，保障资源建设的前瞻性。

（2）紧密贴合行业企业需求，确保资源建设的实用性

在国家电梯生产制造与安装安全规范、职业资格标准的基础上，利用现代信息技术中的计算机技术、互联网技术、流媒体技术、虚拟现实技术及 3D 仿真技术制作电梯主要零部件的结构和工作过程的三维动画，以企业生产项目、工艺流程为载体，呈现电梯生产制造、安装维保场景中的施工过程，突出核心技能、知识的学习和职业素养养成，使专业课程教学内容与就业岗位实际工作紧密关联，确保资源建设的实用性。

（3）多层次多方位交叉整合，确保资源建设的拓展性

建立全国电梯人才培养联盟，建立需求导向、应用激励的策略，最大限度地实现跨区域的优势资源整合；在联建单位内部探索基于课程或模块的学习成果认证、积累和转换，建立校际资源共享、学分互认机制；用网络信息专业技术力量合作建设公共网络服务平台，

面向社会开发资源库，为构建学习型社会服务。

（4）建立动态优化长效机制，确保资源应用的持续性

一方面，制定教学资源库动态管理机制、资源管理平台试运行与测试办法、资源管理平台和资源库评审鉴定办法，加强资源建设过程监控，确保电梯工程技术专业教学资源库资源年更新比例不低于10%。另一方面，制定资源推广应用绩效管理办法，成立专门的资源推广股份制公司，注重资源推广应用，特别是针对中西部院校加大推广力度，吸引更多教师、企业员工、学生和社会学习者使用，提高资源库使用效率、扩大资源库受益面，最大限度地发挥资源库功能作用。

（5）深入开展国际交流合作，确保资源建设的前瞻性

与马来西亚国家电梯协会、日邦科技有限公司、日本三菱公司、槟城理工大学、新加坡丰泽投资私人有限公司达成合作意向，共建"东南亚电梯行业人才培训基地"，面向东南亚国家和地区电梯行业作业人员，开发电梯安装、维修、保养培训资源；与韩国升降机学院达成合作意向，共建"国际电梯行业人才培训交流协作中心"，开发师资培训与学生学习资源；与德国电梯培训中心合作引进德国电梯行业职业标准，开发双语教学课程资源。

四、建设规划

1. 规划原则

电梯工程技术专业教学资源库建设要遵循"一体化设计、结构化课程、颗粒化资源"的建构逻辑原则。

（1）一体化设计

以教师、学生、企业和社会学习者等各类用户需求为导向，结合电梯工程技术专业自身特点，将各类教学资源的搜集建设与资源库平台的框架设计以及政校行企共建共享的机制构建等内容，统筹协调考虑。

（2）结构化课程

开展电梯工程技术专业供需调研，明确专业定位，确定职业岗位，进行职业能力分析，重新构建课程体系，制定专业教学标准，修改完善课程标准，以电梯工程技术专业16门核心课程和10门非核心课程为重点，分别建成16门标准化课程和10门个性化课程，融入创新创业教育内容，满足网络学习和线上线下混合教学的需要。

（3）颗粒化资源

以"边建设、边使用、边充实、边完善"的原则，聚焦于电梯的构造原理、安装技术、维护流程、维修准则等方面，通过媒体类型分类，搜集并整理出细化的资源（素材）。同时，为这些资源打上科学的属性标签，以此为基础，开发出多元化的素材库，包括文本、图片、动画、视频、音频、课件、三维互动及虚拟仿真软件、企业实际施工案例等多种类型。这样，用户就可以根据资源类型及其属性，轻松地进行检索、下载，以及灵活地组合、应用和进一步开发。

2. 整体架构

以电梯安装、现场检测、维护与保养、电梯营销四类就业岗位的职业能力要求为基

础,汇集中国建筑科学研究院建筑机械化研究分院、中国电梯协会、浙江省特种设备检验研究院、19家电梯企业和18所高职院校教师、企业技师、行业专家,开发课程、培训、典型工作任务或模块、优质微课等资源,构建起"一馆""二园""四中心"架构的电梯工程技术专业教学资源库(图7-26)。

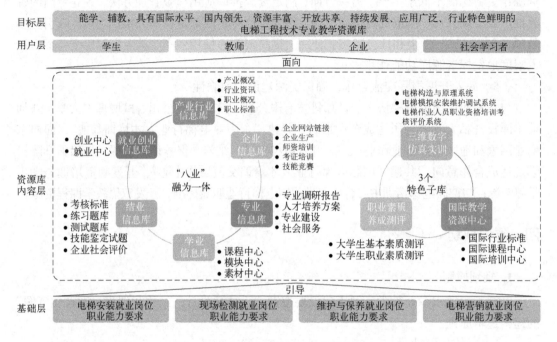

图7-26 电梯工程技术专业教学资源库

3. 项目规划建设阶段

在电梯工程技术专业教学资源库整体架构下,项目建设分为资源库顶层规划设计、资源库建设与应用、资源库完善与持续发展三个大阶段。

(1)资源库顶层规划设计阶段(2017.07—2018.06)

资源库建设协同开发团队在充分调研行业、企业需求基础上,完成资源库建设整体架构规划与设计,制定专业教学资源库建设指导性文件、资源库建设技术规范、各子库验收规则、相关素材制作标准等,为课程体系及课程开发、培训包开发、课程资源开发、素材采集与分类开发提供依据。

(2)资源库建设与应用阶段(2018.07—2020.06)

以电梯安装、现场检测、维护与保养、电梯营销四类就业岗位职业能力要求为主线,新增核心课程、工作模块、微课及素材,集中建设"一馆"——电梯博物馆(新型电梯展览厅、电梯常识科普厅、电梯安全体验厅);"二园"——电梯专业园、电梯产业园;"四中心"——专业课程学习中心,三维仿真实训中心、创新创业教育中心、国际国内培训中心,将电梯工程技术专业教学资源库建成灵活开放共享的学习平台。资源库建设过程中,资源库在合作单位边建设边使用,并根据使用效果、意见和建议,不断充实更新资源库,提升资源质量;与资源库平台开发商合作不断丰富、完善资源库平台的应用和管理功能,加强资源库学习的友好性、便捷性、智能化。

（3）资源库完善与持续发展阶段（2020.07—至今）

对电梯工程技术专业教学资源库试运行情况进行问卷调查，分析试运行过程中的问题，修订建设方案。根据电梯行业的实际情况及需求变化，不断完善教学资源库，同时面向全国同类院校电梯专业，加大资源库宣传推广，吸引和吸收部分院校、行业企业参与资源库的后续建设。

五、建设内容

建设"一馆""二园"和"四中心"为支撑的综合性资源体系。具体地，"一馆"旨在通过展览、科普和安全体验三大功能，增进公众对电梯知识的了解，增强安全意识；"二园"则聚焦于电梯产业的专业化与集群化发展，促进技术创新与产业升级；"四中心"则服务于专业人才培养、实践能力提升、创新思维激发以及国际交流与合作，形成电梯工程技术教育教学的完整闭环。这一系列举措，不仅丰富了教学资源，还提升了教学平台的吸引力和影响力，为电梯工程技术专业的可持续发展奠定了坚实基础。

1."一馆"建设

运用文字、图片、视频、动画等多媒体技术手段以及 VR、AR 等互动性虚拟仿真技术手段，通过"国际电梯展览厅""电梯常识科普厅""电梯安全体验厅"建设，建成"电梯博物馆"。

（1）国际电梯展览厅

中国国际电梯展览会（中国国际电梯设备及技术展览会）每 2 年举办一次，已经成为全球性的电梯行业盛会，每一届均设有不同的主题，吸引了来自德国、美国、日本、韩国、意大利、印度、土耳其、新加坡、英国等 20 多个国家和地区的企业参展，并开展如"高层建筑的垂直运输系统设计""中国电梯行业技能人才（维修工）发展""明晰电梯安全法律责任，加强风险管控""电梯门系统改造方案""让电梯更友好、更智能、更安全"以及"互联网与智慧停车"等研讨活动。

国际电梯展览厅以每一届中国国际电梯展览会为平台，以文字、图片、视频、动画等方式，运用虚拟仿真技术、多媒体技术等再现每一届中国国际电梯展览会场景，集中展示电梯产业最新产品、技术及相关设备，成为电梯行业、电梯企业、科研单位、国际电梯组织等之间的交流平台。

（2）电梯常识科普厅

① 电梯发展历史简介。运用文字、图片、视频、动画等多媒体技术手段，从电梯的发明、使用出发，面向大众介绍国际、国内电梯产业、行业、企业及其产品、设备的发展历史、现状以及未来的发展方向，进行电梯常识的科普教育，了解电梯发展过程中所发生的鲜为人知的故事。

② 电梯构造原理简介。运用虚拟仿真技术，通过科学性、知识性、趣味性相结合的展现内容和参与互动的形式，面向大众介绍电梯的机房、井道及底坑、轿厢、层站"四大空间"，曳引系统、导向系统、轿厢系统、门系统、重量平衡系统、电力拖动系统、电气

控制系统、安全保护系统等"八大系统"和全数字识别乘客技术、数字智能型安全控制技术、第四代无机房电梯技术、双向安全保护技术、快速安装技术、节能技术、数字监控技术、无线远程控制及报警装置等"八大应用技术";同时,面向大众介绍电梯的运行过程、工作原理等内容,展现科学技术在电梯工程技术领域中的应用情况,科普电梯知识、技术。

(3)电梯安全体验厅

运用文字、图片、视频、动画等多媒体技术手段以及 VR、AR 等互动性虚拟仿真技术手段,通过大量典型电梯事故案例的分析,使大众能够在虚拟的真实环境下,零距离接触、感知、体验、了解电梯安全运行的基本知识、技术,在乘用电梯时应该遵守的规程、注意的事项,在各种紧急或突发事故的情况下应该采取的措施、应该避免的行为、常用的救援方式等,从而实现对大众进行电梯安全知识技术科普教育的目的,使大众能够充分认识到了解电梯使用安全守则,掌握电梯乘坐安全知识对人们乘用电梯安全出行的重要意义。

2."二园"建设

(1)电梯专业园

电梯专业园建设对开设有电梯工程技术专业的高职院校进行专业建设具有重要的作用,也是学生选择专业和用人单位招聘录用毕业生的依据。主要建设内容如表 7-6 所示。

表 7-6　电梯专业园主要建设内容

资源类型	资源建设具体内容
专业发展历程	向中、高职院校电梯专业的开设情况、建设成就、存在问题、各自优势等
专业定位简介	招生范围、学制年限、培养目标、职业岗位、就业方向等
专业供需调研	产业发展、行业现状、人才需求、人才要求、职业生涯发展路径等
职业能力分析	工作岗位、工作项目、典型工作任务、职业能力要求、学习要求等
专业教学标准	课程标准、课程体系、课程内容、师资队伍、实训基地等
人才培养方案	招生范围、学制年限、培养目标、职业岗位、课程体系、课程内容、就业方向等
专业实训基地	校内实训条件、校外实习条件、实训实习教材等
专兼师资队伍	专任教师、兼职教师等
专业建设成果	师资队伍、实训基地、课程开发、资源开发、教学改革、机制创新、人才培养模式改革等
行业社会服务	员工培训、职业技能鉴定、职业资格考证、新技术新产品研发等

(2)电梯产业园

利用共建单位各自资源优势,从政府监管部门、行业主管单位、行业协会等单位收集信息,建设包含产业发展、行业资讯、人才需求、职业标准、职业规范、职业资格、职业岗位、企业简介、企业案例、校企合作等资源在内的"电梯产业园"。主要建设内容如图 7-27 和表 7-7 所示。

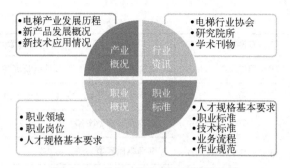

图 7-27　产业、行业信息库建设内容

表 7-7　电梯产业园建设具体内容

一级资源	二级资源	资源建设具体内容
产业发展	电梯产业发展历程	涵盖世界电梯发展史、国内外电梯产业发展里程碑、国外电梯产业发展里程碑、电梯名牌企业发展历程等
	新产品发展概况	高速电梯、螺旋扶梯等新产品的发展历程、最新进展等
	新技术应用情况	线性马达、磁悬浮、智能监控等新技术在电梯中的应用,提升电梯人性化和安全性
行业资讯	电梯行业协会信息	中国电梯协会、中山市电梯行业协会最新行业信息
	研究院所信息	中国建筑科学研究院建筑机械化研究分院最新行业信息
	学术刊物信息	中国电梯、中国特种设备安全杂志社最新行业信息
人才需求	人才规格基本要求	培养拥护党的基本路线,德、智、体、美全面发展,具有电梯工程技术专业必备的基础理论和专业知识;具备电梯制造、安装、维保、调试、改造、监督检验、工程项目管理等核心职业技能,具备行业职业资格,有一定的专业拓展和创新能力、良好职业道德、人文素养、团队精神,适应电梯企业及行业转型升级和企业技术创新需要的复合型和创新型的高素质技术技能人才
职业标准	国家电梯制造安装标准	GB/T 7588—2020 电梯制造与安装安全规范、GB 16899—2011 自动扶梯和自动人行道安装安全规范
	职业标准	电梯安装、电梯维修职业标准
	技术标准	电梯设计、制造、安装、维修、调试、改造等的技术标准
职业规范	业务流程	电梯销售、电梯安装、电梯维修、电梯质检等工作流程
	作业规范	电梯导轨安装、电梯厅门保养、电梯故障处理的作业规范
职业资格	电梯安装工	初级、中级、高级、技师、高级技师应知、应会
	电梯维修工	
职业岗位	电梯安装、维保、场检、营销	电梯安装职业能力要求
		电梯维保职业能力要求
		电梯场检职业能力要求
		电梯营销职业能力要求

续表

一级资源	二级资源	资源建设具体内容
企业简介	职业领域	电梯安装、维保、改造及检验等各职业环节
	职业岗位	电梯零部件开发、安装、维保、改造、监督检验及工程管理
企业案例	电梯安装、维保、场检、营销典型案例分析	电梯安装典型案例
		电梯维保典型案例
		电梯场检典型案例
		电梯营销典型案例
校企合作	校企围绕人才培养、特色产业基地建设、社会服务等方面开展合作	专业建设
		人才培养
		教育教学改革
		企业员工培训
		职业技能鉴定
		新技术、新产品研发

3."四中心"建设

（1）专业课程学习中心

专业课程学习中心是整个专业教学资源库的核心，为教师、学生、企业、社会用户提供基本的学习材料，包括"课程体系构建""资源素材""资源模块""课程建设"四个部分，具体建设内容如下。

① 课程体系构建。

· 根据电梯工程技术专业供需调研，确立职业生涯发展路径（表7-8），得到岗位及职业能力分布，如表7-9所示。

表7-8 电梯维护与管理专业职业生涯发展路径

发展阶段	就业岗位				学历层次	发展年限/年
	电梯安装	电梯维修	质量管理	电梯营销		
Ⅳ	工程总监	工程总监	质量总监	营销总监	高职	7~10
Ⅲ	安装部经理	维修部经理	质管部经理	销售部经理	高职	5~6
Ⅱ	安装组长	维修组长	质管组长	业务组长	高职	3~5
Ⅰ	安装工	维修工	质管员	业务员	高职	0~2

表 7-9　电梯维护与管理专业岗位群及职业能力分布汇总

发展层级	安装岗位 岗位任务：55 岗位能力：183		维修岗位 岗位任务：51 岗位能力：212		质检岗位 岗位任务：80 岗位能力：201		营销岗位 岗位任务：30 岗位能力：117	
	名称	项目及任务数	名称	项目及任务数	名称	项目及任务数	名称	项目及任务数
Ⅳ	工程总监	岗位任务 1 项 岗位能力 3 项	工程总监	岗位任务 7 项 岗位能力 23 项	质量总监	岗位任务 3 项 岗位能力 10 项	营销总监	岗位任务 16 项 岗位能力 54 项
Ⅲ	安装部经理	岗位任务 3 项 岗位能力 8 项	维修部经理	岗位任务 13 项 岗位能力 39 项	质管部经理	岗位任务 6 项 岗位能力 19 项	销售部经理	岗位任务 30 项 岗位能力 77 项
Ⅱ	安装组长	岗位任务 32 项 岗位能力 80 项	维修组长	岗位任务 24 项 岗位能力 64 项	质管组长	岗位任务 37 项 岗位能力 66 项	业务组长	岗位任务 30 项 岗位能力 77 项
Ⅰ	安装工	岗位任务 35 项 岗位能力 92 项	维修工	岗位任务 60 项 岗位能力 89 项	质管员	岗位任务 31 项 岗位能力 70 项	业务员	岗位任务 30 项 岗位能力 66 项

· 根据职业能力分析，确立本专业电梯安装、电梯维修、电梯场检、电梯营销等职业岗位及其所对应的工作项目，每一个工作项目所包含的典型工作任务，如表 7-10 所示。

表 7-10　工作岗位、工作项目及其典型工作任务

序号	工作岗位	工作项目	工作任务
01	电梯安装	安装准备	施工准备；部件清点、检查与存放；工器具准备电梯土建测量；临时设施准备；施工机具及辅助材料准备；识读图纸技术资料；制定施工方案；工具仪器准备
		电梯机械安装	曳引机安装；导轨安装；层门安装调整；限速器与张紧轮安装；轿厢、对重安装；门机、轿门安装；样板安装及基准线挂设；曳引机安装；导轨安装调整；轿厢对重架调整；门操纵机构调整；样板架定位；电梯安装；安装协调

续表

序号	工作岗位	工作项目	工作任务
01	电梯安装	电梯电气安装	机房电气设备安装；井道电气设备安装；轿厢电气设备安装；底坑电气设备安装；电气辅件制作安装；电气设备安装调整；电气线路敷设
		电梯调整运行	调试前机械检查；调试前电气检查；电梯检修运行；高速运行准备；高速运行调整；高速运行性能试验
		故障排除	电梯机械故障排除；电梯电气故障排除；自动扶梯、自动人行道故障排除
		电梯检验与试验	电梯安装质量自检；电梯整机性能自检
		自动扶梯、自动人行道安装	自动扶梯、自动人行道整体就位调整；电气配线；基础测量；分段组装；调整运行
		管理	班组管理；质量管理
02	电梯维修	电梯机房设备维修	机房环境检查与维护；曳引机检查与维护；限速器检查与修理；控制柜检查与修理
		井道设备维修	导轨检查与维护；层门呼梯按钮、层楼指示器检查与维护；曳引钢丝绳检查与维护；随行电缆与平衡补偿装置检查与维护；端站开关检查与维护；层门检查与维护
		轿厢与对重设备维修	轿厢检查与维护；对重检查与维护；轿厢检查与修理；对重装置检查与修理
		底坑设备维修	缓冲器检查与维护；限速器的张紧轮检查与维护；检修盒检查与维护
		故障电梯维修	机械故障诊断与排除；电气故障诊断与排除
		自动扶梯、自动人行道维修	故障扶梯维修；设备检查与维护
		性能测试与调整	运行加速度和振动加速度的检测；曳引能力检查；运行噪声测试；运行速度测试；超速保护装置可靠性试验；接地系统测试
03	电梯场检	电梯技术资料审查	查阅制造资料；查阅安装资料；查阅改造重大维修资料；审阅使用资料
		电梯机房及设备检验	检查通道与通道门；检查机房土建；测量机房安全空间；测量地面开口；检查机房照明与插座；检查机房断错相保护；检查机房主开关；检查机房驱动主机；检查机房制动装置；检查机房紧急操作；检查机房限速器；检查机房接地；检查电气绝缘；检查机房轿厢上行超速保护装置

续表

序号	工作岗位	工作项目	工作任务
03	电梯场检	电梯井道及设备检验	检查井道封闭情况;测量曳引驱动电梯顶部空间;检查电梯井道安全门、井道检修门;检查电梯轿厢导轨;测量轿厢与井道壁距离;检查层门地坎下端井道壁;检查井道内防护情况;检查井道主要设备（极限开关、随行电缆、井道照明）;检查底坑设施与装置;测量底坑空间;检查限速器张紧装置;检查缓冲器;检查对重（平衡重）下方空间的防护
		电梯轿厢与对重（平衡重）检验	检查轿顶电气设备;检查轿顶护栏;检查轿顶安全窗;测量轿厢和对重（平衡重）间距;检查对重（平衡重）的固定情况;测量轿厢面积;检查轿厢内铭牌;检查紧急照明和报警装置;检查地坎护脚板;检查超载保护装置;检查安全钳
		电梯悬挂装置、补偿装置及旋转部件防护装置的检验	检查悬挂装置、补偿装置的磨损、断丝、变形等情况;检查端部固定情况;检查补偿装置;检查旋转部件的防护情况
		电梯轿门与层门检验	测量门地坎距离;测量门间隙;检查玻璃门;检查防止门夹人的保护装置;检查门的运行与导向情况;检查自动关闭层门装置;检查紧急开锁装置;检查门的锁紧装置;检查门的闭合装置;测量门刀、门锁滚轮与地坎间隙
		无机房电梯附加项目检验	检查作业场地;检查轿顶上或轿厢内的作业场地;检查底坑内的作业场地;检查平台上的作业场地;检查紧急操作与动态试验装置;检查附加检修装置
		电梯试验	轿厢上行超速保护装置试验;耗能缓冲器试验;轿厢限速器—安全钳联动试验;对重（平衡重）限速器—安全钳联动试验;平衡系数试验;空载曳引力试验;运行试验;消防返回功能试验;电梯速度试验;上行制动试验;下行制动试验;静态曳引试验
04	电梯营销	电梯市场分析及预测	经济政策和区域发展态势分析、市场调研;电梯市场分析;电梯产品技术特点分析
		电梯市场项目开发	区域市场开发;产品类型开发;个性化需求开发;产品性能、价格定位;向技术部门提供特定技术需求

续表

序号	工作岗位	工作项目	工作任务
04	电梯营销	电梯选型与配置	运力流量分析；直梯选型配置；自动扶梯选型配置；特定项目梯型规划
		客户沟通与洽谈	产品展示；客户沟通；电梯方案书制定
		电梯项目招投标文件编制	国家招标政策把握；编制电梯项目招投标文件
		电梯项目合同商谈与签订	合同法的把握；合同条款的把控；合同违约纠纷的处理
		电梯进出口业务	开展报关、退税、境外代理商、货运；运用电梯专业英语处理进出口贸易业务；开展信用证贸易
		售后服务	分析营销信息；客户跟踪与服务
		电梯电商	电子商务；网上产品展示和订单采购；网上服务

- 基于岗位能力要求和国家职业资格标准、规范，融入创新创业教育，针对电梯行业岗位的特殊性，构建电梯工程技术专业课程体系，如表 7-11 所示。

表 7-11 电梯工程技术专业课程体系

课程类别	课程模块	课程类型	学徒岗位			
			电梯营销岗	电梯安装岗	电梯场检岗	电梯维保岗
必修课程	一级模块	岗位核心课程	电梯营销实务	电梯安装工程	电梯标准与检测	电梯维护与维修
	二级模块	岗位关键课程	沟通与礼仪、应用文写作	电气控制与施工技术、电梯控制柜元器件组装	电梯构造与原理、电梯控制技术	电梯零部件设计、电梯改造技术
	三级模块	岗位基础课程	机械制图与计算机绘图、电工电子技术、机械制造基础与金工实习、电梯零部件设计、PLC 编程与变频技术			
	四级模块	岗位素质课程	入学教育、思修与法律、形势与政策、心理健康教育、体育等			
	综合模块	毕业综合学习	毕业设计			
选修课程	一级模块	岗位资格课程	必选课程	电梯作业人员资格证书考证实训		
			任选课程	市场营销经理助理考证、维修电工考证		
	二级模块	岗位拓展课程	必选课程	电梯企业管理、电梯专业英语		
			任选课程	ISO 质量管理体系		

② 资源素材。素材中心按照边建设、边使用、边充实、边完善的原则，围绕电梯的结构原理、安装工艺、保养流程、维修标准等，按照媒体类型归纳收集碎片化的资源（素材），科学标注资源属性，开发出包括文本文件库、图片库、动画库、视频库、音频库、课件库、三

维交互和虚拟仿真软件库、企业典型施工案例库等素材，便于用户根据资源类型和属性对资源进行检索、下载，便于组合、利用和二次开发，具体建设内容如表 7-12 所示。

表 7-12 素材中心具体内容

资源	资源建设具体内容
文本素材	搜集整理出电梯专业所有核心课程的电子教案、电子教材、电子图书等文本材料，为用户的教学与学习提供文本素材
图片素材	采集电梯安装、维修保养工程及其施工过程的图片；收集电梯安装、维修保养、施工过程中使用的设备、工具、检测仪器等图片，以及反映教学团队、学生作品、教学场景等的图片，图片总数量 3000 幅以上
动画素材	研制展示电梯生产制造、安装维保的施工原理、施工过程、施工工艺等内容的动画教学资源，动画作品涵盖专业课程 800 个以上的知识点
视频素材	研制课程教学组织过程指导录像、实训项目操作录像、电梯生产制造安装维保企业实际工程施工操作录像等视频教学资源，视频容量 100 小时以上，视频内容涵盖 600~900 学时的教学内容
课件素材	开发《电梯构造与原理》《电梯零部件设计》《电梯 PLC 应用技术》《电梯控制技术》《电梯安装工程》《电梯维护与维修》《电梯标准与检测》《电机与电气控制技术》等课程各教学单元辅助课件 100 件以上
三维仿真技术实训素材	开发服务于电梯工程技术专业生产性实训教学与社会服务需要的电梯安装维保施工过程三维仿真技术实训项目，实训项目不少于 30 个； 电梯专业各核心课程的三维仿真实训资源、电梯 VR 教学视频
企业案例素材	采集蒂升、三菱等知名企业典型施工案例 100 件以上
考核标准	《电梯构造与原理》《电梯零部件设计》《电梯 PLC 应用技术》《电梯控制技术》《电梯安装工程》《电梯维护与维修》《电梯标准与检测》《电机与电气控制技术》等课程的考核标准
练习题库	《电梯构造与原理》《电梯零部件设计》《电梯 PLC 应用技术》《电梯控制技术》《电梯安装工程》《电梯维护与维修》《电梯标准与检测》《电机与电气控制技术》等课程的练习题库
测试题库	《电梯构造与原理》《电梯零部件设计》《电梯 PLC 应用技术》《电梯控制技术》《电梯安装工程》《电梯维护与维修》《电梯标准与检测》《电机与电气控制技术》等课程的阶段性、期末测试题库
职业技能鉴定试题	电梯安装工、电梯维修工职业技能考核标准、大纲等 电梯安装工、电梯维修工职业技能鉴定考核试题库
用人单位和社会评价	各企业对学生的考核评价方法，对学生注重的能力调查问卷，学生能力需求分析报告

③ 课程模块。模块中心具体内容如表 7-13 所示。

表 7-13 模块中心具体内容

一级资源	二级资源	资源建设具体内容
模块中心（15个典型模块）	样板架制作、电梯导轨安装、电梯厅门安装、电梯曳引机吊装、电梯安装工具使用、同客户有效沟通、制动器抱闸间隙检查调整、安全进入轿顶、电梯困人急救、电梯安全回路故障排除、电梯门锁回路故障排除、电梯自学习、电梯参数设置、缓冲器安装、导轨安装精度检测	样板架制作的方法； 电梯导轨安装的方法； 电梯厅门安装的方法； 电梯曳引机吊装方法； 电梯安装工具使用要求； 同客户有效沟通的技巧方法； 制动器抱闸间隙检查调整； 安全进入轿顶的程序； 电梯困人急救的流程； 电梯安全回路故障排除方法； 电梯门锁回路故障排除方法； 电梯自学习的方法； 电梯参数设置的方法； 缓冲器安装的方法； 导轨安装精度检测方法

④ 课程建设。课程级教学资源建设为用户提供"做中学"教学模式改革的实际案例及其操作方法。按照电梯安装、电梯现场检测、电梯维修与保养、电梯营销等职业领域，分别对 16 门标准化课程和 10 门个性化课程进行建设，如表 7-14 所示。

表 7-14 16 门标准化课程和 10 门个性化课程

	标准化课程		个性化课程
1	电梯构造与原理	1	液压与气动技术
2	电梯安装工程	2	机械设计基础
3	电梯零部件设计	3	电工实训
4	电梯 PLC 应用技术	4	科技英语
5	电梯控制技术	5	金工实习
6	电梯标准与检测	6	机械制造基础
7	电梯维修与维护	7	传感器应用技术
8	电梯监控系统	8	计算机绘图
9	电梯轿厢装饰	9	3D 建模技术
10	电梯营销	10	公差与测量
11	工业企业管理		
12	机械制图与 CAD		
13	电工技术基础		
14	电子技术基础		
15	职业生涯与规划		
16	创业实务		

每门课程主要建设内容如表 7-15 所示。

表 7-15　课程建设具体内容

资源	资源建设具体内容
课程标准	课程标准是课程的性质、目标、内容、实施建议的教学指导性文件，项目采用"规定动作"+"自选动作"的模式，开发具有普适性的课程标准，为课程建设和教学实施提供基本框架方案，同时为具备区域或行业特色的院校留出特色空间。课程标准主要包括课程基本情况、课程性质、课程定位、课程教学目标、教学内容与学时安排、课程描述、课程实施和建议、教学参考资料和其他说明等内容
课程负责人说课	配套课程负责人说课方案和说课录像，为课程建设和实施提供参考
课程设计	课程设计是根据专业人才培养方案和课程标准对课程进行总体设计，主要包括课程设计依据、课程设计理念、教学目标、课程教学内容与学时安排、教学方案设计与实施、教学方法与教学手段、课程教学实施条件、课程设计特色与创新等内容。以每门课程为单位进行配套课程设计开发，为有效的教学安排提供参考方案
教学设计	以学习（项目）单元为单位，按照"教学做"一体化的教学模式，进行配套教学设计开发，为有效的教学实施提供参考方案
网络课件	以学习（项目）单元为单位开发配套的教学多媒体课件，为学习者服务，帮助学习者更好地融入课堂，理解知识，更好地完成学习任务
微课教学	以学习（项目）单元为单位开发配套的教学录像，帮助学习者更好地理解专业知识，有效地完成学习任务
授课录像	每个实操项目配套开发演示录像，帮助学习者反复观摩实操
任务工单	以学习（项目）单元为单位开发配套的任务工单，引导学习者有效参与基于行动导向的教学过程，培养学习者的学习自觉性，辅助学习者通过行动实现高效能的学习
学习指导手册	以学习（项目）单元为单位开发配套的学习手册，为学习者提供有针对性的、优质的学习资料
企业施工案例	以学习（项目）单元为单位汇总、整理配套的企业案例，帮助学习者观摩企业生产实际工作，积累实战经验

（2）三维仿真实训中心

在现有电梯三维数字化模拟教学平台基础上，按照"虚实结合、能实不虚"的原则，将培养学生电梯零部件拆装、电梯安装与调试、电梯维护等技能过程中真实环境无法开展的、涉及高成本、高消耗、不可及、不可逆的训练项目，利用现代信息技术中的计算机技术、互联网技术、流媒体技术、虚拟现实技术及 3D 仿真、多媒体、人机交互、数据库、云计算和网络通信等技术，以电梯主要零部件的结构和工作过程的三维动画为核心运用，构建包含"电梯构造与原理系统""电梯模拟安装维护调试系统""电梯作业人员职业资格培训考核评价"等三个系统的三维数字仿真实训中心（图 7-28），方便用户在虚拟环境下有效学习电梯的构造与原理和电梯的安装、维护、调试，并对电梯作业人员进行职业资格培训、考核、评价。具体建设内容如表 7-16 所示。

表 7-16　三维数字仿真实训中心建设具体内容

资源	资源建设具体内容
电梯构造与原理系统	电梯八大空间、电梯四大系统、曳引工作原理、电梯曳引机构造、电梯轿厢结构、电梯导轨分类、电梯缓冲器工作原理
电梯模拟安装维护调试系统	电梯安装准备、电梯样板架制作、放样线、电梯导轨安装、电梯轿厢组装、电梯曳引机吊装、电梯厅门安装、绳头组合制作
电梯作业人员职业资格培训考核评价系统	轿厢组成展示、轿厢结构展示、曳引钢丝绳张力调整展示、制动器功能结构展示；同客户有效沟通、电梯保养工具准备、曳引机保养、限速器保养、控制柜保养、如何检查三级保护开关、更换易损件、电梯工作原理、开关门控制电路设计、电梯七段码显示；继电器控制电梯、交流双速电梯控制原理、电气元件识别

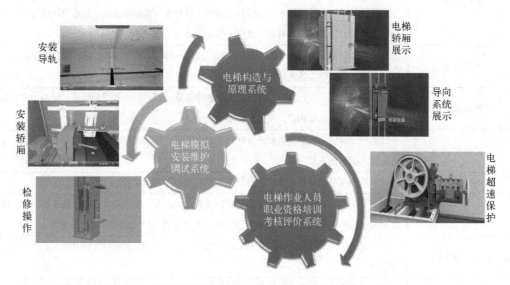

图 7-28　三维数字仿真实训中心

（3）创新创业教育中心

创新创业教育中心包括"就业择业指导""创新创业教育"两个方面的内容。

① 就业指导。通过就业指导中心建设，一方面及时发布各高职院校电梯类专业在校生规模、就业工作动态、职业规划、就业政策、就业指导、就业跟踪等方面的信息；另一方面，介绍电梯企业状况及其在人才方面的需求情况，提供就业供需信息，为大学生就业和用人单位招聘提供网上、网下相结合的多功能服务，从而更好地服务于广大用人单位和毕业生。

② 创业教育。按照大众创业、万众创新的理念，在中山职业技术学院和杭州职院创新创业教育教学改革成果基础上，将创新创业教育融入电梯工程技术专业人才培养过程中，建立创业信息库，讲授"创业实务+电梯工程技术专业"课程、介绍创业政策法规、推介创业项目、提供创业信息、设立"创业园区"和"创业工场"园地，开辟"校友成长"专栏，为电梯专业学生及社会学习者的创业及规划提供针对性的指导和帮助。

（4）国际国内培训中心

① 国内培训。

· 面向国内开设有电梯工程技术专业的中、高职院校骨干教师进行培训。充分利用中山职业技术学院南区电梯学院的师资和实训条件，建立省级"职业院校电梯专业骨干教师培训基地"，面向省内外开办有电梯类专业的中、高职院校电梯类专业老师，以电梯类专业教学能力提升培训为目标，以电梯工程技术专业的5门核心课程为主线，利用现有成熟的教学软硬件设施，培训紧密围绕电梯行业职教老师所需的专项能力展开，系统地学习专业课程教学组织设计、教学能力提升和教学方法优化，使学员最终掌握电梯类专业课程的课程教学设计与实施方法，掌握实训室建设方案制定、实践教学项目制定与设备配置、实践教学安全保证措施。

· 面向电梯企业员工培训。学习电梯主要部件的安装工艺、规范和要领，掌握电梯主要部件的装调方法和检测要求；掌握电梯维护保养的方法；掌握电梯模型控制原理和技术；通过模拟仿真掌握电梯维护保养方法和常见故障的排除方法；提升电梯主要部件现场安装施工技术能力，提升电梯检验检测的能力，提升电梯运行中的典型故障分析和处理能力，掌握电梯作业人员安全操作规范，提升职业素质。

· 职业技能竞赛培训。围绕模型电梯的装调及维修、电梯层-轿门联动装置的安装与调整、电梯导轨安装与调整等内容，面向中、高职院校在校生和电梯企业员工开展相关知识和技能的培训，主要建设内容如表7-17所示。

表7-17 职业技能培训主要内容

模型电梯装调及维修培训	
项目	内容
电梯电气控制柜器件的安装与线路连接	①参赛选手根据所提供的相关设备和任务书中电气安装位置图，正确选择赛场提供的器件，完成电气控制柜中电梯电气控制系统部分元器件（抽签随机选择）安装，并根据任务书提供的电气原理图及接线图（仅供参考）完成线路的连接。 ②主要完成电气控制柜中PLC、变频器、接触器等器件的安装和接线；考察电器安装、接线是否符合工艺标准，并能实现要求的电气功能
电梯控制程序设计与调试	①电梯舒适性调试 ②电梯运行控制程序设计与调试
电梯层-轿门联动装置的安装与调整	
电梯层门的安装与调试	A. 层门地坎的中线与层门上坎的中线误差在2mm内。 B. 层门地坎水平度≤2/1000。 C. 门扇应对中，两扇门的不平度≤1mm，门缝在整个可见高度上均≤2mm。 D. 门扇下端与地坎之间的间隙为1~6mm。 E. 门扇垂直度≤1/1000。 F. 偏心轮与层门导轨下端面的距离≤0.5mm。 G. 门锁钩啮合量大于7mm，门锁锁钩和锁舌的间隙为1~2mm，并与电气联锁触点可靠接触。 H. 紧急开锁装置动作应灵活可靠，在一次紧急开锁以后，门锁装置在层门闭合的情况下，不应保持开锁位置

续表

模型电梯装调及维修培训	
项目	内容
电梯层-轿门联动装置的安装与调整	
电梯层门的安装与调试	I. 强迫关门装置必须有效，在整个开门范围内，无外力作用下能确保该层门自动关闭。 J. 层门导轨水平度≤1/1000
电梯轿门的安装与调试	A. 轿门地坎的中线与轿门上坎的中线误差在2mm内。 B. 轿门地坎水平度≤2/1000。 C. 门扇应对中，两扇门的不平度≤1mm，门缝在整个可见高度上均≤2mm。 D. 门扇下端与地坎之间的间隙为1~6mm。 E. 门扇垂直度≤1/1000。 F. 偏心轮与轿门导轨下端面的距离≤0.5mm。 G. 轿门在完成关闭后，电气联锁触点（轿门开关）可靠接触。 H. 轿门导轨水平度≤1/1000。 I. 门刀安装稳固，动作灵活，前后和左右方向垂直度≤0.5mm
电梯层-轿门联动的调试	A. 层-轿门联动运行时，不应有明显摩擦、撞击、跳动、抖动、卡阻现象，在开、关过程中应平稳。 B. 门刀与层门地坎之间的距离：5~10mm。 C. 层门门锁轮端面与轿厢地坎间的距离：5~10mm。 D. 层门地坎至轿门地坎的距离为30mm（厂家设置值），偏差不超过0~+3mm。 E. 门锁轮套入门刀后，门锁轮与门刀左、右侧不接触；门锁轮与门刀啮合深度：5~10mm
职业与安全意识	A. 个人防护用品穿戴规范，安全操作，遵守规程；具备良好的职业素养。 B. 工量具使用正确，安装完成后工位清洁、工具设备复位
电梯导轨安装与调整	
制作样板架	A. 样板架上放样点尺寸计算正确。 B. 样板架上的放样点实际尺寸（包括对角尺寸）与理论计算尺寸误差不大于±0.5mm。 C. 样板架拼接钉孔均匀，无裂纹
安装调整样板架	A. 样板架固定牢固。 B. 样板架安装水平度小于2/1000。 C. 样板架样线与门洞基准点距离偏差不大于±2mm
安装和调整导轨支架	A. 螺栓、螺母、垫圈使用正确。 B. 每根导轨至少应有两个导轨支架。 C. 导轨支架应错开导轨接头200mm以上。 D. 导轨支架水平度小于1.5%
安装和调整导轨	A. 导轨下端应与坚实的地面接触（可垫金属垫片）。 B. 每列导轨工作面（包括顶面与侧面）对铅垂线的偏差不大于0.6mm。 C. 两列导轨顶面间的距离偏差为0~+1mm。 D. 两列导轨侧工作面的共面度偏差不大于±1mm。 E. 导轨工作面接头处不应有连续缝隙，且局部缝隙不大于0.5mm。 F. 导轨接头处台阶用直线度为0.01/300的平直尺或其他工具测量，应不大于0.05mm

模型电梯装调及维修培训（续表）

项目	内容
电梯导轨安装与调整	
安装和调整导轨	G. 导轨压板安装应水平、居中。 H. 导轨支架与导轨之间的垫片不超过3片
职业与安全意识	A. 个人防护用品穿戴规范，安全操作，遵守规程；具备良好的职业素养。 B. 工量具使用正确，安装完成后工位清洁、工具设备复位

② 国际培训。

• 专升本学习。针对国内高职院校电梯工程技术专业的部分高职生，前往韩国升降机学院参加专升本学习深造前，开展韩国语言、文化课程学习和专项技能培训活动。

• 师资培训。服务国家"一带一路"倡议，发挥粤港澳大湾区区位优势，面向东南亚电梯行业发展及对人才需求，与马来西亚国家电梯协会、日本三菱公司、韩国升降机大学、德国电梯协会等单位深入开展国际交流与合作，在"八业"资源库建设内容的基础上，围绕国际行业标准、国际培训中心、国际课程中心三个方面，建设具有国际水平的电梯工程技术专业教学资源库。具体建设内容如表7-18所示。

表7-18 师资培训中心建设具体内容

一级资源	二级资源	资源建设具体内容
职业标准	韩国职业标准	涵盖韩国电梯行业规范、电梯作业流程等
	德国职业标准	德国职业训练规范、标准体系
	日本职业标准	日本电梯行业职业标准
培训中心	韩国升降机大学培训	双方共同开展师资培养、教学资源共享
	日本三菱总部培训	培训课程、资料等
	马来西亚电梯培训	培训课程、资料等
课程中心	电梯专业英语	电梯安装、电梯维修等英语资料

六、资源库持续应用

1. 建立学分积累转换制度，激发自主学习兴趣

充分凸显资源库"能学"优势，在联建院校内构建和实施"规范定义学分、课程学习积累、校际自主认可、重复学分冲抵"的学分积累与转换制度，鼓励学生通过资源库在线自主完成课前预习、课中答疑、课后作业，达到一定学习效果后可获得相应学分，并在个人学分账户中予以累计，学习成绩突出的在同等条件下可优先参与校内评奖评优，自主参与学习的在校学生在线学习学分与课堂学习学分具有同等效力。

2. 建立建设应用激励机制，增强教师参与热情

发挥资源库"辅教"功能，一方面以参与院校为主体，联合相关行业企业，引入企业赞助设立高额奖金，每年定期在联建院校内开展基于资源库的核心课程、工作模块、微课设计教师技能竞赛，提高教师参与热情；另一方面，为提升教师信息化教学能力，建立教师用户积分奖励和分级管理的机制，教师可凭线上积分奖励兑现奖励性绩效津贴，鼓励教师利用资源库完成课程设计、课堂教学、实践教学、随堂测验、布置作业等教学任务，提高教师参与广度。

3. 建立学习成果认定标准，打造学习者加油站

发挥中国建筑科学研究院建筑机械化研究分院、中国电梯协会和日本三菱电梯公司等知名企业或单位优势，利用资源库面向国内外企业员工开展知识技能培训、技能考证辅导，打造企业员工学习加油站。资源库主持单位牵头建立企业员工在线学习成果认定标准，并牵头将其折合为继续教育学分，颁发相应的成人学历证书和课程学习证书。同时鼓励联建企业对员工通过资源库学习取得的学习成果予以相互认可，从而鼓励在职员工不断提升专业技能。

4. 健全继续教育管理机制，扩大资源库受益面

面向社会学习者，已拥有职业资格证书、技能等级证书以及非学历教育（培训）经历证明等按照一定比例折合学分，列入个人积分账户，免修相应课程；通过资源库远程学习达到要求的，颁发学历证书。与地方人力资源和社会保障部门合作，基于资源库为行业内从业人员开展技能等级鉴定和职业资格认证，满足非学历教育需求。

5. 建立推广应用长效机制，确保资源库可持续

建立积分机制，实现资源货币化转换。为实现资源的有效推广和使用，在平台上建立积分管理制度，包括积分标准、积分规则、积分使用、核定资源积分价值、积分奖励办法、充值兑换方法等。各类用户可以通过参与在线学习、在线互动、分享资源或分享经验等方式累积积分，也可以通过充值等途径快速获取积分。按照积分等级给予不同的使用权限，或消耗积分获取特殊资源，提高用户的参与度和活跃度。

成立专门的股份制资源应用推广公司。与"国家级职业教育专业教学资源库项目管理与监测平台"开展合作，实时采集资源库的运行日志，利用大数据手段对在线学习、论坛交流、资源更新、院校应用、课程资源访问等行为数据进行抽取和分析，根据分析结果，有针对性采取资源应用推广措施。

七、保障措施

通过建设自主知识产权利益机制、激励机制、运行机制、监督机制，解决学校、行业、企业、协会、研究院所等多家联合建设单位共同建设、使用教学资源产生的知识产权问题，真正实现教学资源库的共享共建，以及教学资源的无界化服务问题。因此，需要采取如下保障措施。

1. 组织保障

电梯专业教学资源库致力于服务国内电梯产业、行业和高素质高技能人才的培养，通过政校合作、校校合作、校企合作、校行合作，集合国内电梯行业领域、高等职业教育领域一批优秀顶尖人才，组建强强联合、优势互补、稳定工作的教学资源库建设领导小组、专家顾问、协同开发团队、教学资源质量监控小组。其中，领导小组由主持院校院长、教学处处长及参建单位院长组成；由中国建筑科学院机械化研究分院院长、中国电梯协会秘

书长担任项目首席顾问，把握教学资源库建设的技术性、科学性、客观性，及时传递国内外电梯行业领域的前沿发展动态、最新理论与技术、最新建设工程等信息；协同开发团队由 16 所职业院校、19 个企业、2 个研究院所和 1 个电梯行业协会等相关职能部门技术骨干组成；教学资源监控小组由国家级职业教育专业教学资源库项目管理与监测平台技术骨干、主持院校及参建院校信息中心人员组成。各联合建设单位通过签订合作协议，明确各方权利义务，强化违约惩罚机制，确保协议落到实处。

2. 资金保障

建立项目建设资金保障制度。学校自筹和企业投入主要通过参与院校学费收入及通过开展校企合作，提供技术服务、开展各类技术培训，发展校办产业等多种方式获得。

建立项目资金管理制度。制定《电梯工程技术专业教学资源库项目建设资金使用与管理细则》，项目资金严格按照建设方案经费预算执行，按照完成建设方案的工作量拨付资金，做到经费专款专用，确保电梯工程技术专业教学资源库保质保量完成。

3. 管理保障

（1）实行项目化管理，加强过程控制

采用项目化管理提高建设质量，实施项目进度管理、成本管理、质量管理和沟通管理，建立项目负责人管理和工作例会制度，每个子项目确定 1 名负责人，全面负责项目的实施工作。项目牵头学校将建设年度任务分解到子项目组，各子项目组又将工作任务落实到具体的工作人员，确保建设项目有计划、有步骤地稳步推进实施。

（2）执行绩效考核，做到按劳取酬

建立项目目标责任制，并签订目标责任书。制定量化绩效考核办法和细则，实行目标管理，在规范程序、明确建设项目监测指标的前提下，实现责、权、利统一，对项目建设的进程、资金的投入和使用等进行动态监控。设立项目建设专项奖励基金，做到奖罚分明，对按时完成项目并取得良好效益的，予以专门的奖励，同时实行"一票否决制"，对不能保质保量完成建设任务的，将视后果缓拨或减拨项目建设资金。

（3）完善监督机制，保证建设质量

资源库建设项目将主动接受教育部和财政部项目运行监控中心的监督。同时加强自我监督，成立由纪检、监察和审计部门组成的项目监督小组，使项目进度严格执行建设方案，并主动接受来自社会各界的监督，以减少工作失误，避免国家财产资金受到损失，确保资源库建设项目高质量地完成。

4. 产权保护

加强资源建设团队知识产权宣传培训，全面提高团队的知识产权意识。一是产权清晰、权责明确，坚持原创性，首先在资源制作时，强调资源的原创性，在源头上保证形成高质量的拥有自主知识产权的资源，明确资源著作人与资源使用用户的权利与责任，制定资源的所有权、使用权及资源发布到网上共享使用的范围等，签订多方协议。二是加强过程监控，建设的资源存储与引用平台，从资源的上传到应用环节有完整的网上审核过程，确保上传资源的质量，避免产权纠纷，并能对每个资源设定使用权限。三是通过网络技术实现资源使用"实名制"，在资源的下载与应用环节严格做到按分配的用户权限使用，防止资源被非法下载或传播。

第八章
广东省高职教育教师教学创新团队
——智能制造专业群教师教学创新团队建设研究

一、教学团队简介

　　智能制造专业群于 2018 年 6 月被立项为校级专业群建设项目；智能制造专业群教学团队于 2019 年 1 月被立项为中山职业技术学院教学团队，2023 年 4 月通过验收。通过"丰羽、展翅、腾飞、助翔"团队建设四大工程，发挥"传、帮、带"作用，形成了"名匠引领、专兼结合、中青搭配、专思相融"的教师教学创新团队。

　　校级教学团队自立项以来，获评国务院政府特殊津贴专家 1 人、全国优秀教师 1 人、全国技术能手 3 人、全国职业院校技能大赛优秀工作者 1 人、广东省三八红旗手 1 人、广东省女职工先进个人、中国模具行业职业教育领域优秀青年骨干教师 1 人；在中国技能大赛中获得国赛二等奖 4 人、省教学能力比赛省赛获奖 3 人；拥有全国增材制造标准化委员会委员 1 人、广东省职业技能研发专家 1 人、广东省技能人才培养评价专家 1 人、省级高层次兼职教师 1 人。

　　在队伍建设方面，形成"传、帮、带"的梯队发展机制，提升团队综合实力；在教育教学改革方面，坚守为党育人、为国育才的初心使命，创新"四方协同、三区联动、双向交替、一加多证"人才培养模式，开展"岗课赛证融通、专思融合"的课程思政改革，构建"平台共享，模块分立，思政融入"教学体系，带动课程、教材和项目建设；在社会服务方面，依托由"职教集团、产业学院、研创中心、多类型工作室"组成的"三层级研创中心"科研平台，通过技术服务、培训等技术应用与创新活动，全面提升社会服务能力。

二、依托载体简介

　　智能制造专业群教学团队依托市级、校级智能制造专业群，以数控技术专业为核心，以模具设计与制造、机械设计与制造专业为支撑，精准对接先进装备制造产业集群，培养具有"工匠精神""国际视野"的"懂设计—精制造—能维护—会改造—擅服务"智能制造产业多链条需要的高素质技术技能人才。

2022年，该专业群被立项为广东省高职院校高水平专业群建设项目。核心专业数控技术为广东省第一批省级高职教育重点培育专业建设项目、广东省示范校高职院校重点建设专业，是省级现代学徒制试点专业，中高职贯通培养三二分段试点专业。模具设计与制造为教育部认定的骨干专业、广东省二类品牌建设专业，中高职贯通培养三二分段试点专业，高本协同育人试点专业。专业群拥有国家级智能制造协同创新中心1个，省级工程技术研究中心1个，市级工程技术研究中心3个，省级高等职业教育实训基地1个，省级大学生校外实践教学基地3个。2022金平果专业排行榜，数控技术、模具设计与制造专业全国排名20、12，均属于5★级专业，属于一流行列。

"麦可思"结果显示，专业学生就业率达99%、职业胜任力达95%。专业群"岗课赛证融通、专思融合"的课程思政改革，"平台共享，模块分立，思政融入"的教学体系，"四方协同、三区联动、双向交替、一加多证"的人才培养模式，对国内中高职教育产生了深远影响。

三、认定条件符合情况

1. 关于符合"1.1 采取公开申报、专家评审的方式组织开展认定"审核要点情况

本团队完全符合该项指标审核要点，达到省认定标准。学校采取了公开申报、专家评审的方式组织开展认定工作。2023年5月12日制定了"转发省教育厅关于组织开展2023年省高等职业教育教学质量与教学改革工程项目申报和认定工作的通知"申报评审文件；2023年5月12日制定了"中山职业技术学院2023年省高职教育教师教学创新团队认定评审工作方案"。

2. 关于符合"1.2 学校认定专家组：由本领域专家7~9人组成，一半以上为校外专家，并至少有1名行业企业专家"审核要点情况

本团队完全符合该项指标审核要点，达到省认定标准。学校聘请了智能制造领域7名专家组成该项目认定专业组，其中校外专家4名，1名为企业专家，专家组成员均为高级职称。根据评审工作开展情况，学校撰写了"中山职业技术学院2023年省高职教育教师教学创新团队评审工作报告"。

3. 关于符合"1.3 推荐项目须在校内公示不少于5天"审核要点情况

本团队完全符合该项指标审核要点，达到省认定标准。学校于2023年7月6日至2023年7月11日对省高职教育教师教学团队推荐认定名单进行公示。根据公示情况，2023年7月11日撰写了"关于2023年省高职教育教师教学创新团队推荐认定名单公示通知和异议处理情况报告"。

4. 关于符合"1.4 学校应组织认定专家组对教学团队提出认可的其他标志性成果开展充分科学的论证，理由充分、行业公认、确属达到国家级或省级水平的标志性成果才能纳入认定条件"审核要点情况

本团队完全符合该项指标审核要点，达到省认定标准。学校组织专家组对教学团队提出的团队成员获得"全国优秀教师""全国五一巾帼标兵"等需要认可的其他标志性成果开展了充分科学的论证，相关成果认定理由充分、行业公认，专家组一致同意认定为国家级或省级水平标志性成果。学校于2023年7月11日形成了"关于2023年省高职教育教师教学创新团队认定专家组对标志性成果的认可报告"，并提供了相关佐证材料。

5. 关于符合"2.1 项目管理和资助"审核要点情况

本团队完全符合该项指标审核要点，超额达到省认定标准，具体情况如下。

学校高度重视教学团队的建设，2014年11月12日出台了《中山职业技术学院教学团队建设与管理办法》（中职院〔2014〕113号）文件，为教学团队建设提供了制度及经费保障。学校人力资源部作为本项目的管理机构，分阶段对团队进行考核及管理。

团队于2019年1月被立项为校级教学团队，2023年4月通过验收。校级教学团队成立以来，学校和学院每个学年均投入专项资金用于校级教学团队建设工作，学校近三年为教学团队建设下拨了专门的建设经费共计10万元，其中2021年为3万元，2022年为3万元，2023年为4万元，有力地支持了团队的建设与发展。

本教学团队依托的专业群是我校的省高职院校高水平专业群，从2021年至2025年的建设期将获得近1000万元的项目建设经费，为本教学创新团队建设成为优质的省级教学创新团队提供了良好的平台。

6. 关于符合"2.2 教学团队"审核要点情况

本团队完全符合该项指标审核要点，超额达到省认定标准，具体情况如下。

（1）团队负责人情况

团队负责人刘小娟，教授，高级技师，全国优秀教师、全国技术能手、全国五一巾帼标兵、全国技能大赛"优秀指导教师"（2次）、广东省三八红旗手、广东省女职工先进个人、中山市第四层次紧缺适用高层次人才、省级数控技术高水平专业群建设项目负责人、市级智能制造技能大师工作室领衔人等；多次担任全国技能大赛教练、机械行业技能竞赛技术专家、省级技能大赛专家、裁判等工作。

2018年获中国技能大赛智能制造应用技术大赛（职工组）国赛一等奖、省赛第二名；指导师生获技能大赛国赛一等奖3项、二等奖4项；省赛一等奖5项、二等奖3项；获微课教学比赛省赛一等奖、三等奖。指导学生互联网+、节能减排大赛获省级银奖、二等奖。累计培养智能制造领域卓越人才约90人，国务院政府特殊津贴专家1人、全国优秀教练1人、全国技术能手2人、"广东大学生年度人物"1人、中国工程物理研究院优秀人才7人等。

主持教科研及专业建设项目约40项，省教育厅6项，创造经济效益约2500万元；第一作者发表论文18篇，EI检索3篇，中文核心9篇；出版教材9本；授权专利20余项；申请、参与市级以上技能竞赛、培训、讲座20余项，累计服务约3000人。

负责专业建设期间，主持数控技术专业及模具设计与制造专业中高职贯通培养、模具设计与制造专业高本贯通培养、数控技术专业现代学徒制培养，数控车铣加工职业技能等级证书以及数控设备维护与维修职业技能等级证书（1+X）证书试点项目，模具专业成为国家骨干专业、省高职教育二类品牌专业，数控专业成为省重点专业并立项省级高水平专业群；实施学分制改革，创新"校企共育"人才培养模式，获教学成果奖 3 项，累计培养装备制造领域高技能人才约 2500 人，有效支撑了制造业转型升级需求。

获市级以上奖励 38 项，相关成果在中国教育报、"学习强国"、中山广播电台等媒体广泛报道。

（2）团队成员基本情况

团队成员共 9 名，规模适当、年龄及职称结构合理，成员综合素质和水平较高。其中，兼职教师 1 名，占 11.1%；教授 1 名，副教授 5 名，高级工程师 2 名，高级职称占 88.8%；具有硕士以上学位 4 人，占 44.4%；团队成员均具有企业经验，中青年教师占比 80.2%。团队成员主要情况如表 8-1 所示。

表 8-1 智能制造专业群教师教学创新团队

序号	姓名	学历/职称	专业方向	代表性成果、荣誉	企业经验/年
1	刘小娟	硕士研究生/教授	数控技术	全国优秀教师、全国教师能手	2
2	李占琪	本科/高级工程师	机械设计与制造	全国增材制造标准化委员会委员	20
3	金志刚	硕士研究生/副教授	模具设计与制造	指导学生竞赛省级以上获奖 5 项	3
4	姜无疾	硕士研究生/副教授	机械设计与制造	指导学生竞赛省级以上获奖 4 项	5
5	黄智	本科/副教授	模具设计与制造	指导学生竞赛省级以上获奖 8 项	4
6	魏加争	本科/副教授	数控技术	国务院政府特殊津贴专家、全国技术能手	3
7	黄信兵	硕士研究生/副教授	机械设计与制造	获中国技能大赛二等奖 2 项	6
8	陈贤照	本科/讲师	数控技术	全国技术能手	2
9	王安对	本科/高级工程师	机械设计与制造	广东省高层次技能型兼职教师（兼职教师）	26

校级教学团队立项建设以来，团队成员超额完成了省团队认定标准中"2.2 教学团队"审核要点任务，满足"7 项指标中 5 项，成果累计 18 个"（表 8-2），具体情况如下。

① 团队成员获得"全国优秀教师"荣誉称号 1 人；

② 团队成员在全国技能大赛上获奖 2 项、省教学能力大赛获奖 2 项；

③ 团队成员获得"全国五一巾帼标兵、广东省女职工先进个人"等省级以上荣誉 4 项；

④ 团队负责人担任广东省职业技能研发专家等省级以上职务 2 项；

⑤ 团队 1 人获评"国务院政府特殊津贴专家"，3 人获评"全国技术能手"；

⑥ 成员李占琪成为全国增材制造标准化委员会委员及中山市增材制造协会会长，王安对成为广东省高层次技能型兼职教师。

表 8-2 2019 年至今成员取得的核心荣誉及获奖

序号	姓名	荣誉/获奖	立项部门	时间	备注
1	刘小娟	全国优秀教师	教育部	2019.09	满足"1. 有团队成员获国家或省级教学名师或特级教学名师称号"
2	黄信兵	第三届全国智能制造应用技术技能大赛（教工组）：钳工，二等奖	人社部	2019.12	满足"2.有团队成员在国家或省职业院校技能大赛、教学能力比赛上获奖"
3	黄信兵	第四届全国智能制造应用技术技能大赛：电工，二等奖	人社部	2021.12	
4	黄信兵	省职业院校技能大赛教学能力比赛：工业机器人产品分拣工作站装调，省三等奖	广东省教育厅	2022.09	
5	黄信兵	广东省第五届高校（高职）青年教师教学大赛：三等奖	广东省教育厅	2023.02	
6	刘小娟	全国五一巾帼标兵	中华全国总工会	2023.03	满足"5. 有团队成员为全国或省劳动模范、模范教师、先进工作者等"
7	刘小娟	广东省女职工先进个人	广东省总工会	2023.03	
8	刘小娟	广东省三八红旗手	广东省妇女联合会	2021.03	
9	金志刚	全国职业院校技能大赛优秀工作者	教育部	2020.02	
10	刘小娟	广东省职业技能研发专家	广东省职业技能服务指导中心	2020.06	满足"6. 团队负责人目前在国家或省教学或行业组织、团体或专业刊物担任重要职务"
11	刘小娟	机械行业职业技能竞赛技术专家	机械工业教育发展中心	2017.12—2020.12	
12	刘小娟	全国技术能手	人社部	2019.07	
13	魏加争	国务院政府特殊津贴专家	中华人民共和国国务院	2020.12	
14	魏加争	全国技术能手	人社部	2019	满足"7. 有团队成员获得国家或省级高层次人才计划、项目"
15	陈贤照	全国技术能手	人社部	2019	
16	李占琪	全国增材制造标准化委员会委员	中国国家标准化管理委员会	2022.02	
17	王安对	广东省高层次技能型兼职教师	广东省教育厅	2019.09	
18	李占琪	中山市增材制造协会会长	中山市增材制造协会	2021.06	

7. 关于符合"2.3 人才培养"审核要点情况

校级教学团队立项建设以来，团队成员主持的教学改革成果超额完成了省团队认定标准中"2.3 人才培养"审核要点任务，满足"10 项指标中 7 项，成果累计 20 个"（表 8-3），具体情况如下。

① "电梯工程技术"国家级教学资源库牵头单位；
② 模具设计与制造专业被立项并建设为二类品牌专业、数控技术专业群被立项为省级高水平专业群建设项目；
③ 主持了5项省级以上教学改革项目；
④ 指导学生技能竞赛获得国赛二等奖2项，省赛一等奖3项；
⑤ 省级以上相关专业领域专家组成员1人，开发教学类标准2项；
⑥ 牵头负责职业教育国家规划教材《机械CAD/CAM》编写1本；
⑦ 立项国家级智能制造协同创新中心1个，模具设计与制造专业被认定为国家骨干专业。

2022年，"麦可思"调查结果显示，专业群学生就业率达99%、职业胜任力达95%，专业影响力、毕业生就业率和专业对口率在全省同类专业中均排名前列，就业质量稳步提升。

表8-3 2019—2023年团队人才培养主要成果

序号	项目内容	负责人/指导人	立项部门	时间	备注
1	"电梯工程技术"国家级教学资源库	李占琪	教育部	2019.05	满足"1. 国家或省职业教育专业教学资源库牵头单位"
2	模具设计与制造专业被立项并建设为二类品牌专业	金志刚	广东省教育厅	2020.11	满足"2. 所在专业立项为省品牌专业建设项目（含一类、二类）或通过省重点专业建设项目验收"
3	数控技术专业群被立项为省级高水平专业群建设项目	刘小娟	广东省教育厅	2021.12	
4	省级课题《基于"1+X 证书制度"的高职智能制造专业群技能型人才培养模式探索与实践》	刘小娟	广东省教育科学规划领导小组办公室	2020	满足"5. 主持1项以上国家级或省级教学改革项目"
5	省级课题《学分制改革背景下智能制造专业群课程体系重构的探索与教学实践》	金志刚	广东省教育厅	2019	
6	省级课题《基于"知识元"的微课教学资源设计与应用研究》	刘小娟	广东省教育厅	2016—2020	
7	2021年省高职教育教学改革研究与实践项目"三教"改革背景下数控技术专业群产教融合人才培养模式研究与实践	刘小娟	广东省教育厅	2022	

续表

序号	项目内容	负责人/指导人	立项部门	时间	备注
8	"岗课赛证融通、专思融合"的《工业机器人实操与编程》教学改革实践	黄信兵	广东省教育科学规划领导小组办公室	2022	满足"5. 主持1项以上国家级或省级教学改革项目"
9	第四届全国智能制造应用技术技能大赛—电工，国家级二等奖	黄信兵	人社部	2021	满足"6. 指导的学生获得全国职业院校技能大赛二等（含）以上奖励或省职业院校技能大赛一等（含）以上奖励"
10	2020年全国职业院校技能大赛改革试点赛（高职组）"数控机床装调与技术改造"赛项国赛二等奖	魏加争	教育部	2020	
11	2021—2022年全国职业院校技能大赛"工业设计技术"省赛一等奖	金志刚	广东省教育厅	2022	
12	2021—2022年全国职业院校技能大赛"模具数字化设计与制造工艺"省赛一等奖	黄智	广东省教育厅	2022	
13	2021—2022年全国职业院校技能大赛"数控机床装调与技术改造"省赛一等奖	魏加争	广东省教育厅	2022	
14	广东省职业技能研发专家	刘小娟	广东省职业技能服务指导中心	2020.06	满足"8. 为教育部或省相关专业领域专家组织成员，参与国家或省教学标准研制工作"
15	机械行业职业技能竞赛技术专家	刘小娟	机械工业教育发展中心	2017.12—2020.12	
16	切削加工智能制造单元应用职业技能培训课程标准	黄信兵、刘小娟	广东省人社厅	2021.09	
17	智能制造单元PLC编程与调试（西门子系列）职业技能培训课程标准			2021.09	
18	机械CAD/CAM（PRO/E）规划教材	金志刚	教育部	2022	满足"9. 牵头负责职业教育国家规划教材编写"
19	模具设计与制造专业被认定为国家骨干专业	金志刚	广东省教育厅	2019.07	满足"10. 经学校认定、专家组认可、行业公认且达到国家或省级水平人才培养方面的其他标志性成果"
20	国家级智能制造协同创新中心	李占琪	教育部	2019.07	

8. 关于符合"2.4 社会服务"审核要点情况

校级教学团队立项建设以来，团队成员主持的社会服务项目超额完成了省团队认定标准中"2.4 社会服务"审核要点任务。

团队成员搭建了"国家级协同创新中心、省级工程技术研究中心、市级工程技术研究中心、市级大师工作室"科研创新平台，为行业企业和组织开展技术研发、开发、培训、咨询、推广服务项目34项（表8-4），项目开展情况如下。

① 团队核心成员2020—2023年期间，主持或参与的主要技术培训项目25项，受益人群1200余人；

② 2019—2023年间核心成员依托企业实践形式完成的企业技术咨询与服务项目9项，为企业创造经济效益2000余万元。

表8-4 团队核心成员相关培训、生产、咨询和技术服务主要成果

序号	项目名称/服务企业	负责人	时间	备注
1	广东大王椰电器有限公司——冲压工高级工（新型学徒制）	金志刚	2022.11	
2	广东格美淇电器有限公司——冲压工高级工（新型学徒制）	金志刚	2022.11	
3	中山市雷泰电器制造有限公司——塑料制品成型制作工高级工（新型学徒制）	金志刚	2022.11	
4	中山市庆谊金属制品企业有限公司——模具工高级工（新型学徒制）	金志刚	2022.11	
5	中山市恒滨实业有限公司——模具工高级工（新型学徒制）	金志刚	2022.11	
6	中山市港利制冷配件有限公司——冲压工高级工（新型学徒制）	金志刚	2022.11	
7	中山市美全塑胶制品有限公司——模具工高级工（新型学徒制）	金志刚	2022.11	
8	中山市森鹰电器有限公司——冲压工高级工（新型学徒制）	金志刚	2022.11	
9	中山市美图塑料工业有限公司——模具工高级工（新型学徒制）	金志刚	2022.11	
10	中山市健威五金电器有限公司——模具工高级工（新型学徒制）	黄智	2022.11	
11	广东美尼亚科技有限公司——冲压工高级工（新型学徒制）	金志刚	2022.11	
12	中山市雄兵橡胶有限公司——模具工高级工（新型学徒制）	金志刚	2022.11	培训项目
13	中山市大洋电机股份有限公司——电工、车工高级工（新型学徒制）	刘小娟	2021.07	
14	中山市亿丰塑胶制品有限公司——电工、车工高级工（新型学徒制）	刘小娟	2021.07	
15	广东恒鑫智能装备股份有限公司——电工高级工（新型学徒制）	刘小娟	2021.09	
16	2019年中山市技术工人（机床装调维修高级工）培训班	刘小娟	2019.7	
17	2020年中山市企业职工（机床装调维修高级工）培训班	魏加争	2020.7	
18	人社局主办的精准化项目培训班：工业机器人应用技术	刘小娟	2023.05	
19	人社局主办的精准化项目培训班：机电设备装调维修	刘小娟	2023.04	
20	人社局主办的精准化项目培训班：智能生产计划管理班	刘小娟	2023.03	
21	（小榄学院）中山市建斌职业技术学校教师教育教学能力提升研修班	金志刚	2020	
22	中山市沙溪理工学校高考竞赛考证人员培训班	姜无疾	2020	
23	沙溪理工骨干教师培训班	刘小娟	2021	

续表

序号	项目名称/服务企业	负责人	时间	备注
24	骨干教师培训班	姜无疾	2022	培训项目
25	中山中专骨干教师培训班	金志刚	2022	
26	中山市钜泰硅胶科技有限公司技术服务	李占琪	2022.3	以企业实践形式完成的咨询和技术服务
27	中山市科博仕智能科技有限公司技术服务	金志刚		
28	中山市厚德快速模具有限公司技术服务	李占琪、黄智	2022.3	
29	中山市钜泰硅胶科技有限公司技术服务	李占琪、黄智	2021.12	
30	广州智慧机电有限公司技术服务	魏加争	2019.12	
31	中山长准机电有限公司技术服务	刘小娟	2020.12	
32	中山市恒生自动化工业有限公司技术服务	刘小娟	2020.9	
33	东莞市泰铭机电设备有限公司技术服务	刘小娟	2021.3	
34	广州智慧机电有限公司技术服务	刘小娟	2021.9	

校级教学团队立项建设以来，取得社会服务方面的成绩情况如下，满足"社会服务成绩4项，成果累计36个"（表8-5），具体情况如下。

① 核心成员2020—2022年负责及参与的面向中职人员非学历培训项目5项，到账金额62.54万元；

② 核心成员锐意进取，不断创新，2020—2022年授权发明专利3项；

③ 成员发挥团队优势，通过与企业签订横向课题共同解决生产技术难题，2021年至今，工作室团队核心成员共为13家企事业单位开展以横向课题为载体的技术服务项目15项，技术服务到账金额共311.78万元；

④ 项目团队立项或完成市级以上教科研项目13项，其中团队负责人2020—2022年主持立项或完成市级以上项目7项。

表8-5 2020—2022年期间团队核心成员负责开展的科研及社会服务情况

①非学历培训情况						
序号	项目名称	委托单位	到账金额/万元	项目时间/年	专业负责人/参与人	备注
1	（小榄学院）中山市建斌职业技术学校教师教育教学能力提升研修班	中山市建斌职业技术学校	10.65	2020	金志刚	满足"1.非学历培训到款额文科类团队不少于10万元,理工类团队不少于20万元"
2	中山市沙溪理工学校高考竞赛考证人员培训班	中山市沙溪理工学校	17.17	2020	姜无疾	
3	沙溪理工骨干教师培训班	中山市沙溪理工学校	14.62	2021	金志刚	
4	骨干教师培训班	中山市沙溪理工学校	16.73	2022	姜无疾	
5	中山中专骨干教师培训班	中山市中等专业学校	3.37	2022	金志刚	
	合计		62.54			

续表

②授权发明专利情况

序号	专利名称	专利号	专利类型	时间/年	发明人	备注
1	一种多主轴加工设备的动力头及包含其的加工设备	202110881201.7	发明	2021	陈贤照	满足"2. 获授权发明专利1项以上"
2	一种用于口罩机的运料装置	202110075233.8	发明	2022	金志刚	
3	面包自动压合成型设备	201611122238.7	发明	2022	姜无疾	

③横向课题情况

序号	项目名称	委托单位	到账金额/万元	时间/年	负责人	备注
1	SDW4023A 五面体数控龙门加工中心研发	中山迈雷特数控机床有限公司	215	2022—2023	李占琪	
2	高速四足台架样机零件设计与加工	中国北方车辆研究所	9.8	2021	姜无疾	
3	球头拉杆自动上料装置的智能制造平台应用技术开发	广州智慧机电有限公司	3	2021—2023	陈贤照	
4	Samla 11L BOX 码垛	中山市恒生自动化工业有限公司	2.2	2021	刘小娟	
5	MAZAK 卧式加工中心升级改造	广东康特斯织造装备有限公司	44.58	2021	李占琪	
6	罗伯特椅子镶螺母自动生产线开发	中山市恒生自动化工业有限公司	5.1	2021	黄信兵	满足"3. 横向应用技术研发项目入账经费文科类团队20万元以上，理工类团队40万元以上"
7	抗干扰低功耗投影仪高密度线路板的研发	中山市智牛电子有限公司	1	2022	黄智	
8	航空科技情报采集系统的研发	深圳市易海聚信息技术有限公司	1	2022	黄智	
9	鲁恩地板堆叠码垛项目	中山市恒生自动化工业有限公司	3	2022	刘小娟	
10	汽车精密塑胶零件模具的研发	中山市煜达精密模具有限公司	1	2022	黄智	
11	桁架机器人智能化加工平台上料装置技术开发	科尔比乐（广州）智能装备有限公司	3	2022	陈贤照	
12	瑞克塔箱子贴标喷码检测码垛自动化产线开发	中山市恒生自动化工业有限公司	3.1	2022	刘小娟	
13	五轴机械手上下料系统开发	中山市恒生自动化工业有限公司	5.2	2022	刘小娟	
14	小模数弧齿锥齿轮注塑成形关键技术与试验研究	广东省精密齿轮柔性制造装备制造技术企业重点实验室	5	2022	黄智	
15	高速四足台架样机零件设计与加工	中国北方车辆研究所	9.8	2021	姜无疾	
	合计		311.78			

续表

	④团队负责人立项的市级以上纵向项目					
序号	项目名称	立项部门	金额/万元	立项或结题时间/年	主持人	备注
1	盒体类产品后段包装智能化产线研制与应用（在研）	广东省教育厅	3	2022	刘小娟	满足"4. 作为负责人完成或获新立项市级以上科技、社科或软科学项目2项以上"
2	五轴自动加工单元研制	中山市科技局	5	2020	刘小娟	
3	数字微流控基因检测平台和芯片研发（结题）	广东省教育厅	8	2020	刘小娟	
4	"三教"改革背景下数控技术专业群产教融合人才培养模式研究与实践	广东省教育厅	3	2022	刘小娟	
5	基于"1+X证书制度"的高职数控技术专业技能型人才培养模式探索与实践	中山市教育体育局	0.1	2020	刘小娟	
6	基于"1+X证书制度"的高职智能制造专业群技能型人才培养模式探索与实践（结题）	广东省教育科学规划领导小组	3	2022	刘小娟	
7	基于"知识元"的微课教学资源设计与应用研究——以《数控机床故障诊断与维修》课程为例（结题）	广东省教育厅	1	2020	刘小娟	

第九章

广东省示范性高等职业院校

——电梯维护与管理专业及专业群建设研究

一、建设背景

（一）行业发展

1. 中国电梯产量全球第一，发展速度迅猛

中国电梯产业年增长率保持在 20%左右，我国电梯整机生产量和在用电梯数量均居世界首位，全国电梯产量占全球总量过半，巩固了我国作为全球电梯制造中心和世界工厂的地位。电梯产业已形成涵盖研发、制造、营销、安装、检测、维修保养及零部件供应的完整产业链。2022 年，电梯、自动扶梯和升降机产量累计超过 150 万台，同比增长约 4%。截至 2023 年底，全国电梯保有量突破 1000 万台，同比增长超过 10%。展望未来，城镇化发展、老旧小区改造和基础设施建设将推动电梯市场需求持续增长，智能技术和物联网的应用将提升电梯的安全性和智能化程度。

2. 中山市南区是国家级电梯产业基地，产业优势明显

广东省是我国的经济大省、经济强省，智能楼宇的建设和发展速度更是日新月异，广东省的电梯生产量和在用电梯数量在国内处于领先地位。

中山市南区电梯产业基地建设始于 1986 年中山市电梯厂有限公司的成立。2005 年 11 月，经广东省科技厅批准，南区获得了"广东省火炬计划特色产业基地"称号，基地规划占地面积 5000 亩，成为广东省火炬计划唯一一个电梯特色产业基地。根据《珠江三角洲地区改革发展规划纲要（2008—2020 年）》《中山市国民经济和社会发展第十二个五年规划纲要》和《中山市电梯产业发展规划（2009—2020 年）》，电梯产业已列入中山市装备制造业重点发展领域。2010 年，中山市南区电梯产业基地被科技部确立为广东省唯一一家国家火炬计划电梯特色产业基地。经过 20 多年的发展，南区电梯产业基地集聚了蒂升电梯、菱电电梯、沙岗电梯、迪宝尔电梯、奥美森电梯、港日电梯等 30 多家电梯整机及配套生产企业，形成了以蒂升电梯和三菱电梯为龙头的电梯产业链，产业链覆盖了电梯生产、加工、组装、物流、营销、安装、维修、培训及保养。

（二）人才需求背景

1. 电梯产业发展迅猛，高技能人才缺口巨大

随着电梯产业链的发展和完善，对高技能人才的需求量将越来越大。电梯作为国家纳入特种设备管理的设施，其生产制造过程需要大量的高级技术技能从业人员，其安装调试需要大量高技能人才去完成，其维修保养更需要大批的高技能、高素质、有从业资质的专业技术人员严格把关。所有这些形成了高级技术技能电梯人才的巨大缺口。

2. 近年来电梯事故频发，急需维修保养人员

近年来，一些地区相继发生的多起电梯事故，从很大程度上说明了提高电梯维保从业人员素质并及时对电梯进行日常维保的重要性，同时也凸显了电梯维保人员的紧缺状况。由于专业人员的不足，中山地区的电梯维护保养人员平均每人需负责 30 多台电梯的维护保养工作，个别地区甚至更多。

根据调研，珠江三角洲及中山区域急需高级技术技能电梯专业人才。表 9-1 是对 2021~2022 年度中山区域部分电梯企业人才需求状况所做出的调查，由此可见电梯制造、营销、安装、维修、保养和监督检测等岗位对高级技术技能人才的巨大需求，必将为本专业的进一步发展提供更加广阔的天地。

表 9-1　2021~2022 年度中山区域部分电梯企业人员需求状况调查

序号	电梯企业	需新增人员数量		需求原因
		2021 年	2022 年	
1	蒂升扶梯有限公司	300	310	规模扩大
2	蒂升电梯有限公司	150	180	人员流动补充
3	康力电梯中山公司	160	180	保持稳定
4	广东菱电公司	100	110	人员流动补充
5	江门名优电梯公司	80	90	人员流动补充
6	珠海三洋公司	120	130	规模扩大
……	……	……	……	……

二、建设基础

（一）优势与特色

1. 专业植根区域产业，凸显"一镇一品一专业"专业布局

电梯维护与管理专业是立足南区国家火炬计划中山电梯特色产业基地，在全国高职院校中首开的机电类专业，中山市政府南区办事处在国家电梯特色产业基地科技园区为本专业提供了 5 万多平方米场地共建电梯专业实训基地，并通过订单式培养为中山区域电梯生产与制造、安装与维保企业输送了大批高级技术技能人才，充分凸显了中山市"一镇一品""一镇一业"产业布局特点和学校"一镇一品一专业"的专业布局。

2. 专业高度对接行业，高起点确立办学高规格

本专业始终坚持高起点办学。本专业为中国电梯行业协会和国家电梯质量检验检测中心的依托单位——中国建筑科学院机械化研究分院联合创办，并成立了以该分院院长、中国电梯协会理事长为主任和以《中国电梯》杂志社主编为副主任的专业教学指导委员会，被确定为中央财政支持的实训基地建设单位，建成"全国电梯行业首批特有工种职业技能鉴定站"，成为国家电梯行业职业资格标准和培训教材编写的副组长单位，承办了国内首届"电梯技能人才培养论坛"，成为中山市电梯行业协会秘书长单位，与澳门电梯协会开展多项合作交流项目。

3. 理事会领导"电梯学院"，实现办学体制机制创新

由学校主导，由中国建筑科学院机械化研究分院和中国电梯协会指导，由中山市南区办事处提供场地并配套相应的生活设施，引进广东菱电电梯有限公司等中山区域主流电梯企业参与，政、校、行、企联合创办了理事会形式的产业学院——"中山职业技术学院南区电梯学院"，实现了多方参与、协同建设、共同育人的办学体制机制创新，通过订单式培养初步探索了现代学徒制人才培养模式改革。目前，已召开了"中山职业技术学院南区电梯学院"理事会成立大会暨第一届第一次理事会会议，讨论、完善并通过理事会章程，确立了终身理事单位，选择产生了理事长、常务副理事长、副理事长、理事、秘书长及电梯学院名誉院长、院长、副院长，成立了管理机构、教学机构。

4. 充分共享优质资源，不断形成电梯业界广泛影响力

通过资源共享，帮助中山市启航技工学校、韶关市交通技术学校等多家中职学校开设电梯专业；通过实施"2+1""1+2"人才培养模式，为邵阳职业技术学院、宁夏职业技术学院、贵阳职业技术学院、福建省三明市职业学校等兄弟中高职院校开展电梯专业普通学历教育人才培养。本专业在电梯行业和省内外高职院校中形成了广泛的影响力，初步展现了示范引领带动作用，为电梯产业、行业、企业培养出大批不同层次的技术技能人才。

（二）问题与思考

经过近几年的建设，本专业逐步形成了自身的办学特色，取得了众多办学成就，奠定了进一步发展的坚实基础和优势。但是，如何推动本专业软硬件建设再上新台阶，将本专业自身优势转化为电梯类专业职业教育领域的示范引领共享资源，今后还需要加强以下三个方面的工作：

① 多方合作的联盟平台建设有待进一步加强，"政、校、行、企"合作机制需要进一步完善，电梯学院的运行需要向纵深推进。

② 人才培养模式改革有待进一步完善与创新，工学结合的效果需要向深层延伸，人才培养质量需要进一步提高。

③ 产教学研技术含量有待向更高水平迈进，专业服务产业能力需要进一步提升，专业示范作用和辐射面有待增强和扩大。

三、建设思路和目标

（一）建设思路

立足"国家火炬计划中山电梯特色产业基地"，面向中山区域电梯产业、行业、企业，以服务为宗旨，以协同创新为引领，以"双平台"（协作联盟平台和创新服务平台）为依托，以专业建设为主线，以人才培养模式改革为主题，以提升人才培养质量为己任，按照理念先进、目标明确、任务明晰、改革领先、质量优越的标准，构建电梯维护与管理专业人才共育、过程共管、成果共享、责任共担的办学机制，加快培养电梯行业高级技术技能人才，努力提升专业服务产业发展能力。

（二）建设目标

在三年建设期内，推动以现代学徒制为理念的"多学段、多循环"工学结合人才培养模式和教学模式改革，促进课程体系和教材建设，打造专兼结合"双师型"优秀教学团队，建立"电梯行业人才培养政、校、行、企协作联盟平台"，创新电梯学院运行机制，完善校内外实训实习基地；建立"电梯学院产、教、学、研创新服务平台"，增强专业服务产业发展能力，将电梯维护与管理专业建成在省内乃至国内高等职业教育领域中发挥"示范、引领、带动"作用的品牌专业。

四、建设内容

（一）人才培养模式与课程体系改革

1. 人才培养模式和课程体系建设

（1）以现代学徒制为理念推动工学结合人才培养模式改革创新

按照现代学徒制理念，围绕着电梯行业高技能人才培养的目标，依据国家、电梯行业技术标准和法规，制定一套专业教学标准；以"电梯行业人才培养政、校、行、企协作联盟平台"为抓手，在总结订单式人才培养模式经验的基础上，与有关电梯企业签订校企双方参与、协同建设、共同育人的合作协议；以电梯学院为依托，推动中山市政府及南区办事处、相关电梯企业和学校办学经费的及时投入；政、校、企合作探索电梯企业招工难、用工不稳定、劳动者收入较低、劳动者自我价值难体现4个问题的有效解决方法。

首先，建立工学结合"多学段"机制：在大一学年春季学期划出2周时间，作为一个A小学期，以专任教师为导师，以兼职教师为师傅，组织学生到电梯整梯、零部件生产制造企业，进行职场认知实习，加强专业能力、专业素质的熏陶，树立正确的专业思想，获得良好的职业认知，为后续课程的学习培养浓厚的兴趣；在大二学年春季学期划出4周时间，作为一个B小学期，以专任教师为导师，以兼职教师为师傅，组织学生到电梯安装、维保企业，进行专项生产实习，加强职业技能、职业素质的培养，获得良好的职业熏陶，在实践中感悟电梯行业对高级技术技能人才在知识、能力、素质等方面的要求；将大三学年春季学期的大部分时间，作为一个C学期，以专任教师为导师，以兼职教师为师傅，组织学生到电梯零部件生产、制造企业，电梯安装、维保企业，进行顶岗综合实习，熟练掌握电梯零部件生产加工工艺、电梯安装工艺技能、电梯维修保养技巧；养成良好的职业道德和敬业精神，增强严格遵守职业规范和操作规程的意识，明确自己的职业定位和专业方向，增强职业竞争能力。

第二，建立工学结合"多循环"机制：由校内导师和企业师傅主导，沿着"一体化教室→校中厂→厂中校→一体化教室"路径不断交替，即每一学年，学生在校内理实一体化教室按照"教、学、做一体化"的理念实现学中做、做中学，然后再在"校中厂"按照"项目驱动、任务导向"的方法进行项目化学习，小学期到"厂中校"有计划、有目标地进行不同形式、不同层次的岗位实习，如此不断循环，从而建立起工学结合的"多循环"机制。

（2）课程体系建设

分析本专业毕业生就业岗位及其典型任务（详见表9-2），依据人才培养目标和规格，确立对应的职业能力，由职业能力确定相应的课程模块，根据电梯专业职业资格（包括从业资格和执业资格）明确职业资格证书要求，实现职业资格证书与毕业证书对接，校企合作共同构建基于职业能力导向的、体现电梯设备特征的机电一体化课程体系，如图 9-1 所示。

表9-2 电梯专业就业岗位及典型工作任务分析

序号	就业岗位	典型工作任务分析
1	电梯零部件开发（设计员、工艺员）	设计员：电梯零部件设计改进、根据装配图拆分完成零件图设计、零件的标准化管理、功能电路系统的设计、零部件和整机的出厂技术条件的拟定等。 工艺员：零件加工工艺与部件装配工艺编制、生产现场技术问题处理、新产品开发试制的现场跟进等
2	电梯安装与维修操作(安装与维修工)	安装与维修技工：电梯整梯安装施工、电梯故障检查修理、电梯日常维护保养等
3	电梯检验与质量控制（检验员）	检验员：电梯零部件生产和装配现场质量检控、电梯调试现场质量检控、电梯零部件质量检控、电梯维保质量检控等
4	电梯生产与安装、施工现场管理人员（项目经理）	项目经理：电梯零部件生产装配车间班组长或车间主管、电梯安装维保施工班班长、电梯安装维保技术主管等

2. 课程建设

（1）建立一套完善的专业教学标准和课程标准

通过课题立项、研究、结题的形式，在建设期内完成本专业教学标准和所有专业课程标准建设。

（2）打造5门优质核心课程

以真实产品为载体，以学生完成电梯机电系统设计、安装、调试、检测、维护、管理等典型工作过程、任务作驱动，基于工作岗位→业务范围→工作领域→工作任务→职业能力→学习领域（课程）的工作过程，按照项目化教学改革要求，校企合作共同开发电梯安装工程、电梯构造与原理、电梯零部件设计、PLC 编程与变频技术、电梯控制技术 5 门优

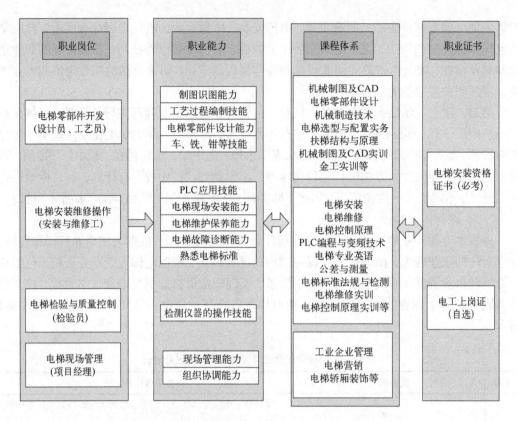

图 9-1 基于职业能力导向的模块化课程体系框图

质核心课程,实现课程内容与职业标准对接,教学过程与生产过程对接,从而打造电梯专业优质核心课程,见表 9-3。

表 9-3 专业优质核心课程开发

序号	课程名称	课程负责人	行业企业参与人员
1	电梯安装工程	陈秀和	恩旺
2	电梯构造与原理	肖伟平	李增健
3	电梯零部件设计	殷勤	黄英
4	PLC 编程与变频技术	潘斌	陈凌云
5	电梯控制技术	屈省源	赵光瀛

(3) 形成一套精品资源共享课

转型升级院级精品课程电梯构造与原理,对电梯安装工程课程按照精品资源共享课的标准进行建设,开发电梯控制技术、电梯维修、电梯零部件设计 3 门网络课程。

(4) 教学内容与教学模式改革

以工学结合为切入点,实现课程教学内容、课程教学模式的改革。

实施"项目式"教学:建设 2 个"校中厂",完善电梯安装、电梯电气控制安装、电梯整梯安装、扶梯与人行道安装、电梯检测、电梯轿厢、电梯故障排除等实训室,在电梯安装工程、电梯结构与原理、电梯零部件设计、PLC 编程与变频技术、电梯控制技术等专业核心课程中实施项目化教学改革，实现"学中做、做中学"。

实施"场景式"教学：在"教、学、示合一"创新教室，对于电梯结构与原理、电梯保养与维修、电梯标准与检测、电梯选型与配置等专业课程，教师既可以通过黑板、投影进行讲解，又可以随时通过电梯整梯实物、模型、电梯零部件进行现场讲解，学生也可以在教师的指导下，亲自动手进行操作、安装、试验，从而使整个教学过程置身于电梯工作场景，实施"场景式"教学，做到抽象与形象的完美结合。

实施"仿真式"教学：学生在电梯模拟实操室，灵活运用"电梯三维数字化模拟教学平台"创设电梯安装和检测情境，进行电梯工作原理、模拟安装、模拟检测等环节的互动学习，而且学习结果能够实现可控可测、自我考核评价。这种电梯仿真模拟实操训练，可以节省大量的、昂贵的实训设备投入，学员可以进行身临其境的实战演练，使学习和实战无缝结合。

3. 教材建设

（1）公开出版 4 部项目化教学改革特色教材

在完成专业教学标准制定的基础上，充分发挥国家电梯行业职业资格标准和培训教材编写副组长单位优势，按照项目驱动、任务导向的理念，将职业资格考证、行业标准、企业管理规范、生产管理案例等融入课程内容，将职业资格考证与职业技能培养紧密结合，与相关电梯企业合作共同编写、修订、出版一批特色教材，见表 9-4。

表 9-4 特色教材编写、出版一览

教材名称	学院编者	企业编者	出版形式
电梯安装工程	陈秀和、张书	夏学涛	公开出版
电梯专业英语	肖伟平、夏龙军	冯斌	公开出版
电梯构造与原理	贺德明、肖伟平	黄英	公开出版
电梯零部件设计	殷勤	李增健	公开出版

（2）开发 8 部培训用教材

开发 8 门培训用教材，以满足对中、高职院校电梯类专业骨干教师培训和电梯企业员工培训的需要，见表 9-5。

表 9-5 培训教材开发一览

教材名称	学院编者	企业编者	出版形式
电梯零部件设计	殷勤		校内
电梯标准与检测	吕晓娟	赵光瀛	校内
智能大厦控制系统	张继涛	张彦礼	校内
电梯安装维修考证培训	张书		校内
PLC 编程与变频调速技能综合训练	潘斌		校内
电梯控制技能综合训练	刘宁芬、潘斌	恩旺	校内
电梯装饰技术	陈秀和、夏龙军	黄英	校内
电梯营销	肖伟平、肖红	张才和	校内

4. 教学资源库建设

与广东京通资讯科技有限公司合作，在进一步完善电梯三维数字化模拟教学平台的基础上，通过建立教学课件、习题、试卷、文本素材、图片素材、视频素材、动画素材等，最终形成电梯专业教学资源库，满足教师教学、学生学习、企业员工培训、社会学习者继续教育等的需要。

5. 专业教学质量保障评价机制建设

（1）建立专业教学质量评价标准

依据学校教学质量管理相关规定，充分发挥专业教学指导委员会和企业兼职教师的作用，制定能力培养递进式专业人才培养方案，制定现代学徒制的"多学段、多循环"工学结合人才培养模式改革目标和标准，形成符合高级技术技能人才培养要求的专业教学质量标准文件。

（2）建立专业教学质量监控机制

通过教学基础资料检查、听课、教学巡视等措施，确保教学过程有监控；通过师生座谈会、校外实习基地和用人企业走访座谈等环节，确保教学效果有反馈；按照学校《实践教学管理规定》，确保实训、实习教学有计划安排、有实施方案、有考核标准、有检查记录、有分析总结报告，且将教学检查措施延伸至校外实习基地和"厂中校"，确保职场认知实习、专项生产实习、顶岗综合实习不遗漏；聘请电梯学院理事会成员单位领导和行业、企业高级技术人员，建立电梯学院自己的督导队伍，实施督导评教与学生评教相结合、学校评教与专业评教相结合，确保教学质量有评价。

（3）构建人才培养质量评价机制

以麦可思公司调查为基础，由电梯学院理事会牵头，构建由研究机构、电梯行业协会、主流电梯企业、部分学生及其家长等第三方共同参与的"多元化"人才培养质量评价体系，围绕课程设置的有效性、知识能力素质的适应性、专业与就业岗位的一致性等内容，对本专业毕业生进行五年不断线的跟踪调查，建立质量年报制度，构建毕业生就业信息数据库，形成年度评价报告，从而系统掌握人才培养的成效与不足，为后续人才培养模式改革、人才培养方案完善等提供多渠道、全方位依据，促进人才培养良性循环。

（二）师资队伍建设

1. 在专业带头人培养过程中打造教学名师

选择2名具有企业工作经历的高职称专任教师作为专业带头人进行重点培养，使其成为电梯教育、培训行业中的领军人物，引领带动专业建设与发展。

（1）加强电梯行业中影响力的培养

加强与电梯行业协会、电梯研究检测机构、电梯生产制造安装维保企业密切合作，增强政校行企合作能力和社会资源整合能力，确立在电梯行业中的影响力。

（2）加强教育理念培养

到日本三菱电梯全球培训中心、国内高职院校及其他培训机构进行培训、学习、交流等，树立先进高职教育理念，增强对高职教育规律的把握能力。

（3）加强高等职业教育执教能力培养

注重因材施教，注重项目化教学改革，注重提高学生自主研究性学习能力，注重学生学习兴趣、潜在能力的激发和培养，不断增强师傅带徒弟能力。

（4）加强专业教学资源建设能力培养

编写高水平高职特色新版教材，开展教学标准、课程体系、教学内容、实训项目、教学指导、学习评价等教学资源建设及其数字化，不断增强资源整合能力。

（5）加强改革意识和创新精神培养

积极探索工学结合人才培养模式和教学模式、教学手段、教学方法、教学内容的改革与创新，注重以实践能力考核为主的评价方法改革。

（6）加强专业建设能力培养

积极组织专业人才培养方案的研讨与制修订，主持完成"校中厂""厂中校"、专兼职师资队伍等的规划与建设。

（7）加强教研科研能力培养

注重电梯产业前沿知识、技术的掌握和应用，组织省、市级教研教改、科技计划、科学研究项目或课题的立项申报与结题，在建设期内主持、参与完成5项院级及以上教研、科研项目。

（8）加强专业服务能力培养

联系电梯企业、其他特种设备行业及社会各方面，组织各类培训项目入校，或上门开展培训服务，主动承担与专业相关的技术研发、攻关等服务项目，主持或承担来自电梯行业、企业的横向课题。

2. 骨干教师培养

（1）建立高职称教师与青年教师一对一帮扶的"导师制"

在6名具有高级职称的教师和6名具有初级、中级职称的青年教师之间建立起一对一的帮扶机制，促进其培养与成长，见表9-6。

表9-6　一对一帮扶"导师制"

指导教师		青年教师		指导教师		青年教师	
姓名	职称	姓名	职称	姓名	职称	姓名	职称
肖伟平	高级工程师	张书	讲师	刘宁芬	高级工程师	屈省源	工程师
贺德明	高级工程师	吕晓娟	讲师	曹前	高级技师	夏龙军	工程师
陈秀和	高级工程师	殷勤	讲师	张继涛	教授	潘斌	讲师

（2）采取内培外训措施

安排青年教师到日本三菱电梯全球培训中心、国内高职院校及其他培训机构进行培训、学习、交流等。

（3）实施"项目驱动、任务导向"培养机制

青年教师每人要独立负责完成1个实训室建设，参与人才培养模式改革和人才培养方案的制定与修订，承担1门课程的开发与建设，编写并公开出版1本特色教材，参与本专业精品共享资源库的开发，至少要完成1项省教学指导委员会教研教改项目的申报与立项，至少要参与1项院级或以上科研项目的申报与立项，至少要发表1篇CN级别以上教

研及科研论文,指导学生参加省级或以上职业技能竞赛,全部取得"工贸行业企业安全生产标准化评审"评审员资格证书。

（4）加强"双师素质"培养

青年教师每人要负责建立1个具有双重作用的"厂中校","厂中校"不仅是本专业学生校外实习、工学结合的场所,也是青年教师进行不少于半年下企业实践锻炼的定点企业；至少参与上述定点企业的1个技术改造工程项目；与上述定点企业合作,至少完成1个横向课题的立项申报,发表1篇CN级别以上的论文,开发1项适合于本专业在校生的职业技能比赛项目,以参编的身份公开出版1本项目化教材；承担来自自己定点企业兼职教师的一对一教育教学理论培训任务,该兼职教师教育教学理论考核不合格,即为自己工作不合格；必须取得高级技师职业任职资格。

3. 兼职教师队伍建设

在原有15名兼职教师的基础上,新聘5名技术骨干或岗位能手作为兼职教师,并实施专兼教师一对一交流、帮扶、指导以及教育教学理论的学习和培训等措施,不断提升兼职教师专业教学、课程开发、实训指导等高等职业教育的执教能力,从而建立起由20人组成的兼职教师队伍,专、兼职教师比例达到1∶1.2以上,使兼职教师承担的专业课学时比例达到40%。具体计划详见表9-7。

表9-7 电梯维护与管理专业新聘兼职教师培养计划

新聘兼职教师	一对一帮扶指导教师	培养目标	培养措施
肖夕辉	肖伟平	①通过职业教育教学能力测评 ②具备承担1门以上专业技能课程教学的能力 ③参与1门课程开发,参与6门教材建设 ④参与1门课程标准制定 ⑤参与人才培养方案制定	①参加心理学、教育心理学以及职业教育理念等方面的培训 ②专任教师对兼职教师实施一对一帮扶、指导 ③参与课程开发与教材建设 ④参与课程标准制定 ⑤参与人才培养方案的制定
黄英	陈秀和		
韦峰	贺德明		
谭玉晴	刘宁芬		
陈凌云	张继涛		

（三）校企合作、工学结合运行机制建设

1. 建立"电梯行业人才培养政、校、行、企协作联盟平台"

通过建立、完善学校与地方政府、研究机构、行业协会、电梯企业的合作机制,构建"电梯行业人才政、校、行、企协作联盟平台",为电梯学院运行机制创新和现代学徒制人才培养模式改革奠定基础。

（1）建立专业教师在"政、校、行、企"合作中的分工联系机制

派遣校企合作专干、企业科技特派员和合作工程师,明确职责、工作任务、工作目标等,建立专业教师走出学校、走向政府、走入行业、走进企业,与政府领导做朋友、与企业家做朋友、与行业协会会长做朋友,谋求"政、校、行、企"战略协作关系的专业教师分工联系机制。

（2）完善学校与政府的合作机制

推动市政府出台促进职业教育校企合作的相关政策，恰当、有效介入高等职业教育；加强与中山市教育局、科技局、社保局、质检局、生产力促进中心等政府部门的交流合作，获得项目立项、社会服务、岗前培训、技术研发等方面的政策支持和条件优惠。加强学校与中山市南区办事处的合作，使之成为电梯学院终身理事单位，主要领导担任电梯学院理事会理事长职务；推动中山市南区办事处进一步改善设立于南区电梯产业科技园区的电梯专业实训基地相关基础设施，建立"电梯教学与科研项目扶助资金"，促进南区电梯产业科技园区电梯企业与学校的合作。

（3）完善学校与研究院的合作机制

加强学校与中国建筑科学院机械化研究分院的合作，使之成为电梯学院终身理事单位，选举有关领导担任电梯学院理事会副理事长和电梯学院副院长。与中国建筑科学院机械化研究分院和设立于我校的中山北京理工大学研究院合作，建立教学研讨机制，定期组织教学指导委员会会议，研讨、解决专业建设、人才培养等工作中的相关问题；建立学术交流机制，定期举行相关学术交流、讲座、指导等活动；建立科学研究合作机制，共享两个研究院的人力、技术、设备、实验室等优质资源，围绕电梯产业转型升级，立足电梯行业技术进步，面向电梯企业新产品研发、技术攻关，联合开展科技计划、自然科学基金等各级各类项目的申报、研究工作。

（4）完善学校与行业协会的合作机制

选举中国电梯协会有关领导担任电梯学院名誉院长；将中山市电梯行业协会秘书处设立于学院，与本专业教研室合署办公，定期组织中山市南区电梯产业基地相关电梯企业员工开展技术比武、技能竞赛等活动；增加中国电梯协会高级工程师赵光瀛、中山市电梯行业协会会长龙晓斌担任本专业教学指导委员会委员；通过中山市电梯行业协会，加强与澳门电梯行业协会的交流与合作；借力两个电梯协会平台，推动学院与电梯企业的有效合作，定期举行电梯专业人才培养论坛会及有关学术交流、讲座等活动。

（5）完善学校与电梯企业的合作机制

完善教学指导委员会：增加中山市广日电梯工程公司副总经理冯斌、广东菱电电梯有限公司高级工程师黄英、蒂升扶梯（中国）有限公司人力资源部经理陈凌云等为本专业教学指导委员会委员。

建立人才培养方案共同制定机制：每年暑假或寒假定期召开教学指导委员会会议，研讨、把握电梯产业、行业、企业发展的新形势、新变化对人才培养目标、规格的新要求，不断完善人才培养方案。

建立实习、实训基地共同建设机制：吸引主流电梯企业参与，明确双方责、权、利，共同建设"校中厂"；完善"厂中校"管理机制，满足工学结合人才培养模式改革的需要。

建立师资队伍共同培养机制：每学期至少安排一名专任教师分别进入电梯生产制造、电梯安装维保等不同类型的合作电梯企业，以真实员工的身份进行顶岗、顶职，加强专任教师师傅带徒弟能力建设；每年暑假定期组织兼职教师参加"教育学""教育心理学"、高等职业教育规律等方面的学习培训，不断提高兼职教师教学水平和效果。

建立课程资源共同开发机制：由电梯协会、电梯企业、电梯学院三方共同组成课程开发小组，打造优质核心课程，编写特色教材，共建网络共享课程，研发仿真教学平台。

建立技术服务共同参与机制：由校企合作专干、科技特派员、合作工程师与"两院"科研力量、电梯企业技术人员共同组成科研小组，面向电梯行业，大力开展技术研发与攻关。

建立毕业生就业共同引导机制：定期邀请电梯协会专家进入学校，举办讲座、论坛，介绍电梯产业、行业发展现状，指导学生科学制定个性化职业生涯规划。适时邀请电梯企业领导进入课堂，介绍电梯生产制造企业、电梯安装维保企业对人才在知识、能力、素质等方面的要求，引导学生树立正确的就业观。

建立人才培养质量共同评价机制：由电梯学院理事会牵头，构建由研究机构（麦可思调查公司）、电梯行业协会、主流电梯企业、教育对象（学生及其家长）共同参与的"多元化"质量评价体系，共同评价人才培养质量。

2. 创新理事会形式电梯学院运行机制

（1）制定电梯学院教学、教科研、服务、管理等方面的规章制度

（2）明确理事会章程

建立理事会章程，明确理事会在电梯学院对外宣传、建设发展、运营项目、教育培训服务、收入分配改革等工作中的职责。

（3）实行理事会领导下的院长负责制

在理事会的领导下，电梯学院院长在国家政策法规的许可范围内独立地开展教学培训和技术服务等。电梯学院专兼教师的聘用实行院长聘任制，由院长根据任职条件与之签订各类聘任合同，并依据岗位职责、考核办法进行考核与激励。

（4）建立理事会议事制度

定期召开理事会会议，讨论决定成立教学指导委员会，制定教学管理、人事管理、财务管理、资产管理等规章制度，制定年度工作计划，适时调整理事会成员，及时解决电梯学院硬件建设、软件建设及运行过程中存在的问题，研讨电梯行业人才需求情况及中国电梯协会人才教育动态。

（四）教学实验实训条件建设

1. 以校内实训实习基地建设为契机推动"电梯学院产、教、学、研创新服务平台"的建立

通过实训实习基地建设，满足电梯专业学生各类生产性实训教学的需要的同时，构建出"电梯学院产、教、学、研创新服务平台"，使之成为人才培养的实践教学基地和专业服务产业发展的有效抓手。

（1）完善现有实训室

对校内实训基地中电梯安装、电梯结构、电梯电气控制安装、扶梯与人行道安装、电梯故障排除等实训室以及电梯技能鉴定考证中心的软硬件进行扩充、完善，进一步增强真实职业氛围，满足理实一体化教学改革的需要。

（2）新建4个实训室

购置电梯整梯及零部件性能检验检测仪器设备，新建1个电梯检测实训室，新建1个电梯模拟实操室，新建2个具有教、学、示作用的创新教室，与原有的实训室一起构成本

专业"教、学、做一体化系统平台"。

（3）新建2个"校中厂"

电梯轿厢综合实训车间：由学校提供生产场地，由珠海信永机电设备有限公司投入主要设备，以"校中厂"模式建设一个"电梯轿厢综合实训车间"，采用校企双方共办、共管、共营的方式运行。主要功能是在有效确保学生劳动安全的前提下，承担信永公司电梯轿厢主要部件的设计、加工、制作、组装以及电梯轿厢个性化设计和装潢装饰作业等，对外可开展轿厢类钣金产品的加工生产和个性化装潢等工作，同时可满足电梯专业学生实训教学、顶岗实习、青年教师社会实践、科技项目研发等需要。

电梯教学实训设备制造工厂建设：与相关电梯企业合作，以"校中厂"模式建设一个"电梯教学实训设备制造工厂"。在该工厂中，教师可以带学生从事仿真电梯实物教学模型的研发、生产、销售等工作，同时还可以满足项目化教学改革的需要。

（4）新建2个"中心"

"中山电梯产业基地电梯零部件检测服务中心"建设：学校自筹，吸引电梯企业赞助，在中国建筑科学研究院机械化研究分院、国家电梯质量检验检测中心、中国电梯协会、中山市电梯行业协会等电梯行业权威及科研部门指导下，与广东南区电梯产业发展有限公司等中山区域电梯企业合作，在南区电梯产业基地科技园区内，建设一个"中山电梯产业基地电梯零部件检测服务中心"。利用该中心，师生可共同研制开发一批国内外领先的检测设备仪器，为电梯企业提供零部件优化设计、安全部件型式试验等检测技术服务；专业教师与电梯行业协会专家、企业技术专家联手，为电梯行业及企业提供电梯企业整梯和零部件生产线、装配线设计等技术服务，并成为学生生产性实训有效场所。

"电梯新技术学习中心"建设：吸引蒂升电梯（中山）有限公司、广东菱电电梯有限公司、珠海三洋电梯有限公司等中山区域主流电梯企业参与，投入直梯、扶梯、自动人行道等类型电梯实物、模型、零部件等设备，在学校产学研园筹建一个"电梯新技术学习中心"，彰显电梯新技术、新工艺、新成就发展成果，有利于学生树立良好的专业思想，增强专业自豪感，明确学习目的，培养学习兴趣，激发学习热情，提升学习信心。

（5）将"智能电梯装调与维护"省级竞赛场地建成国家级竞赛场地

在现有实训条件的基础上，改造、整合电梯安装与电梯控制实训室，建设一个既能够满足实训教学需要，又能够满足广东省高职院校电梯类专业"智能电梯装调与维护"竞赛要求的实践教学场地，并通过增加电梯门机安装调试和故障处理竞赛项目的设备配置、电梯整梯安装部分项目的设备配置和场地建设工作，对软件系统进行优化，使之达到可以承接高职电梯类专业国家级职业技能竞赛的条件要求。

2. 校外实习基地建设

完善现有16个校外实习基地，与上海远大电梯有限公司、苏州康力电梯有限公司、无锡希姆斯电梯有限公司、杭州曼斯顿电梯浙江有限公司、河北华升富士达电梯有限公司合作，新建4个新的校外实习基地。在20家校外实习基地中，选择珠海三洋电梯有限公司、东莞快意电梯有限公司、江门蒙德电气有限公司、深圳美迪斯电梯有限公司等部分电梯整梯及零部件生产与制造企业和电梯安装、维保企业，建立4个"厂中校"，更好地满足工学结合人才培养模式改革的需要。

3. 实训、实习管理制度及教学标准建设

完善校内外实训、实习基地管理制度；完成《制图测绘实训标准》《电梯金工实训标准》《电梯控制技能训练标准》《PLC 与变频技术训练标准》《电梯安装维修考证培训标准》《电梯安装与维修实训标准》《职场认知实习标准》《专项生产实习标准》《顶岗综合实习标准》等实训、实习教学标准建设。

（五）社会服务能力建设

1. 社会服务软硬件建设

（1）社会服务平台建设

完善"电梯行业人才培养政、校、行、企协作联盟平台""电梯学院产、教、学、研创新服务平台"服务功能；完善"全国电梯行业首批特有工种职业技能鉴定站"条件；"中山市自动化研究所"获得安全生产标准化三级评审资质；与中国建筑科学院机械化研究分院、中山北京理工大学研究院建立有效合作，提升专业产学研服务能力。

（2）社会服务队伍建设

通过从专业教师中选拔 9 名专业理论扎实、实践经验丰富、技术研发能力较强的双师型教师，加强校企合作专干、企业科技特派员和访问工程师培养，不断提升其产、学、研水平，增强其新产品研发、新技术掌握、新工艺应用能力；骨干教师全部取得"工贸行业企业安全生产标准化评审"评审员资格证书。

（3）社会服务软件建设

深入电梯行业、企业及其他特种设备行业、企业，调研其员工培训和技术服务的需求情况，形成一份详细的调研报告，为制定培训和技术服务项目奠定基础；同时，建立一套社会服务业务分工联系及相关管理制度。

2. 大力开展对外培训服务

面向电梯企业及其他特种行业和相关高职院校，开展不少于 600 人次/年的技术培训、技能鉴定、师资培训等服务（见表 9-8）。

表 9-8 对外培训计划安排一览

受训单位	培训内容	三年总培训人次数
中山市特种设备检测所	特种设备检验综合能力	60
中山市中艺重工	"门座式起重机"考证	60
中山市特种行业	"特种设备作业资质（起重机）"	60
蒂升电梯（中山）有限公司等电梯企业	电梯控制技术、电梯构造、电梯安装工程以及电梯技术应用能力等培训	900
面向中山区域所有电梯企业	开展电梯行业上岗资质培训	500
面向中山区域所有电梯企业	开展电梯专业成人学历教育培训	100
中山区域所有电梯企业	电梯行业特有工种职业技能鉴定	120
合计		1800

3. 大力开展对外技术服务

为电梯企业提供电梯零部件优化设计、加工、型式试验和检测等年收入不少于30万元的各类技术服务（见表9-9）。

表9-9 对外技术服务计划安排一览

服务项目	三年拟服务收益/万元
组织教师每年暑假带领学生前往电梯生产、安装企业，利用专业知识和技能，为企业提供图纸绘制、电梯零件设计、成品检测等服务	7
为电梯企业提供轿厢装饰方案设计、轿厢零部件开发与加工服务	9
从事"仿真电梯实物教学模型"的研发、生产、销售等服务	9
为电梯整梯和零部件制造企业提供电梯零部件优化设计和检测及其他科技研发服务	30
与珠海信永机电设备有限公司合作，参与电梯轿厢专用空调的设计、研发、试制及其推广应用	24
为中山区域工贸行业企业提供安全生产标准化评审服务	10
与中山市职业技能鉴定指导中心合作，完成《自动扶梯安装专项职业能力鉴定题库》的开发	1
合计	90

4. 大力开展对口支援服务

围绕电梯零部件设计、电梯结构与原理、电梯安装与维修、电梯选型与配置、电梯标准与检测、电梯控制技术等课程，为宁夏职业技术学院等省内外学校开展电梯专业师资培训和人才培养服务，并帮助其做好电梯专业建设，见表9-10。

表9-10 对口支援服务安排一览

受训单位	培训内容	三年总培训人次数
宁夏职业技术学院\湖南邵阳职业技术学院\贵阳职业技术学院等高职院校	（1）师资培训：《电梯零部件设计》《电梯结构与原理》《电梯安装与维修》《电梯选型与配置》《电梯标准与检测》《电梯控制技术》等课程 （2）人才培养：通过"1+2"或"2+1"模式，为其进行电梯专业人才培养，并提供毕业生就业支持	教师：9 学生：60
合计		69

（六）专业所在专业群建设

1. 人才培养模式改革

在本专业的辐射带动下，将"多学段、多循环"工学结合人才培养模式引入电梯工程技术、焊接技术、电气自动化技术等专业的人才培养过程中。

2. 课程建设

优化相关专业课程体系，完成各专业课程标准的修订，完善电工技术与实践、电子技术与实践、PLC编程与变频技术等优质核心课程。

3. 实训条件建设

为更好地适应专业群人才培养的需要，应不断完善共享型实训室建设，建设计划见表 9-11。

表 9-11 电梯维护与管理专业群共享实训室建设计划

序号	实验室名称	主要硬件设备	增加/台套	计划投入经费/万元	设备投入途径
1	电工技术	SX-910 电工电子实验装置	2	1	自购
2		三相异步电动机	10	3	自购
4	PLC 编程与变频技术	电机拖动及控制技术实训装置	2	1	自购
5		变频器	10	2	自购
6		低压电机控制板	10	2	自购
7		线性放大模块	10	3	自购
8		编程器	10	3	自购
	合计			15	

4. 师资队伍建设

共享电梯专业建设成果，每个专业各培养带头人 1 名，使其具备专业建设规划和组织能力；每个专业新培养出 2 名骨干教师和 2 名兼职教师；各专业新培养出 2 名青年教师，不断提高和增强青年教师"双师素质"和高职教育执教能力；建立各专业师资共享机制，形成一支专兼结合、优势互补的专业群教学团队。

五、经费预算及年度安排

（一）经费预算

本项目建设经费来源及预算见表 9-12。

表 9-12 电梯维护与管理专业及相关专业群建设经费来源及预算

单位：万元

建设内容		建设经费来源及预算				
		举办方投入：中山市政府	行业企业投入：广东菱电电梯有限公司等电梯企业	其他投入：无	合计	
		金额	金额	金额	金额	比例/%
合计		650	150	/	800	100
1	人才培养模式与课程体系改革	120			120	15
2	师资队伍建设	120			120	15
3	校企合作、工学结合运行机制建设	40			40	5
4	教学实验实训条件建设	250	150		400	50
5	社会服务能力建设	40			40	5
6	专业群建设	80			80	10

（二）年度安排

本项目建设经费年度安排见表9-13。

表9-13　电梯维护与管理专业及相关专业群建设经费年度安排

单位：万元

	建设内容	举办方投入：中山市政府				行业企业投入：广东菱电电梯有限公司等电梯企业				其他投入：无				合计
		第1年	第2年	第3年	小计	第1年	第2年	第3年	小计	第1年	第2年	第3年	小计	
	合计	311	232	107	650	90	40	20	150	/	/	/	/	800
1	人才培养模式与课程体系改革	60	40	20	120	/	/	/	/					120
2	师资队伍建设	53	44	23	120									120
3	校企合作、工学结合运行机制建设	19	14	7	40									40
4	教学实验实训条件建设	120	94	36	250	90	40	20	150					400
5	社会服务能力建设	18	14	8	40									40
6	专业群建设	41	26	13	80									80

六、预期成果

（一）人才培养模式和课程体系更加完善

探索出基于现代学徒制的"多学段、多循环"工学结合人才培养模式，构建出机电一体模块化课程体系，制定出本专业全部课程标准，打造出5门优质核心课程，按照"项目式""场景式""仿真式"教学要求实现教学内容和模式的改革，公开出版4部特色教材，自主编写8部实训培训用教材，开发出基于电梯三维数字化模拟教学平台的专业教学资源库，建立一套专业教学质量保障和评价机制。

（二）培养一支适应现代学徒制改革的优秀师资队伍

培养出能够引领专业发展的带头人2名，使之成为在电梯业界具有广泛影响力的教学名师，培养出6名骨干教师，增强专任教师师傅带徒弟能力，双师教师比例达到90%以上，新增5名兼职教师，专、兼职教师比例达到1∶1.2以上，完成对口中职教师培训。

（三）建成"电梯行业人才培养政、校、行、企协作联盟平台"

通过学校与地方政府、研究机构、电梯协会、电梯企业的有效合作，构建出"电梯行业人才政、校、行、企协作联盟平台"，使之成为电梯学院运行机制创新和现代学徒制人才培养模式改革的基石。

(四)建成"电梯学院产、教、学、研创新服务平台"

通过校内外实训、实习基地建设,建成"电梯学院产、教、学、研创新服务平台",使之成为人才培养的实践教学基地和专业服务产业发展的有效抓手。

(五)全面提升社会服务能力

以"双平台"为依托,全面提升专业教师电梯新产品研发、新技术掌握、新工艺应用等能力,大力开展技术培训、师资培训、技能鉴定、技术研发、产品设计与检测等服务。

(六)带动相关专业群建设

以电梯维护与管理专业为龙头,通过成果、经验、方法、人力、物力等资源的共享,带动电梯工程技术、焊接技术、电气自动化技术等专业共同发展,全面提升相关专业的办学条件与办学实力,形成彼此促进、互为依托的机电类专业群。

第十章

广东省示范性高等职业院校

——数控技术专业及专业群建设研究

一、建设背景

（一）行业发展

1. 国务院规划将珠江三角洲地区建成世界先进制造业基地

中山市位于珠江三角洲地区中南部，是珠三角地区的重要组成部分。在国务院批准的《珠江三角洲地区改革发展规划纲要（2008—2020年）》中明确提出：将珠三角地区建成世界先进制造业基地，打造若干规模和水平居世界前列的先进制造产业基地，培育一批具有国际竞争力的世界级企业和品牌；加快发展装备制造业，在核电设备、风电设备、输变电重大装备、数控机床及系统、海洋工程设备5个关键领域实现突破，形成世界级重大成套和技术装备制造产业基地；加快发展以自主品牌和自主技术为主的汽车产业集群，打造2~3家产值超千亿元的特大型汽车制造企业，建设国际汽车制造基地；发展大功率中低速柴油机等船舶关键配套装备，打造产能千万吨级的世界级大型修造船基地和具有现代化技术水平的海洋工程装备制造基地；支持发展通用飞机制造产业，壮大新能源汽车产业。这些都为中山制造业加快转型升级提供了历史性机遇。

2. 省委、省政府提出传统机械装备产品升级为"数控一代"

广东省委、省政府在《关于依靠科技创新推进专业镇转型升级的决定》中提出：加快专业镇产业转型升级，实行"一镇一策"产业转型升级改造，加强创新型产业集群建设，运用信息化技术改造提升传统产业，鼓励专业镇发展先进制造业，支持专业镇发展高速加工、精密加工、复合加工、智能化加工技术和工业机器人，积极发展以数字化为特征的设计技术、测量技术和控制技术，掌握一批装备制造新兴产业的核心技术，增强大型成套设备和终端产品的设计、开发、制造能力。在着力提高专业镇自主创新能力中提出：重点突破纺织、注塑、印刷、包装、木工、制鞋、电气、五金模具、陶瓷、石材等机械产品数控化共性技术，将数控技术及产品包括数控系统和驱动装置等与机械设备有机融合，实现这些机械设备的数字化轨迹控制、运动控制、逻辑控制及过程监控，将传统机械装备产品升级为"数控一代"机械产品，研发具有自主知识产权的数控装备，建立创新应用技术规范与标准体系,为推动传统机械装备产品升级为"数控一代"提供技术支撑。这为我校面向专业镇的办学思想提供了政策保障,为本专业学生提供了更广阔的就业领域。

3. 中山市临海装备制造业基地建设列入国家火炬计划

国家火炬计划(中山)临海装备制造业基地于2004年12月经国家科技部批准成立,中山市已经成为广东省产业集群最密集的地级市之一。中山市的未来发展计划聚焦于创新驱动和高质量发展,进一步优化产业结构,推动传统制造业向智能化、绿色化转型。同时,将加强与国内外科研机构的合作,吸引高端人才,建设更多的研发中心和创新平台。

上述珠三角世界级的装备制造、汽车制造、修造船、海洋工程装备制造、通用飞机制造等产业发展,省委、省政府提出的传统机械装备产品升级为"数控一代",以及中山临海装备制造业基地建设都与数控技术应用密切相关,为本专业提供了广阔的发展前景和空间。

(二)人才需求分析

虽然目前中山市以中小型企业居多,但数控设备的拥有量和从业人员数量仍相当可观。从调研的中山中炬精工机械有限公司、中山市汉信精密制品有限公司、中山朗华模具塑料有限公司等众多企业看,这些企业数控设备拥有量少则几十台,多则数百台,从事数控技术的人员少则几十人,多则上百人。据调研,中山市数控设备拥有量达数万台,每年对数控机床操作工、维修工、编程员、工艺员、绘图员等的需求达数千人。截至2023年底,中山市规模以上装备制造业企业数量接近5000家,实现工业总产值3585.647亿元,仅中山市对数控人才的需求量就很大。

1. 按照企业产品特点调研概况

(1)模具加工类企业

中山市及珠三角地区模具行业相当发达,有专门从事模具设计、制造的中大型工厂或公司,也有大量集团公司下设的模具分公司,还有许多店面式的小型模具制造车间。这些模具企业不论规模大小,其特征是都配备了模具加工用的数控设备。

(2)大型装备制造企业

中山火炬高新技术开发区发展迅速,共有外资企业500多家,内有中国电子(中山)基地、中炬高新技术产业园区、中山包装印刷产业基地、民族工业园和汽配工业园,其中"汽配园"有企业23家,包括日本本田、日本丰田和日产等世界著名公司,还拥有国家火炬计划中山(临海)装备制造业基地等6大国家级基地。据调研,未来3~5年,中山临海工业园投产项目、在建项目、筹建项目投资总额近千亿元,对机械产品加工和机械装备安装、调试、维修的数控技术专业等机电类专业人才需求每年达数百人。

(3)机电类制造企业

中山市是一个外资企业、三资企业和民营企业发展较快的地区,并且不乏一些业绩非常好的上市公司。这类机电制造企业由于自身需要大量的数控加工零件,为了降低零件生产成本,大都配备了数量庞大的数控加工设备,故需要大量数控技术专业毕业生。中山市大洋电机公司是一个生产微电机和发动机等产品的上市公司,由于产品畅销,需要大量数控加工的电机轴零件。为了生产需要,该公司连续两年在我校招聘数控加工技能人才 20

多名。类似的机电类制造企业非常多,每年对数控技术专业技能人才的需求也非常旺盛。

2. 按照企业规模调研概况

(1) 大型企业的调研

为了能够掌握企业内部数控技术人才的现状以及未来几年数控人才的需求量,在4家大型企业的调研中,数控技术人才包括数控设备操作工、数控编程员、数控维修员、数控车间管理员,需求占到技术类岗位总招聘人数的85%。其中,操作工的招聘人数占75%,数控编程员的招聘人数占6%,数控维修工、数控车间管理员的招聘人数比例对比当前企业内部的同类岗位比例略有增长。

(2) 中型企业的调研

调研了6家中型企业,总需求量达150余人,其中数控技术岗位占所有技术类岗位总招聘人数的93%。和大型企业一样,操作工占83%,在所有的数控岗位人数中所占比例是最大的,在未来招聘人数比例中同样独占鳌头,达到78%;数控编程员招聘人数占4.6%,数控车间管理员占0.7%。说明中型企业对操作工、数控编程员的需求量很大。

(3) 小型企业的调研

调研了10家小型企业,总需求量达30余人。目前,本专业不少毕业生都是进入小型企业工作,因此对于小型企业的调研,对本专业改革、课程建设、毕业生就业指导等方面同样有积极的作用。从调研数据看,目前小型企业操作工比例占技术类工种的50%以上。操作工和数控编程员的总比例占73.7%,两者在未来招聘人数比例总和达71.6%。操作工与数控编程员的总比例基本上变化不大,但操作工的比例降低,编程员的比例升高。据了解,大部分小型企业招聘的操作工和编程员要求是身兼两职的,编程员编程的同时也要负责加工。随着数控设备的不断推广,小型企业为了适应市场竞争必定引进更多的数控设备,编程员的招聘人数也会随之大幅增加。同时由于数控设备的维护需要,数控维修员人数也必然随之增加,预计将增加到总招聘人数的7.2%。

3. 数控行业从业人员层次需求

(1) 蓝领层

即数控操作技工,熟悉机械加工和数控加工工艺知识,熟练掌握数控机床的操作和手工编程,了解自动编程和数控机床的简单维护维修。此类人员市场需求量大,适合作为车间的数控机床操作工人,但由于其知识层次较单一,工资待遇不高。

(2) 灰领层

其一,数控编程员:掌握数控加工工艺知识和数控机床的操作,熟悉复杂模具的设计和制造专业知识,熟练掌握三维CAD/CAM软件,如UG、PRO/E等;熟练掌握数控自动编程、手工编程技术。此类人员需求量大,尤其在模具行业非常受欢迎,待遇也较高。

其二,数控机床维护、维修人员:掌握数控机床的机械结构和机电联调,掌握数控机床的操作与编程,熟悉各种数控系统的特点、软硬件结构、PLC和参数设置。熟悉数控机床的机械和电气的调试与维修。此类人员需求量相对少一些,但培养此类人员非常不易,需要大量实际经验的积累,目前非常缺乏,其待遇也较高。

(3) 金领层

属于数控通才,具备并精通数控操作技工、数控编程员和数控维护、维修人员所需掌握的综合知识，并在实际工作中积累了大量实际经验，知识面很广。精通数控机床的机械结构设计和数控系统的电气设计，掌握数控机床的机电联调，能自行完成数控系统的选型、数控机床电气系统的设计、安装、调试和维修，能独立完成机床的数控化改造，是企业（特别是民营企业）的抢手人才，其待遇非常之高。适合于担任企业的技术负责人或机床厂数控机床产品开发的机电设计主管。

通过对数控行业从业人员层次需求分析，本专业将重点培养既有数控机床维护维修能力，又有数控编程加工能力，面向生产第一线的灰领层技术技能人才，作为人才培养目标。

二、建设基础

（一）优势与特色

数控技术专业是广东省第一批省级高职教育重点培育专业建设项目和省级高等职业教育实训基地。本专业已与珠海旺磐精密机械有限公司建成了"厂中校"，与广州超远公司、中山市南区政府合作创建了"校中厂"实训基地。已建成1门省级精品课，3门院级精品课；1项省高等教育教学成果奖培育项目，2项院级教学成果一等奖，5项院级教学成果二等奖；1项省科技进步三等奖，2项市科技进步二等奖，2项省部产学研结合项目，7项市科技项目，5项专利；出版教材12部，发表教科研论文55篇。师资队伍中有南粤优秀教师、广东省职业技术教育学会首届职业院校教学名师1人，中山市优秀专家、拔尖人才1人，中山市优秀教师5人；专任教师中正高职称2人，副高职称7人，高级技师14人，兼职教师21人。

1. 探索建立了"双轨并行、工学交替、分层递进"人才培养模式

基于"厂中校"和"校中厂"实训基地初步建立了"双轨并行、工学交替、分层递进"的人才培养模式，探索建立了"理实结合、项目化、生产化"三层次课程。具体教学实施：在实训室进行较低层次的理论实践结合的专业基础课教学；第二层次是以学生为中心、能力本位、教学内容来自企业的项目化教学；第三层次是教学项目为企业产品、学生按企业标准进行实操、生产产品用于销售的生产化教学。在教学安排中实施学生在学校和企业双轨并行（同一班学生一部分在学校、一部分在企业），工学交替（同一专业、同一班学生在学校和企业间交替学习），最终实现三层次课程"分层递进"式教学，提高教学效果。这种教学形式被中国教育报、中国教育新闻网先后报道，并被人民网、新华网、凤凰网等转载。

2. 校企合作自主研发先进数控设备建设实训基地

实训基地建设中，数控技术专业教师与广东省机械研究所合作开发四轴加工中心1台，与珠海市旺磐精密机械有限公司合作开发五轴加工中心2台，与中山锐锋数控合作开发了全闭环伺服系统高精度中走丝线切割机一台，同时还得到该公司捐赠一台全闭环伺服系统高精度中走丝线切割机。共承担了《高效高速高精度低成本五轴联动加工中心研究与产业化》省部产学研项目等各级课题20多项，用于指导实训基地建设。

3. 师资队伍建设成果突出

中山职业技术学院是 2006 年正式成立的，建校之初全系只有 7 名教师，其中只有一人从事过数控技术专业教学。目前数控技术专业已有专任教师 12 人，其中高级职称 8 名，中级职称 4 名；高级技师 10 名，有 10 名教师有企业工作经历，其中 3 位教师在企业中曾担任总工程师或技术中心主任职务。专职实训教师 5 名，全部为高级技师。来自企业的兼职教师 21 名。专任教师中先后 7 人次赴新加坡、德国等国家和地区进行培训；7 人次到企业一线进行实践锻炼；下厂技术服务 64 人次；完成社会培训 913 人次，技能鉴定 764 人次。师生共获 1 项国家三等奖、1 项省一等奖、7 项省二等奖、9 项省三等奖等竞赛奖 31 项，省南粤优秀教师、省职教学会教学名师、市优秀专家拔尖人才、市优秀教师、院教学名师等 13 项荣誉；出版教材 13 部、编写校本教材等 8 本、发表论文 48 篇；合作研发高精尖数控设备 4 台。

4. 具有了中高职衔接培养数控技术专业复合型高级技术技能型人才能力

教育厅已同意数控技术专业与中山中专等学校开展对口衔接工作。该培养方案旨在提升学生在数控机床操作、编程和加工方面的技能水平，同时增强他们在数控机床装配、调试和维修方面的能力。专业核心课程数控机床装配与调试的实施，已为培养中高职衔接的复合型高级技术技能人才奠定了扎实基础。

（二）问题与思考

① 校企合作共建专业运行机制有待进一步完善，特别是在整合企业设备与人力资源，有效支持课程教学等方面尚未形成长效机制；
② 人才培养模式需要深化改革，弹性、灵活的教学组织形式有待进一步完善；
③ 校内实训基地设备需进一步升级，建设与管理需进一步加强。

三、建设思路和目标

（一）建设思路

在学校"育人为本、工学结合、创新发展、服务社会"的办学理念指导下，以培养机械装备产业转型升级和企业技术创新需要的发展型、复合型和创新型的技术技能人才为目标，推行校企一体的办学模式，推进"厂中校"和校内产学研园（数控中心）建设，加强师资队伍、实训基地建设，提高人才培养质量，推动专业社会服务能力建设，加快"数控一代"技术技能人才培养。

（二）建设目标

基于"厂中校"和校内"产学研园（数控中心）"，完善校企合作共建专业运行新机制，建构校企共育共管的高级技术技能人才培养机制，探索创新"3+2"中高职衔接一体化的人才培养模式和课程体系，打造专兼结合的专业教学团队，服务区域先进制造业发展，成为中山及珠三角地区数控技术开发、咨询及培训服务基地。经过三年建设，使本专业成为就业质量高、服务能力强、办学效益好、省内一流、国内有影响的示范高职专业。

四、建设内容

（一）人才培养模式与课程体系改革

1. 完善"双轨并行、工学交替、分层递进"人才培养模式

从学校工学结合人才培养模式内涵出发，引企入校，建设"校中厂"，进一步完善"双轨并行、工学交替、分层递进"人才培养模式，图 10-1 是"双轨并行、工学交替、分层递进"人才培养模式示意图。

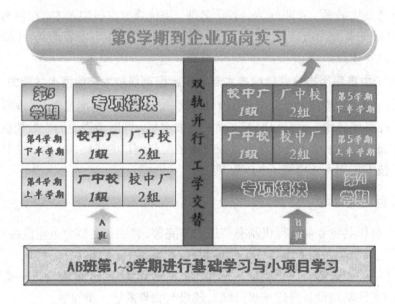

图 10-1 "双轨并行、工学交替、分层递进"人才培养模式示意图

"双轨并行、工学交替、分层递进"教学安排示意图中，第 1~3 学期在校内进行基础学习与小项目学习，进行专业基本能力培养。其中新生入学一周安排在校内实训中心、"校中厂"广州超远机电科技有限公司和"厂中校"珠海市旺磐精密机械有限公司等企业进行职业认知实习。以职业和专业入门介绍、企业体验为主，使学生在入学初期即对所学专业的应用领域和核心技术有初步认识，激发学生的学习兴趣和热情。基本素质课程和专业基本能力课程按照常规教学安排进行，学生获得数控机床操作、机械装配和电气安装连接等基础能力学习、训练。

第 4、5 学期主要培养学生数控机床机械装调、电气装调、数控机床维修专项能力，课程分专项模块、校中厂、厂中校分阶段弹性实施。数控机床故障诊断与维修等课程主要在"华中数控培训中心"实施。数控系统安装与调试、数控机床装配与调试等课程采取弹性安排，对接企业生产计划，在"校中厂""厂中校"校内和校外交替进行，专任教师和企业兼职教师互补进行专业专项能力训练。其中第 4 学期前 10 周 A 班 1 组安排在"厂中校"珠海市旺磐精密机械有限公司等企业学习，2 组安排在"校中厂"广州超远机电科技有限公司进行数控系统安装与调试能力集中实训，后 10 周两组对调；B 班统一在校内进行专项模块学习。第 5 学期 A 班与 B 班对调。在"厂中校"的学习以企业兼职教师为主、专任教师为辅进行指导,实现"学生员工身份合一、学做合一、课堂车间合一",培养学生的职业能力。

第 6 学期在校外实训基地安排学生进行顶岗实习和毕业设计。根据顶岗实习教育特点,与相关合作企业签订学生顶岗实习协议,制定数控技术专业《顶岗实习课程标准》《顶岗实习手册》等教学文件。依托校企合作工作站,创新并实践"工作站"式顶岗实习教育模式。结合专业教师下企业实践制度要求,定期选派专业教师进驻"工作站"担任专职指导教师,聘请企业"帮带师傅"担任兼职指导教师,班主任担任兼职管理员,校企共同开发教材,共同落实顶岗实习学生检查、考核和评价制度,建立"多元主体、过程共管、责任共担"的顶岗实习教育质量保障体系,努力提高学生在"真实情境"工作环境中的顶岗实习效果,使顶岗实习真正成为学生专业综合能力训练的主要环节。

以上述普高人才培养模式为基础,探索创新中高职衔接"双轨并行、工学交替、分层递进"人才培养模式,使有关课程按照生产化课程要求,即按企业标准进行操作,按照实训作品即企业产品来组织教学,以适应中高职衔接的需要。其中第 7 学期在校内进行基础学习与小项目学习,进行专业基本能力培养,第 8—9 学期主要培养学生数控机床机械装调、电气装调、数控机床维修专项能力,课程分专项模块、校中厂、厂中校分阶段弹性实施。第 10 学期在校外实训基地安排学生进行顶岗实习和毕业设计,使中高职衔接培养的学生既具有数控机床操作、编程、加工能力,又具有较强的数控机床装配、调试、维修、改造升级能力。

2. 完善全日制专业"理实结合、项目化、生产化"三层次课程建设

(1)第一层次课程建设

根据机械制图与测绘、通用机床加工工艺编制及零件加工等课程由理实一体化教学向项目式教学发展目标要求,将这些课程进行项目化开发,见表 10-1 和表 10-2。

表 10-1 机械制图与测绘课程拟开发项目

项目	学习内容	课内项目	课外项目
1	平面图形的绘制	车床顶针、车床手柄平面图形绘制	燕尾槽、吊钩平面图绘制
2	基本形体的绘制	六棱柱、三棱锥及圆锥三视图的绘制	五棱柱及圆柱三视图的绘制
3	绘制和识读组合体	轴承座三视图的绘制和识读	典型组合体三视图绘制和识读
4	绘制和识读标准件、常用件	螺栓连接件的绘制和识读	齿轮啮合件的绘制识读
5	绘制和识读零件图	轴套类、叉架类零件绘制和识读	盘盖类、箱体类零件绘制和识读
6	绘制和识读装配图	千斤顶装配图的绘制和识读	读顶尖座装配图
7	测绘装配体	机用虎钳装配体测绘	顶尖座装配体测绘

表 10-2 通用机床加工工艺编制及零件加工课程拟开发项目

项目	学习内容	课内项目	课外项目
1	机械零件和机构	汽车发动机拆装	自行车链传动拆装
2	机械产品	CA6140 车床拆装	缝纫机拆装

（2）第二层次课程建设

将数控铣床（加工中心）编程与零件加工、数控车床编程与零件加工、UG 设计编程与应用、特种数控设备编程与零件加工在项目化教学基础上按国家精品资源课要求进行建设。

（3）第三层次课程建设

将体现数控技术专业学生复合能力的关键课程五轴机床电气装调、故障诊断与编程和数控机床装配与调试在"厂中校""校中厂"按照生产化课程要求，即按企业标准进行操作，按照实训作品即企业产品来组织教学，使普高生源的高职生具有较强的数控机床操作、多轴编程、工艺制定和零件加工能力以及一定的数控机床故障诊断维护能力。

毕业设计选题源于企业，为企业解决技术上的实际问题。在此过程中，学生在企业兼职教师的指导下提升了专业技能水平，更重要的是，在企业真实环境下进一步培养学生专业综合能力和提升学生职业素养。学校与企业共同制定、共同实施学生顶岗实习计划，共同评价学生顶岗实习与毕业设计。

3. 探索创新"3+2"数控中高职衔接课程体系

从中高职衔接对口的中职院校数控技术专业办学情况调研可知，中职院校数控技术专业基本都是培养数控机床操作、编程、加工人员，如果高职院校数控技术专业招收中职院校数控技术专业学生后，仍培养数控机床操作、编程、加工人员，则培养内容基本重复，技能水平很难提高。另外，各院校所在的区域不同、拥有教育资源多少不等、课程开发方式和标准不一致，形成的课程体系也各有区别，在人才培养方案上又缺乏基本的评定标准，导致同一专业在不同院校发展极不平衡，毕业生在知识基础和职业技能等方面的素质与能力参差不齐，失去了该专业独有的培养特色。因此，按照高职教育的规律和职业特点，结合数控设备应用与维护专业知识结构和职业能力要求，围绕企业生产实际和对应岗位群的核心技能，开发专业核心课程，编写基于工作过程的实训教材，建设模块化课程及职业能力评定标准，制定专业教学的实施条件和评估标准，探索专业证书制度，凸显中职与高职教育体系的层次和有机衔接，提升职业院校数控设备应用与维护专业人才的培养水平。

（1）分析"3+2"数控中高职衔接人才培养工作岗位典型工作任务

数控设备装调与维修技术是集机械技术、数控加工技术、电气技术、计算机技术、控制技术的有机统一体，涉及的学科门类多、知识范畴又广，没有充分优化和整合"机""电"与"加工"三方面的教学内容、创新人才培养模式，就难以较好地掌握机和电两大学科的基础知识，无法达到数控设备装调与维修人才培养的目标。

通过对数控设备应用、数控机床制造、数控系统开发企业的充分调研，确定主要就业岗位为数控设备操作与编程、数控机床机械部件装配与调试、数控设备电气安装与连接、数控设备调试与维修、数控设备维护与管理、数控设备销售与服务等。针对以上就业岗位，为了体现差别化竞争优势和专业特色，本专业以数控设备维修为主要培养方向，由此确定了本专业的人才培养规格和目标。在此基础上，聘请企业技术与管理一线人员进行岗位工作任务分析，所确定的本专业主要工作岗位、工作任务和能力要求如表 10-3 所示。

表 10-3 工作岗位、任务和能力分析

岗位	工作任务	能力要求
数控设备操作与编程	数控机床操作、工艺制订、程序编制	1. 典型数控机床的操作； 2. 典型加工工艺； 3. 典型零件的编程
机械部件装配与调试	机械、液压、气动部件的装配与调整	1. 零部件与整机装配； 2. 零部件与整机精度测试、调整； 3. 液压、气动部件的安装与调整
电气安装与连接	安装与连接控制系统电气控制装置	1. 机床电器的安装与连接； 2. CNC、伺服驱动、主轴驱动、PMC、变频器等控制装置的安装与连接
数控设备调试与维修	数控设备的机、电、液、气的综合调试，数控设备维修	1. 电气元件的检验；强电控制线路的调试； 2. CNC、伺服/主轴驱动、PMC 等控制装置的调试； 3. 液压、气动部件的调试； 4. PMC 程序与编程
设备维护与管理	数控设备日常维护、精度测量与调整补偿	1. 检测工具的正确使用； 2. 数控设备维护； 3. 精度测量和螺距、反向间隙等的调整与补偿方法； 4. CNC、伺服驱动等的参数调整
数控设备销售与服务	数控加工方案制定、数控设备维修	1. 数控加工工艺与方案 2. 机械、液压、气动的结构与原理； 3. CNC、伺服驱动、主轴驱动、PMC、变频器等控制装置的工作原理与参数设定调整； 4. PMC 程序的阅读与编辑

（2）构建"递进项目式"数控中高职衔接人才培养课程体系

以"按行业要求重构知识、按就业要求突出能力、按专业要求集成机电、按企业要求培养素质"为原则开发课程体系，通过建设最终形成科学合理、特色鲜明的专业课程体系。

图 10-2 表示了本专业课程中高职衔接体系内部结构的关系，课程设置既考虑了与电工电子、UG 设计编程与应用、机电一体化控制技术等前期基础课程的衔接，又考虑了后期毕业设计、顶岗实习的综合需要。探索实践"以工作任务为中心，以项目课程为主体"的高职课程模式。根据工作任务的系统性和学生职业能力的形成规律，依据知识与能力递进的原则，构建从第一阶段的专业基本能力培养、第二阶段的专业专项能力培养、第三阶段的专业综合能力培养的"递进项目式"课程体系。

将职业道德的相关要求融入各门专业课教学中，将社团活动和社会实践对接到专业课程教学中，有计划、有目的、有评价、有发展地开展第二课堂大学生素质教育，校企合作共同完成学生素质培养任务。

实施"双证书"制度，本专业学生在获得学历证书的同时获得数控机床装调维修工等中级职业资格证书。

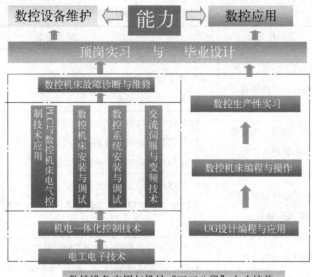

图 10-2　课程体系内部结构关系

数控技术专业课程体系结构如图 10-3 所示。

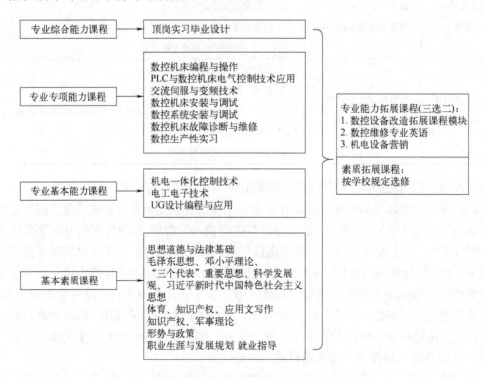

图 10-3　数控设备应用与维护专业方向课程体系结构

（3）建设"3+2"优质核心课程

建设五轴编程加工技术、PLC 与数控机床电气控制技术等 5 门主要课程，实现项目化教学要求，其中五轴编程加工技术、数控机床装配与调试等 3 门课程能够实现生产化教学要求，PLC 与数控机床电气控制技术、数控机床装配与调试等 3 门专业核心课程在项目化教学基础上按省级精品资源课要求进行建设，见表 10-4。

表 10-4 主要课程建设计划一览表

主要课程	项目化建设	生产化教学建设	优质核心课建设	负责人
五轴编程加工技术	是	是	是	肖军民、陈传端
PLC 与数控机床电气控制技术	是		是	何梦佳
数控机床装配与调试	是	是	是	周 敏
数控机床故障诊断与维修	是		是	刘小娟
数控系统安装与调试	是	是		易伟强

（4）教材建设

教材建设主要指理实一体项目化教学教材建设，表 10-5 为教材编写计划一览表。为了体现教材特色，教材将依据工作任务中的项目编写，融合大量与数控系统的安装、连接、调试相关的行业标准和国际先进标准、先进设计理念作为学习内容，以期通过学习，使得学生能够在正确的理论指导下完成数控系统的安装、连接、调试工作，并为今后进口设备的连接、安装、调试、维修奠定良好的基础。

表 10-5 理实一体项目化教学教材编写计划一览表

教材名称	学校编者	教材名称	学校编者
五轴编程加工技术	肖军民、陈传端	数控机床故障诊断与维修	刘小娟
PLC 与数控机床电气控制技术	何梦佳	数控系统安装与调试	易伟强
数控机床装配与调试	周敏		

4. 校企共建专业教学资源库

联合珠海市旺磐精密机械有限公司、深圳华亚数控机床有限公司、广州超远机电科技有限公司等企业，在学校教学资源服务中心平台基础上，按照专业教学资源库建设要求逐步开发教学资源库，分步建设包括专业信息子资源库、课程教学子资源库等的数字化教学资源。提供课程教学设计、组织、实施的方法与破解教学重点、难点问题的途径，为教学提供完整的专业学习解决方案。通过优质教学资源共享、虚拟教学等手段，解决数控设备应用维护专业方向教学难度大、师资力量要求高、实训设备投入大的问题。

专业信息子资源库：专业建设指导委员会、专业教学团队、行业企业调研报告、人才需求分析报告、职业岗位能力分析、人才培养方案、人才培养模式、专业课程体系、实验实训基地、专业建设成果等资源。

课程教学子资源库：将 4 门核心课程的资源全部以网络课程的形式展示，参照资源库建设课程的要求建设课程教学资源。

教学资源库建设规划见表 10-6。

表 10-6 教学资源库建设规划

序号	建设项目			建设内容		
				第 1 年	第 2 年	第 3 年
1	专业信息子资源库			专业建设指导委员会、专业教学团队、行业企业调研报告、人才需求分析报告、职业岗位能力分析、人才培养方案、人才培养模式、专业课程体系、实验实训基地、专业建设成果等	信息素材更新	信息素材更新
2	课程教学子资源库	名称	负责人			
		数控机床故障诊断与维修	刘小娟	课程标准、课程教学设计、教材开发、多媒体课件、视频等教学素材、试题库	在线交流平台	更新完善教学资源素材
		数控机床编程与加工技术	魏加争	课程标准、课程教学设计、教材开发、多媒体课件、视频等教学素材、试题库	在线交流平台	更新完善教学资源素材
		数控机床装配与调试	周敏	课程标准、课程教学设计、教材开发	多媒体课件、视频等素材、试题库	建成在线交流平台，更新完善教学资源素材
		数控系统安装与调试	易伟强	课程标准、课程教学设计、教材开发	多媒体课件、视频等素材、试题库	建成在线交流平台，更新完善教学资源素材
		PLC与数控机床电气控制技术应用	何梦佳	课程标准、课程教学设计、教材开发	多媒体课件、视频等素材、建设试题库	建成在线交流平台，更新完善教学资源素材

5. 完善教学质量保障机制

在学校教学质量保障体系框架下，以"校中厂""厂中校"为平台，校企共同参与人才培养方案的制定、教学内容选取、课程建设等各个环节，以真实的工作情景、真实的生产任务和真实的工艺流程实施教学，共同监控教学过程，共同评价教学效果。

（1）校企合作共同制定培养计划

在专业建设指导委员会的指导下，根据岗位工作任务的要求，根据企业需求，学校与企业共同制定人才培养计划，从而提高人才需求与人才培养效果的符合度。

（2）校企共同组织实施培养计划

以课程教学进车间为例，制定校企共同实施课程教学规范流程、实施办法与考核监控点等，如图10-4所示。

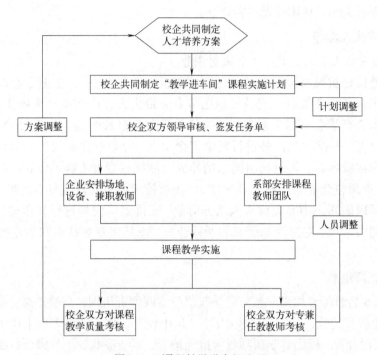

图10-4 课程教学进车间流程

制定机电工程系项目课程实施方案和机电工程系顶岗实习实施方案，明确课程标准、教学资源配置、教学组织形式、教学评价方法、学习物化成果等内容，管理、指导、监控项目课程和顶岗实习教学运行；根据培养计划，参照企业生产规程，细化教学设计与实施作业文件，专兼职教师共同参与教学，制定课程评价标准，规范工学结合项目课程、顶岗实习实施过程。

（3）探索评价主体多元化、方式多样化的中高职衔接人才质量评价标准

改革传统的评价模式，以装备制造行业相关能力和职业素养为核心，以职业资格标准为纽带，推进学生、教师和企业管理人员共同参与、有效联动，知识、能力和职业素养协调发展的考核评价机制，促进中、高等职业教育人才培养质量评价标准和评价主体的有机衔接。数控设备装配与调试专业着重推行行业企业参与评价、第三方评价、过程性评价、项目考核评价、职业资格认证等多种方式，突出学生主体原则、就业为导向原则、能力本位原则。

转段考核采取综合评价的方式，即"知识＋技能＋素质"的考核方法，根据中职阶段学生学习工程情况、专业技能测试成绩以及综合素质等三方面做出评价。

（二）师资队伍建设

参照省级优秀教学团队建设标准，通过聘任具有行业影响力的专家作为专业带头人、培养专业带头人、骨干教师，聘用行业企业专业人才和能工巧匠作为兼职教师，依托"国

家火炬计划（中山）临海装备制造业基地"、超远机电、旺磐精密机械等双师素质培养基地加强专业实践能力培养，创建一支教学水平高、实践能力强、专兼结合的教学团队。在建设期内，使具有双师素质的专业教师比例达到90%以上，使校企双制的兼职教师承担专业课时比例达到50%。具体建设内容如下。

1. 专业带头人培养

培养专业带头人2名，其中1名来自企业。

聘用旺磐精密机械有限公司总经理谭镇宏担任专业带头人，把握专业教学改革方向，整合数控机床行业企业资源。支持校内已有专业带头人、广东省"南粤优秀教师"、广东省职业技术教育学会首届广东省职业院校教学名师赵长明同志从事 1~2 项省级以上教科研项目研发，安排到国内外进行教学理念培训、专业和课程设计能力培训，参与国家教学资源库建设项目，将赵长明同志培养成为能把握专业（群）改革和建设的发展方向，有较强的资源整合能力和技术开发能力、在数控领域具有较高知名度的专业带头人。确定青年教师周敏同志为专业带头人培养对象，安排到国内外进行教学理念培训、专业和课程设计能力培训，主持课题研究和课程开发，使其在专业技术和职业教育领域快速成长。

2. 骨干教师培养

3年选派6名教师参加高职教育教学改革与实践师资培训，高校进修，分批出国考察培训学习职业教育经验，分批到"校中厂""厂中校"合作企业做兼职工程师，安排课程建设、教学资源开发，资助产学研项目等措施培养，不断提高骨干教师项目课程的教学设计与实施能力。

以中山临海工业园和校企合作基地为平台，加强骨干教师双师素质培养，着力打造以技术开发应用为主的社会服务能力，每年专业教学团队承担3~5项企业的技术服务。贯彻落实学校双师素质培养办法，责任到人，专任教师95%以上具备双师素质。建立教师高职教育理论培训制度，3年选派6名教师到国外职教水平较高的国家学习职业教育经验，对其他专任教师轮流选派参加国内高职教育教师培训，从而提高专任教师项目课程的教学设计与实施能力。

骨干教师培养规划见表10-7。

表10-7 骨干教师培养规划

培养对象	培养措施	培养要求
何梦佳	1. 建设PLC与数控机床电气控制技术应用课程； 2. 参与企业项目开发，开展技术服务； 3. 对口支持兄弟院校专业建设； 4. 赴国内外进修	1. 完成PLC与数控机床电气控制技术应用课程建设； 2. 担任企业技术顾问； 3. 完成对口支援； 4. 取得进修培训证书
魏加争	1. 建设数控机床编程与加工技术课程； 2. 资助产学研项目； 3. 赴国内外进修	1. 完成数控机床编程与加工技术课程建设； 2. 承担产学研项目； 3. 取得进修培训证书

续表

培养对象	培养措施	培养要求
肖军民	1. 建设五轴编程加工技术课程； 2. 承担国际师资培训任务； 3. 赴国内外进修	1. 完成五轴编程加工技术课程建设； 2. 完成师资培训项目； 3. 取得进修培训证书
刘小娟	1. 建设数控机床故障诊断与维修课程； 2. 参与企业项目开发，开展技术服务； 3. 对口支持兄弟院校专业建设； 4. 赴国内外进修	1. 完成数控机床故障诊断与维修课程建设； 2. 担任企业技术顾问； 3. 完成对口支援； 4. 取得进修培训证书
易伟强	1. 参与科研项目和技术服务活动； 2. 建设数控系统安装与调试课程； 3. 赴国内外进修	1. 参与科研项目和技术服务活动； 2. 完成数控系统安装与调试课程建设； 3. 取得进修培训证书
张红	1. 参与建设数控设备改造课程； 2. 赴国内外进修	1. 完成数控设备改造课程建设； 2. 取得培训进修证书

3. 兼职教师队伍建设

充分利用"珠海旺磐""深圳华亚""超远机电"等合作企业资源，根据学校《兼职教师队伍建设与管理办法》，依托校企双制机制优势，搭建校企师资互动平台，坚持"培养、引进、聘任、调整"的原则，采取"请进来、走出去"的办法，聘请行业企业专家、技术人员和能工巧匠，建设20人以上的相对稳定的兼职教师队伍库。应用兼职教师教学能力培训包，开展远程培训；内外结对，提升其教学业务能力；组织兼职教师参加兼职教师教学资格审定、评优等活动。兼职教师主要承担对实践技能要求较高的课程教学任务，授课形式有："厂中校"教学主要由兼职教师在企业进行授课；顶岗实习、毕业设计主要由兼职教师在企业进行指导；理实一体化课程由校内专任教师和兼职教师共同授课。灵活弹性安排兼职教师的授课时间。到建设期末，兼职教师承担的专业课时比例达50%。

应用学校"兼职教师管理系统"，录入兼职教师基本信息，记录兼职教师教学活动、兼职教师指导学生顶岗实习的教学管理，加强兼职教师队伍管理。

4. 对口中职教师培训

利用学校与合作院校建立的合作平台，以数控机床装配与调试为服务对象，为中高职对口衔接的中职教师开展专业办学理念、课程体系、新技术和前沿技术等方面的师资培训，开展职教理念、精品课程建设、实践技能、教学方法与手段等短期培训，共同开展职业教育师资队伍建设有关问题的研究，开展项目交流和合作，提高教师的理论水平、业务素质和实操技能，培养双师型中高职师资。

（三）校企合作、工学结合运行机制建设

依托校企合作企业，调整充实由行业专家、企业专家、专业带头人、教学骨干等人员参与的数控技术专业建设指导委员会，完善委员会章程。根据专业建设需要，委员会下设专业建设小组、师资队伍建设小组、实习就业建设小组、社会服务能力建设小组、专业建设保障小组等工作小组，通过定期召开会议、深入教学一线调查研究等措施来指导、协调、监督本专业群的人才培养方案开发、教学资源整合、兼职教师聘任、实习实训基地建设和技术服务协作等，形成校企合作的多元投入、人才共育、人员互聘、技术服务协作、基地共建机制，实现互利共赢。

制定《"厂中校"建设管理实施细则》《产学研园中心（数控中心）管理实施细则》等制度文件，明确校企双方权利与义务，见表10-8。

表10-8 校企合作制度实施细则

序号	校企合作制度名称	作用
1	《"厂中校"建设管理实施细则》	规范"厂中校"建设管理实施，明确校企双方在资源、教学、社会服务等方面的权利与义务
2	《双师培养、人才互聘实施细则》	明确校企合作双师培养措施，兼职教师聘用、专任教师进企业锻炼管理办法
3	《科研团队管理细则》	明确科研团队建立、运行管理办法

1. "厂中校"运行机制建设

依据《"厂中校"建设管理实施细则》，与珠海市旺磐精密机械有限公司共建"厂中校"，对合作过程中遇到的问题进行及时沟通并改进，确保校企合作顺利实施。

选派骨干教师赴"厂中校"挂职锻炼，企业委派技术骨干担任系部专业建设指导委员会副主任委员，共同制定并执行《"厂中校"建设管理实施细则》，实现基地共建、人才共育、技术服务协作。

基地共建机制。校企共建"厂中校"，重点探索基地共建共享机制，通过远程教学系统，解决学校大型数控机床机械装调资源不足、兼职教师授课时间制约、企业员工培训时间分散等矛盾。统筹资源，兼顾企业生产和人才培养，实现校企合作、工学交替。

人才共育机制。在"厂中校"开辟"教、学、做"教学区，数控机床装配与调试等课程部分教学项目在车间开展教学；聘请兼职教师，共同制定课程标准,共同实施课程教学；利用"校企互动教学平台"，将珠海市旺磐精密机械有限公司的数控机床机械部件装配和总装实时场景、真实工艺引入课堂，提高学生对真实生产情境的直观认知，提高课程教学的实效性。"厂中校"还承担顶岗实习课程教学任务，学校与企业共同制定、共同实施学生顶岗实习计划。

技术服务协作机制。学校与珠海市旺磐精密机械有限公司签订合作协议，建立配套的科研管理办法、兼职教师培训制度，由学校承担旺磐员工岗位进修、业务提高培训等工作，为企业产品售后服务提供技术支撑；校企合作共同投资成立"中山市数控机床精度检测与维修服务中心"，并建立"服务中心"相关的管理制度，包括资产管理、人员管理、财务管理制度，共同承接科技攻关、数控机床维修服务、开发客户培训手册等项目。

2. 产学研园（数控中心）运行机制建设

广州超远机电科技有限公司是一家致力于机电类教学设备、工业自动化控制设备研发与应用的高科技公司。学校与超远机电公司签订战略合作协议，引企入校。企业履行为学校提供生产性实训、顶岗实习岗位、设备和兼职教师等义务，从而实现人才共育。

在系部层面成立合作发展工作组，落实校企合作具体工作：制定《"产学研园（数控中心）"建设管理实施细则》，负责产学研园（数控中心）教学、科研等工作计划安排、实施等，解决企业生产计划与学校教学计划难以调适的矛盾。

人才共育机制。产学研园（数控中心）的校中厂参与数控技术专业人才培养方案的制定，引入行业企业技术标准，共同开发专业课程和教学资源。产学研园（数控中心）为数控技术专业、专业群等相关专业全面开放资源，为工学结合课程的实施提供场所，满足专业认知、职业素养训练、生产性实训、顶岗实习等环节的教学要求。把 PLC 与数控机床电气控制技术应用、数控系统安装与调试等专业课程引入"校中厂"，按照数控机床装调生产工艺流程（机械本体安装—强电安装调试—机床功能调试—机床整机性能调试和精度检测）进行 PLC 与数控机床电气控制技术应用、数控系统安装与调试等课程的教学。双方互派人员，执行企业的品质要求，弹性安排教学，共同指导学生在"真环境、真设备、真产品"条件下完成学习任务，同时完成数控机床装调生产任务。厂校双方共同制定监督与评价体系，实施对课程、师资、经费等的监控及评价。

人员互聘机制。产学研园（数控中心）中，针对数控机床装调集训生产教学任务，学校聘请"超远机电公司"的工程师、技师与能工巧匠作为兼职教师，学校对兼职教师的教学工作完成情况进行考核并发放相应工作津贴，同时企业也把其教学工作纳入员工年度考核指标中，从规范制度、考核激励等多方面确保产学研园（数控中心）兼职教师工作的圆满完成。"超远机电公司"每年聘请 1~2 名教师作为企业的兼职工程师，参与企业产品开发、生产、形象宣传等工作，学校把教师参与企业工作的绩效纳入教师年度考核指标中，并作为职称评聘依据之一。通过 3 年建设，学校教师与企业工程师互聘，相互融合，打造一支结构优、素质好的双师型教学团队。

（四）教学实验实训条件建设

通过理顺现有实训室的资源配置和功能配置，在实训基地建设领导小组的统一管理下，经过调研、论证、指导，实现实训基地资源利用的最优化，以数控技术专业为龙头，带动机电一体化技术等专业群的发展。实训基地的建设以学生训练为中心，以职业能力培养为核心，以服务为宗旨，以就业为导向，服务地区经济发展。加强校企合作，充分利用"校中厂""厂中校"等企业环境和资源，发挥企业"真环境、真设备、真任务"的不可替代作用，拓展校外实践基地在复杂、精尖、大型设备，先进工艺，顶岗实习，毕业设计，企业文化等方面的教学功能。进一步加强社会服务职能，开展培训及职业技能鉴定、职业指导、技术咨询、创新训练等项目，充分发挥实训基地的社会服务职能。

1. 校内实训基地及产学研园（数控中心）建设

围绕"双轨并行、工学交替、分层递进"人才培养新模式和"理实结合、项目化、生产化"三种层次课程体系，按照"教学、科研、生产、培训、技能鉴定、技术开发与服务"功能要求进行校内实训基地及产学研园（数控中心）建设，形成专业基本能力训练、专项能力训练、综合能力训练的实践教学环境，建设规划见表 10-9。

表 10-9　校内实训基地建设规划

序号	实训基地名称	现有基础	新（扩）建计划	功能定位	建设效益
1	数控机床装调实训中心	无	新建数控机床机械装调实训室、数控系统装调实训室，拓展其教学实训和科研及社会服务功能，购置相关设备	1. 以模拟仿真的方式对学生进行机械装调、电气装调、机电联调、数控机床精度检测、数控机床维修实训； 2. 数控机床机械零部件拆装及排故实训； 3. 数控系统调试及维护实训； 4. 数控机床精度检测与维修实训； 5. 数控机床装调维修工考证技能鉴定	1.满足校内相关专业学生实训需求； 2. UG、PowerMILL 多轴数控编程加工等新技术培训项目； 3. 开展数控机床装调维修工技能鉴定； 4.承接周边企业数控机床精度检测与优化业务
2	数控机床维修实训中心	有	新建华中数控系统技术应用实训室，改造 FANUC 数控系统技术应用实训室，拓展其教学、实训和科研及社会服务功能，购置相关设备	1. 数控机床制造维修维护人员培训； 2. 省内数控维修技能大赛实训； 3. 为企业进行数控机床的开发以及开展数控机床关键技术研究，承接企业数控机床维修服务	1.满足校内相关专业学生实训需求； 2.开展数控系统装调与维修等项目师资培训； 3.开展数控机床装调维修工技能鉴定； 4.开展企业员工岗位培训和新材料、新技术、新工艺专业讲座； 5.开展数控机床关键技术研究
3	机电一体化综合实训基地	无	新建机电一体化基础实训室、机电一体化运动控制实训室，拓展其教学实训和科研及社会服务功能，购置相关设备	1.电气控制与 PLC 实训； 2.运动控制实训； 3.机器人应用技术实训； 4.五轴加工技术实训	1.满足校内相关专业学生实训需求； 2.开展机电专业项目企业培训； 3.建立高端制造实训示范基地； 4.推进教学与企业制造关于自动化、标准化、信息化的有效结合

新建数控机床装调实训中心，中心含数控机床机械装调实训室、数控系统装调实训室 2 个实训室；新建机电一体化综合实训基地，基地含机电一体化基础、机电一体化运动控制等实训室；扩建数控机床维修实训中心，中心由 FANUC 数控系统、SIEMENS 数控系统和华中数控系统 3 个系统的实训室组成；拓展实训功能，增加仪器设备台套数，满足学生专项能力培养的要求，为学生提供与实际生产一致的学习环境。

与广州超远机电科技有限公司合作建设校企合作基地，并建成"校中厂"。

2. 校外实训基地建设

为解决数控机床实训设备投入大、更新快、专业建设难等问题，营造真实生产环境，与校内实训基地统筹规划，按照布点合理、功能明确的原则，建设期内，建成 10 人以上相对稳定的顶岗实习基地 5 家，共建 4 家校企合作基地（包含上述 1 家"校中厂"）：金雅精密机械有限公司、中山中炬精工机械有限公司作为中山地区数控设备典型应用企业，学校与金雅精密机械有限公司、中山中炬精工机械有限公司合作，共建校企合作基地，不仅为学校数控设备应用与维护专业方向学生数控设备维修维护及管理能力训练提供有利的环境，同时为企业提供大量数控设备维修维护及管理人才储备；与珠海市旺磐精密机械有限公司合作共建校企合作基地，并建成"厂中校"。

3. 实训软环境建设

加强与企业的文化对接，在教育教学、管理等各方面融入企业元素。将企业的生产经营理念、安全操作规程与"5S"管理（整理、整顿、清扫、清洁和素养）等先进的文化引入校园之中；加强实训基地内涵建设，在教室、实训室内外布置企业文化、管理制度、操作规程等宣传展板，形成良好的职业氛围与育人环境。

（五）社会服务能力建设

1. 技术服务

贯彻落实学校《科研团队建设与管理办法》等管理制度，制定《对外技术服务奖励办法》等管理制度。依托中山临海工业园，联合广州超远机电科技有限公司、珠海市旺磐精密机械有限公司等校企合作企业，以数控机床研发与数控机床技术服务项目为纽带，组建数控设备应用与维护科研团队。

联合广州超远机电科技有限公司、珠海市旺磐精密机械有限公司等校企合作企业申报成立"中山市数控机床精度检测与维修服务中心"。中心主要承接珠海市旺磐精密机械有限公司、广州超远机电科技有限公司等企业售后培训、安装调试与维修工作，中山周边地区中小企业数控机床维护与维修工作，以及数控机床维护人员培训工作。该中心将建立数控机床维修网络，为周边60多家中小企业提供维修典型案例、改造方案等技术服务。

建设期内，完成省级以上科研项目1~2项，横向课题5项，专利授权1~3项，共完成"技术服务"收入不少于30万元。

2. 社会培训

按照地方产业结构转型升级的要求，以产学研园为依托，联合相关企业，开展多轴数控编程加工、数控维修等新技术培训项目。加强与地方职业技能鉴定中心、全国机械行业特有工种职业技能鉴定中心等的合作，引进数控机床装调维修工等职业技能鉴定培训项目。

面向广州超远机电科技有限公司、珠海市旺磐精密机械有限公司等，校企合作开展员工岗位培训和新材料、新技术、新工艺专业讲座，推进校企合作长效机制建设；面向高职学生、中职学生、企业职工等，开展数控机床装调维修工、数控车床操作工、数控铣床操作工、加工中心操作工等项目培训和技能鉴定工作。面向全国高职院校，开展华中、FANUC数控系统装调与维修等项目教师培训。加强与政府部门合作，积极承担"圆梦计划"培训和社区多样化继续教育项目。建设期内开展社会培训不少于500人次。

（六）专业所在专业群建设

数控技术专业群涉及的专业有模具设计与制造、机电设备维修与管理、机电一体化技术等专业。数控技术专业人才培养模式、课程教学改革成果可在机电设备维修与管理、机电一体化技术等专业中进行推广，带动机电设备技术专业群的教育教学改革。数控技术专业群按照专业基本能力、专业专项能力、专业综合能力三层次递进发展思路，校企合作共同进行专业群的人才培养方案的改进、课程的开发与实施、师资队伍和实训条件建设。

1. 课程建设

如表10-10所示，除在数控技术专业建设项目中述及的课程教学子资源库建设内容外，在建设期内，机电设备技术专业群还建设了4门课程的教学资源库。

表10-10 教学资源库建设计划

序号	建设内容		建设内容		
			第1年	第2年	第3年
1	专业核心课程建设	设备管理	课程标准、课程教学设计、教材、电子教案	设备管理学员工作任务册、多媒体课件、教学视频	学习辅导与在线交流平台、课程网站
		机电一体化系统	课程标准、课程教学设计、教材、电子教案	试题库、多媒体课件、教学视频	学习辅导与在线交流平台、课程网站
2	专业基本能力课程建设	机械加工实训	课程标准、课程教学设计、教材、电子教案	试题库、多媒体课件、教学视频	学习辅导与在线交流平台、课程网站
		机械制图	课程标准、课程教学设计、教材、电子教案	试题库、多媒体课件、教学视频	学习辅导与在线交流平台、课程网站

2. 实训条件建设

依托数控技术重点建设专业，利用数控机床装调实训中心的仿真机房，购置设备管理教学软件。

3. 师资队伍建设

建设期内，培养机电设备维修与管理专业、机电一体化专业带头人各1名，培养骨干教师3名。另外，聘请一批企业专家、能工巧匠作为兼职教师。师资队伍建设一览见表10-11。

表10-11 师资队伍建设一览

序号	培养对象	培养要求	培养方式
1	何佳兵 陈传端	主持专业建设、制定完善人才培养方案，建设课程教学资源库	到企业考察访问以及出国考察培训，资助产学研项目，参加教育教学改革方面及工程技术方面的学习培训，安排主持专业建设及课程教学资源库建设等
2	肖军民 张晓红 邓达	课程建设、教学资源开发、参与社会服务项目	担任访问工程师，进企业实践、参加技能培训，参加教育教学方面及工程技术方面的学习培训，资助产学研项目，安排主持课程建设等

续表

序号	培养对象	培养要求	培养方式
3	兼职教师	指导学生毕业设计、顶岗实习等	聘请企业专家、能工巧匠，通过参与制定人才培养方案和课程标准，指导学生毕业设计、顶岗实习，以及开讲座等方式提高兼职教师的教学能力

五、经费预算及年度安排

（一）经费预算

本项目建设经费来源及预算见表10-12。

表10-12 数控技术专业及专业群建设经费来源及预算

单位：万元

建设内容		建设经费来源及预算				
		举办方投入（来源：中山市政府）	行业企业（来源：市科技局、珠海旺磐精密机械有限公司等）	其他投入（来源：无）	合计	
		金额	金额	金额	金额	比例/%
合计		500	300	/	800	100
1	人才培养模式与课程体系建设	107	0	/	107	13.3
2	师资队伍建设	79	0	/	79	9.8
3	校企合作、工学结合运行机制建设	20	0	/	20	2.5
4	教学实验实训条件建设	234	250	/	484	60.5
5	社会服务能力建设	/	20	/	20	2.50
6	专业群建设	60	30	/	90	11.25

（二）年度安排

本项目建设经费年度安排见表10-13。

表 10-13　数控技术专业及专业群建设经费年度安排

单位：万元

建设内容		资金预算及来源								合计
		举办方投入：中山市政府				行业企业投入：珠海旺磐精密机械有限公司				
		第1年	第2年	第3年	小计	第1年	第2年	第3年	小计	
	合计	158	126	216	500	150	80	70	300	800
1	人才培养模式与课程体系改革	19	52	36	107	/	/	/	/	107
2	师资队伍建设	32	31	16	79	/	/	/	/	79
3	校企合作、工学结合运行机制建设	8	8	4	20	/	/	/	/	20
4	教学实验实训条件建设	89	25	120	234	136	60	54	250	484
5	社会服务能力建设	/	/	/	/	4	10	6	20	20
6	专业群建设	10	10	40	60	10	10	10	30	90

六、预期成果

（一）"双轨并行、工学交替、分层递进"的人才培养模式更加完善

引企入校，建设"校中厂"，继续完善"双轨并行、工学交替、分层递进"的人才培养模式和"理实结合、项目化、生产化"三层次课程体系，进一步加强教学做项目化和生产化课程建设。积极推进与中山中专等中职院校衔接招生，通过"3+2"方式重点培养对口中职学生的数控机床装配调试能力和数控设备故障诊断与维修能力及"数控一代"技术应用能力，使中高职衔接"3+2"对口培养的数控技术专业学生既有数控机床操作、编程、加工能力，又有数控设备故障诊断与维修能力，真正成为数控技术应用领域的复合型技术技能人才。

以"校中厂""厂中校"为平台，校企共同参与人才培养方案的制定、教学内容选取、课程建设等各个环节，共同监控教学过程，共同评价教学效果。联合数控设备生产企业专家，按照国家专业教学资源库建设要求逐步开发《数控机床故障诊断与维修》等4门专业核心课程教学子资源库。

（二）打造成专兼结合的专业教学团队

培养和聘任在数控机床行业内具有国际视野和影响力的专业带头人2名（其中企业1名）、专业带头人培养对象1名；培养教学水平高、社会服务能力强、在区域有一定影响力的骨干教师6名；通过教学实践能力培训与考核、提升社会服务能力等活动，使"双师"素质教师比例达90%以上；建设扩充本专业校企双制的兼职教师库达20人以上，采取灵活多样项目课程教学组织形式和现代信息技术等手段，确保兼职教师承担专业课程学时比例不少于50%。通过三年建设把专业教学团队打造成专兼结合的优秀教学团队。

（三）形成成果共享、责任共担、互利共赢的校企合作机制

调整充实数控技术专业建设指导委员会，指导、协调、监督人才培养方案开发、教学资源整合、兼职教师聘任、实习实训基地建设和技术服务协作等。制定校企合作专业建设实施细则，形成有利于行业企业专家参与专业和课程建设、参加实践教学、合作开展技术服务等工作的政策环境。重点依托"厂中校"和"产学研园（数控中心）"机制建设，深化人才培养模式改革，形成成果共享、责任共担、互利共赢的校企合作机制。

（四）建成具有生产性的"校中厂"和"厂中校"

建设数控机床装调实训中心、数控机床维修实训中心2个校内实训中心，建设机电一体化综合实训基地，其实训条件满足为中山市装备制造业产业升级及珠三角地区有效培养数控技术技能人才，成为中山地区数控设备维修人员的培训基地。

新增校外顶岗实习基地5家，新增校企合作基地4家，建设广州超远机电科技有限公司"校中厂"1个，联合珠海市旺磐精密机械有限公司建设"厂中校"1个。

（五）大力提升社会服务能力

面向中山先进装备制造行业，依托广东装备制造工业研究院、校中厂、中山市现代制造技术研究所等平台，全面建设数控机床研发、数控机床技术服务、数控机床应用技术培训的社会服务体系，组建数控设备应用与维修科研团队，开展数控机床研发、数控机床技术服务、数控机床应用技术培训、数控设备维修、"数控一代"技术应用等项目，使实训基地建成教学中心、研发中心和技术服务中心。

（六）推动专业所在专业群建设

本专业理实一体化、教学做一体化教学的机械制图与测绘、机械零件与机械结构拆装、通用机床加工工艺编制及零件加工等平台课的建设成果可直接应用于模具设计与制造、机电一体化技术等专业教学。另外数控技术专业的电工电子技术、PLC与数控机床电气控制技术应用等课程也可用于机电一体化技术专业教学。数控技术专业的师资、校内外实训基地等教学资源可与模具设计与制造、机电一体化技术等专业共享。

参考文献

[1] 张继涛，吕晓娟，张书，等. 高职教育专业建设发展的实践与探索［M］. 北京：化学工业出版社，2021.

[2] 肖伟平，张继涛. 在人才供给侧结构性改革中推进专业建设发展的实践与探索［M］. 北京：化学工业出版社，2017.

[3] 梁建军. 高职院校专业建设研究与实践［M］. 安徽：中国科学技术大学出版社，2012：160-185.

[4] 黄红兵. 高职院校专业教学团队建设研究——以数控技术专业为例［M］. 安徽：中国科学技术大学出版社，2014：145-158.

[5] 叶飘. 天津高职教育国际化实践研究［D］. 天津：天津职业技术师范大学，2018.

[6] 江小明，李志宏. 基于教学标准体系建设的高职专业教学标准研究［J］. 中国职业技术教育，2021（02）：5-9.

[7] 李童燕. 基于"1+X证书制度"高职人才培养模式的探索［J］. 中国高等教育，2020（08）：61-62.

[8] 朱琦，陈清华. 职业教育教学标准体系建设国内研究综述［J］，河南科技学院学报，2019（12）：26-32.

[9] 徐国庆. 职业教育国家专业教学标准开发需求调研报告［J］. 职教论坛，2014（34）：22-31.

[10] 朱春俐. 职业教育专业教学资源库建设的意义价值及路径［J］. 职教论坛，2020（36）：58-62.

[11] 崔志钰. 高职院校专业群建设：意义辨析·问题剖析·策略探析［J］. 高等工程教育研究，2020（06）：136-140.